AS ÚLTIMAS COLHEITAS

Copyright © 2022 by Philip Lymbery.

Licença exclusiva para publicação em português brasileiro cedida à nVersos Editora. Todos os direitos reservados. Publicado originalmente na língua inglesa sob o título *Sixty Harvest Left* e publicado pela editora Bloomsbury.

Diretor Editorial e de Arte:_____
Julio César Batista

Produção Editorial:_____
Carlos Renato

Preparação:_____
Rafaella de A. Vasconcellos

Revisão:_____
Elisete Capellossa e Leonardo Castilhone

Capa:_____
Elle Fortunato

Editoração Eletrônica:_____
Juliana Siberi

Dados Internacionais de Catalogação na Publicação (CIP)
(Câmara Brasileira do Livro, SP, Brasil)

Lymbery, Philip

As últimas colheitas / Philip Lymbery. - 1. ed. - São Paulo, SP: nVersos Editora, 2023.

ISBN 978-65-87638-95-9

1. Agricultura 2. Alimentos - Produção 3. Veganismo 4. Sustentabilidade 5. Mudanças climáticas 6. Aquecimento global I. Título.

Índices para catálogo sistemático:

23-163516   CDD-333.7

Índices para catálogo sistemático:

1. Desenvolvimento sustentável : Economia ambiental 333.7

Tábata Alves da Silva - Bibliotecária - CRB-8/9253

1ª edição – 2023
Todos os direitos desta edição reservados a nVersos Editora
Rua Cabo Eduardo Alegre, 36
01257-060 – São Paulo – SP
Telefone: (11) 3382-3000
www.nversos.com.br
nversos@nversos.com.br

PHILIP LYMBERY

AS ÚLTIMAS COLHEITAS

A VERDADE SOBRE A AGRICULTURA INTENSIVA

Tradução

Thaïs Costa

À memória de Rosemary Marshall: "Sigamos em frente".

SUMÁRIO

Prefácio..9

PARTE 1: VERÃO..19
1. Ouro negro..25
2. A história de duas vacas...............................43
3. Restam 60 colheitas.....................................55

PARTE 2: OUTONO..67
4. A marcha da megafazenda............................71
5. Reação em cadeia...85
6. Uma terra sem animais.................................97
7. Crise climática..109
8. Os insetos irão nos salvar?.........................125
9. Quando os oceanos secarem......................133

PARTE 3: INVERNO..153
10. A era do *Dust Bowl*..................................157
11. Vilões alimentares célebres......................169
12. Pandemia em nosso prato........................185
13. Negócios com limites...............................199
14. Nossa salvação..209

PARTE 4: PRIMAVERA 219
15. Regeneração 223
16. Repensando as proteínas 239
17. Retorno à vida selvagem 281

Epílogo 295

Agradecimentos 303
Notas 305
Índice remissivo 345

PREFÁCIO

No Domingo de Ramos, em 14 de abril de 1935, uma alvorada rosada irrompeu em Boise City, no Oklahoma. Havia um frescor no ar, uma sensação de primavera, um senso raro de alívio dos ventos que sopravam implacavelmente nas planícies empoeiradas do Centro-Oeste norte-americano. O sol brilhava sobre as casas simples de madeira. As pás de um moinho estavam imóveis ao lado de um telhado de duas águas lotado de pombos. Os assobios doces de peitos-vermelhos-grandes se propagavam no ar cristalino. Pairava uma calmaria incomum antes de uma tempestade extraordinária.

Para o pessoal local, acostumado com a vida nas planícies severas, a sensação era de um recomeço. Eles abriram as janelas, penduraram as roupas nos varais, arrumaram suas casas e andaram sob o sol até a igreja. Essas eram pessoas duronas que enfrentavam estoicamente qualquer coisa que ocorresse com elas. Mesmo assim, nada poderia tê-las preparado para o que estava prestes a acontecer.

Saída do nada, uma nuvem preta efervescente e grande como uma cadeia de montanhas foi em direção a Boise City a uma velocidade apavorante. Ventos de até 105 quilômetros por hora formaram uma muralha de poeira com 320 quilômetros de largura e milhares de metros de altura, que atingiu essa comunidade exposta. Quando chegou, ele atingiu como se um prédio tivesse desabado sobre todos. As temperaturas despencaram e o dia virou noite, com a visibilidade reduzida a zero. Quem estava em lugares descampados rastejou para encontrar algum abrigo. Os carros pararam de funcionar. A poeira fazia os moradores se engasgarem enquanto se acumulava em suas casas. Uma mulher pensou em matar seu bebê para não o deixar à mercê do Armagedom[1]. Muitos pessoas acharam que o Apocalipse havia chegado[2].

"Era como um grande rolo de abrir massa ou um rolo compressor descendo sobre você. Eu fiquei petrificada", relembrou Louise Forester Briggs, que era apenas uma menina quando a tempestade ocorreu[3]. O lendário cantor e compositor de *folk* Woody Guthrie lembra que "tudo ficou tão escuro que não dava para ver a própria mão diante de seu rosto, nem enxergar quem estava na sala". Com 22 anos de idade naquela época e morando em Oklahoma, ele viu a tempestade chegando e correu para se abrigar. Posteriormente, comentou que as pessoas achavam que era "o fim do mundo"[4].

O *Dust Bowl* dos anos 1930 teve origem nas consequências involuntárias de décadas de decisões tomadas por formuladores e gestores de políticas públicas, as quais abalaram o cerne da sociedade. Colonos americanos migraram para o Oeste em busca de uma vida nova e próspera, contando com estímulos extraordinários do governo; pradarias eram oferecidas gratuitamente para qualquer um disposto a obter autossuficiência em uma terra outrora dominada por povos indígenas americanos e enormes manadas de bisões-americanos. A vontade de produzir o suficiente para a própria família logo se transformou em aspirações de riqueza e ganho dinheiro rápido. A agricultura em pequena escala se tornou uma indústria, com novas técnicas de cultivo que romperam solos frágeis e os deixaram expostos às intempéries. Pastagens eram aradas para cultivos que inicialmente eram tão produtivos que as safras superavam todos os recordes anteriores. Plantar se tornou uma atividade visando lucro a curto prazo. Mas, quando os mercados ficaram saturados e os preços despencaram, os métodos de cultivo se intensificaram; afinal de contas, se não dava mais para ganhar o mesmo dinheiro por acre, então certamente a saída era plantar em mais acres. No entanto, a natureza revidou e as tempestades de poeira tiravam a camada superficial do solo, enterravam plantações, pioravam os meios de subsistência e abreviavam vidas, pois as pessoas adoeciam devido à poeira.

O "Domingo Preto", como ficou conhecido o fenômeno, teve a pior das dramáticas "tempestades de poeira", com nuvens pretas carregando milhões de toneladas da camada superficial do solo que esmagaram as Grandes Planícies durante os anos 1930. Os estados do Colorado, Kansas, Novo México, Oklahoma e Texas foram os mais atingidos. Quando a poeira chegou a cidades como Nova York e Washington, D.C., a gravidade da situação ficou clara: não se tratava mais de um problema local.

A era do *Dust Bowl* testou ao máximo a força dos colonos. Famílias lutavam para alimentar seus filhos. Enquanto muitos fincavam pé, outros fugiam em busca de condições mais favoráveis, produzindo o maior êxodo na história dos Estados Unidos. Ecoando o debate atual sobre o aquecimento global, houve resistência para mudar. Esforços para evitar que as planícies fossem varridas para sempre foram prejudicados por argumentos de que o *Dust Bowl* era um evento natural, que técnicas de cultivo agressivas não deviam ser responsabilizadas e que as coisas naturalmente voltariam a entrar nos eixos.

Resolver o que desde então é considerado o pior desastre ambiental causado pelo homem na história dos Estados Unidos demandou muita força de vontade e liderança esclarecida. Todos os envolvidos fizeram sua parte para mudar as coisas, um exemplo notável dos humanos vencendo um monstro ambiental desencadeado por mãos humanas, contrariando as expectativas mais impossíveis.

A história pode nos alertar sobre futuros perigos e pode nos ajudar a juntar as pessoas, as ideias e a força de vontade para perseverar e vencer. Hoje, uma tempestade de proporções monumentais está se formando: uma emergência para o clima, a natureza e a saúde. E em seu cerne está a agricultura e a pecuária industriais.

Cientistas advertiram que 2030 é nosso prazo final para achar soluções para a mudança climática e dar passos largos para implementá-las no mundo todo, isso se quisermos "achatar a curva" das emissões de gases de efeito estufa a um grau suficiente para deter o avanço do aquecimento global. A produção de alimentos contribui muito para as emissões, mas isso é frequentemente ignorado. Só o setor pecuário produz mais gases de efeito estufa do que a soma das emissões diretas dos aviões, trens e carros do mundo.

Ao mesmo tempo, insetos polinizadores como as abelhas, que têm papel fundamental na produção de alimentos, estão em declínio acentuado. Desde 1990, um quarto das espécies de abelha desapareceu[5], e as perdas vão bem além – no meio século desde a adoção desenfreada da agricultura intensiva, o mundo perdeu 68% de toda sua vida selvagem[6]. Isso equivale a mais de dois terços dos mamíferos selvagens, peixes, aves, répteis e anfíbios do mundo – todos extintos.

Eu escrevi este livro durante a crise da covid-19, a qual gerou um impacto profundo sobre a sociedade. Medidas emergenciais de isolamento social impostas no mundo inteiro e o número global de mortes passando de 2 milhões só no primeiro ano demonstraram a fragilidade da nossa sociedade.

Mudanças na condução da vida foram largamente vistas como benéficas, mas a pandemia de coronavírus mostrou que nós não podemos achar que o progresso é garantido. A covid-19 é amplamente considerada como um vírus que pulou a barreira das espécies e chegou aos humanos, com consequências devastadoras. Três quartos de todas as doenças humanas se originam de animais. Na década anterior, a gripe suína fez a mesma coisa: originada nas fazendas industrializadas de porcos, ela causou cerca de 500.000 mortes no mundo todo. Mas o elo entre doenças e animais de criação não termina aqui. Quase três quartos de todos os antibióticos do mundo são dados a animais de criação, sobretudo para controlar doenças inerentes às condições insalubres de superlotação das fazendas de criação de animais. Por isso, a Organização Mundial da Saúde (OMS) advertiu que é preciso agir imediatamente para evitar uma era pós-antibiótico, na qual doenças atualmente tratáveis poderão voltar a matar. Especialistas sugeriram que, em meados deste século, a derrocada dos antibióticos poderá causar 10 milhões de mortes por ano[7].

Os fios condutores em comum em todos esses desafios são a agricultura e a pecuária industriais. Afinal de contas, os animais são criados em confinamento, ao passo que as plantações de uma única variedade são cultivadas usando pesticidas químicos e fertilizantes artificiais, em detrimento da nossa saúde, do meio ambiente e do bem-estar animal. A cada ano, 80 bilhões de galinhas, porcos, vacas e outros animais de criação são produzidos no mundo todo, com dois terços criados pela pecuária intensiva, também conhecida como "pecuária industrial". Galinhas engaioladas têm um espaço tão exíguo que não conseguem abrir suas asas. Porcos são mantidos em compartimentos estreitos ou baias lotadas e não conseguem encostar os focinhos na lama. Vacas ficam apáticas em currais de engorda ou galpões lotados, ao invés de pastarem em campos verdes. Peixes também são criados industrialmente, com metade do suprimento mundial vindo de fazendas. A ironia é que se nós continuarmos a pilhar os oceanos para pegar peixes, a fim de alimentar os criadouros em larga escala, há temores crescentes de que a pesca excessiva cause o colapso dos estoques de peixes selvagens[8].

E o resultado da pecuária industrial é que a carne, assim como a terra e os animais aquáticos, passaram a ser considerados descartáveis. Estimativas da ONU sugerem que a quantidade de carne desperdiçada a cada ano é equivalente a 15 bilhões de animais sendo criados, abatidos e jogados fora[9].

A agricultura industrial surgiu na era do *Dust Bowl*, quando o solo era considerado "inexaurível". O cultivo de plantações se transformou na pecuária industrial, com *holdings* agrícolas vistas cada vez mais como "fábricas" de alimentos. Colheitas e produtos de origem animal começaram a ter recordes de rendimento, criando um excedente muito além da demanda, ocasionando a queda nos preços. O colapso do mercado de ações de Wall Street em 1929 arrastou os Estados Unidos para a Grande Depressão. Épocas de desespero levam a medidas desesperadas. Com os preços cortados pela raiz, agricultores com grandes dificuldades financeiras aravam mais pasto – já que não conseguiam ganhar muito dinheiro com seus produtos, eles cultivaram mais para se virar melhor. Era um ciclo vicioso. Em meados da década de 1930, o governo americano interveio com subsídios, a fim de manter a agricultura firme.

Uma consequência imprevista da queda nos preços foi o uso de cereais como alimento para animais, o que se perpetua em razão décadas de subsídios governamentais; a pecuária industrial, ou seja, a alimentação de animais confinados com grãos, começou a se espalhar pelo mundo. Após a Segunda Guerra Mundial, fábricas de munições foram encarregadas de produzir fertilizantes para impulsionar a produção de grãos, ao passo que armas químicas passaram a ser utilizadas como pesticidas químicos. O auxílio pós-guerra ajudou a difundir os meios da agropecuária intensiva, primeiramente, na Europa e, posteriormente, para outros países, fazendo com o que várias indústrias brotassem a partir daí – empresas de fertilizante e pesticidas, fabricantes de baias e gaiolas, empresas que vendem animais de raça para reprodução e até empresas farmacêuticas que viam os animais criados em fazendas industriais como um mercado para antibióticos. A produção se tornou maior e mais centralizada. Foi assim que a pecuária industrial nasceu.

Em pouco mais de meio século, a pecuária industrial se tornou a maior causa global de crueldade com os animais e declínio da vida selvagem. Além de contribuir para a perda da biodiversidade, a mudança climática e o desperdício de antibióticos, a criação industrial de animais afeta até os oceanos. Cerca de um quinto dos peixes pescados no mundo é usado na alimentação animal. A poluição causada pela expansão da agricultura intensiva também gerou centenas de zonas oceânicas mortas, sendo que uma das maiores é uma área de mar poluído no Golfo do México, a qual tem o tamanho do País de Gales.

Essa intensificação da produção de alimentos pode parecer uma boa ideia para poupar espaço, com animais engaiolados e confinados em fazendas industriais, mas na realidade não é – vastas extensões de terra arável precisam ser usadas para plantar os alimentos para os bichos. Quarenta por cento da produção global de grãos[10], comida suficiente para suprir 4 bilhões de pessoas[11], são usados como alimento para animais, acarretando a perda de grande parte de suas calorias e proteínas. Se todos os grãos usados para alimentar animais fossem cultivados em um único campo, este cobriria toda a superfície terrestre do Reino Unido e da União Europeia juntos.

Ao invés de poupar terra para a natureza, a realidade que a agricultura intensiva extirpa a natureza e continua expandindo as terras agrícolas. Um apetite global crescente por carne de fazendas industrializadas significa que mais florestas são abatidas para dar lugar a plantações que invadem terras selvagens. Nossa alimentação ficou desequilibrada e dependente demais de carne e derivados do leite, pressionando ainda mais os ecossistemas.

Mas há uma saída. Abandonar a agricultura industrial nos dá a oportunidade de pôr comida decente em nossos pratos e salvar o mundo natural. A chave para esse jeito melhor está nos pastos do mundo, onde botamos os animais para se alimentar ao invés de alimentá-los com grãos. Comparado com bois criados no pasto ou galinhas caipiras, o equivalente criado em fazendas industriais tem o dobro de gordura saturada e teor mais baixo de outros nutrientes.

Manter os animais na terra regenerativamente em sistemas rotativos mistos, com porcos e galinhas alimentados com resíduos das colheitas e restos de comida, é uma maneira mais eficiente de produzir alimentos ecológicos nutritivos para manter os padrões mais altos de bem-estar animal. Além de devolver os animais de criação para a terra, também é importante reduzir seus números. A fim de estabilizar o clima e salvar o mundo natural, nós precisamos reduzir no mínimo pela metade a produção global de carne e derivados do leite nos próximos 30 anos. Se continuarmos ingerindo carne e derivados do leite como estamos fazendo, isso por si só poderá desencadear uma mudança climática catastrófica. Mas uma população menor de gado e menos danosa para o clima pode ser criada nas fazendas mistas e pastos do mundo, usando ruminantes como gado e caprinos como animais herbívoros e porcos e galinhas como recicladores dos excedentes e restos dos cultivos. Assilvestrar o solo tem um papel importante para assegurar futuras colheitas, trazendo de volta o grande peso da biodiversidade sob nossos pés, o que ajuda a armazenar carbono e água naturalmente.

Um punhado de solo saudável abriga mais organismos vivos do que o número de pessoas no planeta. Conforme vocês verão, restaurar essa riqueza não só preserva nossa capacidade de cultivar alimentos no futuro como também pode levar a alimentos mais nutritivos para todos.

Por meio do meu trabalho com a ONG voltada ao bem-estar animal, a Compassion in World Farming, eu aprendi que tratar os animais com compaixão e respeito está no cerne dos alimentos sustentáveis. Eu nunca esqueci as lições do fundador da ONG, Peter Roberts, um produtor de leite que sabia que melhorar o bem-estar animal é uma parte essencial para proteger o meio ambiente.

Peter estava à frente do seu tempo ao identificar as conexões entre alimentos, animais de criação, vida selvagem, plantas e o solo. Eu me lembro de seu folheto inspirador, *"Aims and Ambitions"* (Objetivos e Ambições), no qual ele descrevia por que era importante abandonar dietas calcadas em produtos de origem animal, sobretudo aqueles derivados de galinhas e porcos alimentados com grãos, os quais poderiam ser dados diretamente às pessoas. "Nós devemos diminuir progressivamente nossa dependência dos animais e relegá-los gradualmente às terras menos produtivas. À medida que fazemos isso, nós devemos tirar a ênfase nos animais monogástricos", escreveu ele. Eu sempre achei que Peter deveria escrever um livro explicando as conexões entre os animais de criação e a natureza, o solo e nós, mas ele nunca fez isso. Como seu protegido, 30 anos depois, este é o tal livro. Sentado ao lado dos meus outros livros inspirados nele, *Farmageddon* (Reino Unido: Bloomsbury Publishing PLC; 2015) e *Dead Zone* (Reino Unido: Bloomsbury Publishing PLC; 2017), eu espero que esta obra ofereça soluções para alguns dos problemas mais prementes do mundo.

Nos últimos anos, tenho tido o privilégio de viajar pelo mundo e ver o que a industrialização da agricultura tem feito para o bem-estar animal, o meio ambiente e nossa saúde. Passei algum tempo nas florestas tropicais da América do Sul e Sumatra, estive nos celeiros da Europa, do Reino Unido e dos Estados Unidos, e fiz uma imersão nas realidades agrícolas da China e da África. Falo dessas experiências neste terceiro livro da trilogia *Farmageddon*, grande parte do qual foi escrito durante o isolamento da covid-19 no vilarejo rural onde moro.

Minha percepção sobre a inter-relação entre alimentos, animais de criação e a natureza só se fortaleceu por morar em uma fazenda. Diariamente, eu vejo o lado bom e o ruim do ambiente rural. A visão de vacas pastando nos prados do vale me traz alegria, mas ver solo arável escorrendo para rios e estradas me dá um aperto no coração. No cerne deste livro está o segredo para podermos reconectar nossos alimentos com o solo e devolver os animais de criação para a terra, onde eles possam desfrutar ar puro, a luz do sol e a terra sob suas patas. Em número menor, eles podem ter um qualidade de vida melhor. Em suma, um futuro decente para pessoas e animais, sejam estes de criação ou selvagens, depende da regeneração do solo.

DE NÔMADES A COLONOS

Há dez mil anos, nossos antepassados mudaram o curso da história da humanidade, pois se tornaram colonos. Até então, os *Homo sapiens* eram predominantemente coletores e caçadores nômades, que contavam com a generosidade da natureza ao seu redor e sua capacidade para achar e pegar alimentos, mas também eram limitados por ela.

À medida que o estilo de vida nômade deu lugar ao sedentarismo, teve início a era da agricultura. Anteriormente, se o ecossistema em que os humanos viviam não lhes provia, eles se mudavam para outro lugar. A escassez para encontrar alimentos para o dia e depois fazer a mesma coisa no seguinte foi suplantada por investir no futuro por meio da terra, assim moldando a própria sorte por meio do plantio, colheita e colocar os animais para pastar. Esse investimento permitiu o desenvolvimento de reinos e nações, impostos e tribunais, cultura, leitura e religião.

Ao nos tornarmos colonos, nós criamos um contrato com o solo, que se tornou o alicerce sobre o qual tudo é fundado. Nós investíamos nisso plantando as sementes das futuras colhidas e colocando nossos animais para pastar de maneiras que acalentassem nossas perspectivas de um rendimento decente. O que chamamos agora de "ciclo do nitrogênio" se tornou o exemplo mais fundamental da "economia circular". A luz solar é captada pelas plantas e convertida em alimentos para nós ou nossos animais de criação, com as sobras voltando ao solo em forma de adubo, reabastecendo-o para futuras colheitas.

Durante milênios, o solo fornecia os alimentos que permitiram que a civilização florescesse. Mas no prazo de algumas décadas, nós começamos a romper o elo, a rasgar aquele contrato com o solo, quando paramos de considerar os alimentos e o solo como parte da natureza. Nós começamos a tirar os animais de criação da terra e a colocá-los em confinamento, considerando-os como máquinas e o solo como nada além de um meio para as plantas e os animais crescerem. Ao invés de devolver a matéria orgânica para o solo, nós aplicávamos fertilizantes químicos que alimentavam as plantas mas minavam o solo como um ecossistema vivo, com consequências de longo alcance. Essa nova abordagem na agricultura levou a um salto enorme na produção de alimentos e, no entanto, pode acelerar o fim da espécie humana. Como a Organização das Nações Unidas para a Alimentação e a Agricultura esclarece, "essa produção intensiva de cultivos exauriu o solo, prejudicando nossa capacidade para manter a produção… no futuro"[12].

Os solos estão decaindo tão rápido que poderão ficar inúteis ou sumir no prazo de uma geração. E então o que irá acontecer? Sem solo não há alimentos e a humanidade perece. Segundo a ONU, se nós continuarmos como estamos, talvez restem apenas 60 colheitas nos solos do mundo. O tempo está se esgotando.

Sejam frutas, legumes, verduras, cereais ou carne e derivados do leite, 95% dos nossos alimentos dependem do solo[13]. O solo também captura a água pluvial e a mantém contra a gravidade de maneira a torná-la acessível para as plantas. Sem o solo, grande parte da água pluvial simplesmente desapareceria, pois voltaria para o mar. O solo também é um imenso depósito do carbono que, caso contrário, estaria aquecendo a atmosfera. Os primeiros 30 centímetros do solo contêm 680 bilhões de toneladas de carbono – quase o dobro da quantidade presente em nossa atmosfera[14].

Até 37% das emissões globais de gases de efeito estufa são causados por nossos alimentos e pela forma como os produzimos[15]. A maioria das emissões provém da agricultura e do desmatamento para abrir espaço para novas terras agrícolas. A agricultura já cobre metade da superfície terrestre habitável do planeta; e, à medida que ela se intensificou, os problemas relativos ao solo, à vida selvagem e ao bem-estar animal se agravaram. Ela também acelera a perda de carbono no solo e sua entrada na atmosfera. Os celeiros do mundo estão em risco devido ao declínio do solo e ao aquecimento global. Especialistas advertem sobre múltiplos fracassos nos celeiros do mundo que resultarão na escassez alimentar global[16]. Na batalha para evitar mudanças climáticas catastróficas, a vasta pegada deixada pelos alimentos e pela agricultura cria uma barreira maciça e, ao mesmo tempo, uma enorme oportunidade. Portanto, é fundamental mudar para o cultivo agroecológico e regenerativo que beneficia o solo, usando técnicas que recuperem sua fertilidade e capturem carbono no processo.

Durante décadas, os alimentos e a agricultura existiram como se estivessem em um verão infinito e usando recursos finitos como se fossem inexauríveis. Cada parte deste livro começa com minhas observações sobre a fazenda onde eu moro, pois as mudanças das estações refletem o desenvolvimento da agricultura atual e os desafios que ela impõe. O verão, uma estação de consumo sem limites, se aproxima do fim à medida que reconhecemos as consequências de viver além das nossas fronteiras planetárias. A crise climática e o colapso da natureza dão a sensação de um outono ameaçador, ao passo que a covid-19 nos deu um gosto coletivo de inverno. Para desfrutarmos uma nova primavera, precisamos mudar a maneira de produzir alimentos.

A história nos diz que grandes mudanças na produção de alimentos podem acontecer rapidamente, mas escapar da catástrofe iminente é ainda mais urgente. Em questão de algumas décadas, a agricultura industrial se tornou uma prática global. Mudar o modo de produzir alimentos nunca foi tão premente como agora, mas a reação global à pandemia de covid-19 nos mostrou que, quando há uma causa maior em jogo, grandes mudanças podem ser efetuadas.

Para avançar com a velocidade necessária, provavelmente é preciso apelar para múltiplas abordagens, ao invés de buscar uma única solução. Nós precisaremos aliar a agricultura regenerativa com a redução no consumo de alimentos de origem animal, de modo a ajudar a revitalizar o solo para futuras colheitas. Neste livro, vocês conhecerão os pioneiros, os rebeldes e os revolucionários que estão criando as mudanças necessárias para que entremos nessa nova era alimentar. Agricultores que trabalham regenerativamente, formando solos saudáveis e deixando a natureza florescer, asseguram que haverá muito mais colheitas. Entre os inovadores na área alimentar, estão os cientistas que criam carne sem animais, usando culturas de células; os agricultores urbanos verticais, que plantam alimentos em uma fração da extensão de terra normalmente usada; e os fermentadores, que utilizam métodos antigos e comprovados de produzir pão e vinho, mas com um toque moderno que ajuda a criar proteínas específicas que oferecem possibilidades até então inimagináveis.

Este livro é sobre as oportunidades existentes para um renascimento na zona rural. Nosso futuro depende de ecossistemas florescentes, e isso começa pelo solo.

PARTE 1
VERÃO

O amanhecer no meio do verão é sempre um horário mágico na zona rural inglesa. Na calma acolhedora antes de o sol raiar de vez, as relvas altas ficam esculturais. Sem a menor tremulação de uma brisa, os sons e os sentidos se tornam aguçados. Uma abelha zumbe e um tordo canta seu trinado argênteo. O murmúrio do rio é amplificado pela calmaria, e seu fluxo passa pelos arcos de pedra de uma ponte do século XVI. Dois esguios falcões-europeus-pequenos, com caudas longas e asas pontudas, imprimem suas silhuetas no céu avermelhado. O brilho inicial do sol se destaca contra três cisnes-brancos voando e as batidas de suas asas ressoam no ar. Os filamentos de nuvens ficam ocres e depois brancos. Em um canto distante do vale, eu consigo ouvir as vacas dos nossos vizinhos.

Os instantes que precedem o alvorecer são perfeitos para alinhavar pensamentos e também quando me sinto mais vivo e sintonizado e conectado com meu entorno por um senso de expectativa.

Eu moro em um vilarejo rural em frente ao rio Rother, em uma parte suavemente ondulada de West Sussex. Temos uma estalagem que abrigava carruagens puxadas por cavalos, um edifício que está lá há quatro séculos e outrora foi uma leiteria. As vacas eram ordenhadas e os bezerros eram alojados, ao passo que porcos fuçavam em torno do que agora é nosso jardim.

Aqui no South Downs National Park, colinas distantes margeiam a linha do horizonte. O rio por perto se ergue de greda e argila antes de serpentear por nosso vale ao longo de margens ladeadas de carvalhos, aveleiras e salgueiros. Se eu esperasse pacientemente na ponte acima do canal estreito, eu podia ver de relance um deslumbrante guarda-rios azul. Por perto, texugos fazem um covil no solo arenoso, enquanto corças se escondem em moitas e bosques. Às vezes, elas param por um momento com olhos atentos, chifres mirrados e orelhas adejando, antes de desaparecer. Campos de milho, abóboras e trigo são ladeados por espinheiros-alvares, azevinhos e amoreiras-pretas.

De abril a novembro, 40 vacas vagam pelos pastos. Não é fácil pastar ali, pois a rica pastagem é permeada por moitas espinhosas de juncos. As vacas atravessam voluntariamente o rio, agrupando-se em pontos rasos e depois andam juntas em fila.

Há muito tempo as plantas e animais selvagens daqui atraem a atenção: ex-moradores da área incluem a visionária escritora de culinária Patience Gray, que colhia plantas silvestres e fungos para complementar seus pratos durante a Segunda Guerra Mundial. Mais recentemente, havia um centro rural ligado à King's College, em Londres, onde muitos futuros naturalistas, incluindo o apresentador de TV Chris Packham, estudaram sobre o assunto. Aparentemente, os ratos e ratazanas ficaram tão acostumados a ser pegos e estudados que aprenderam a tolerar o encarceramento temporário em troca de uma refeição grátis. O centro rural foi convertido em uma moradia desejável, mas a vida selvagem ainda se mantém por ali. Pelo menos, por enquanto.

Adoro morar em uma fazenda. Eu sempre quis ficar imerso nos recantos de um cenário rural, um lugar no qual todas as coisas parecem diferentes diariamente. Há sempre algo novo que atrai o olhar. É por essa lente que eu vejo a zona rural. Diariamente, ando pelos campos e matas com nosso cão de resgate, Duke, um grande animal preto de raça cruzada que parece um bebê urso. Seu dono o abandonou e ele veio para nós quando tinha apenas dez semanas de vida. Eu adoro sua companhia e ele adora nossas caminhadas na zona rural, que é o *playground* dele e minha âncora.

Morando aqui, eu vejo o que há de bom e de ruim nos campos. Observo as mudanças na vida selvagem: como as lavercas quase desaparecerem e como as perdizes-cinzentas nativas são raras entre as muitas perdizes-vermelhas introduzidas para a caça local. Vejo também os solos em movimento – aqueles na área de captação no rio estão entre os mais erodíveis no país, mas eu ainda vejo milho, um alimento comum para animais, plantado em fileiras nas encostas locais, estimulando o solo a escorrer para o rio. E quando o solo entra no rio, os fertilizantes e pesticidas vão junto. Após chuvas pesadas, o solo é visto nas estradas, que ficam parecendo bancos de lama, e nos campos, onde ravinas fundas se abrem. Certa manhã, os moradores de um vilarejo não muito distante acordaram e acharam que um campo havia deslizado para suas hortas, trazendo batatas e tudo o mais.

Dito isso, ainda há muito o que comemorar na zona rural, incluindo o retorno do milhafre-real e da águia-de-asa-redonda, duas espécies magníficas que quase foram extintas. Eu ainda consigo achar orquídeas no pasto e nas beiras das matas. Na maioria dos anos, tentilhões e cotovias-pequenas aparecem. Camundongos vivem entre os tremoços perto de uma pitoresca igreja antiga. Mesmo assim, não dá para negar a sensação de que nossa sociedade vive como se estivesse em um verão sem fim, com estilos de vida baseados em pensamentos a curto prazo e na crença de que as coisas irão durar para sempre.

Enquanto Duke e eu nos abrigamos de um aguaceiro no fim do verão no estábulo de gado ao lado de nossa casa, a visão do solo escorrendo para o rio me faz pensar. Até quando podemos continuar desse jeito?

1

OURO NEGRO

PIONEIROS DO CELEIRO

Em fevereiro de 2012, em um ponto recôndito dos Fens, o celeiro no Leste da Grã-Bretanha, um lavrador solitário estava prestes a fazer uma descoberta surpreendente: seu trator abria sulcos perfeitamente retos em um campo plano e nivelado. Ele lavrava para trás e para frente entre choupos plantados para evitar que o solo fosse levado pelo vento. As lâminas de aço do arado penetravam fundo e traziam turfa preta e grossa para a superfície. Em breve, batatas cresceriam aqui e reluziriam no solo preto. Para o lavrador, seu trabalho era trivial e ele fazia sua tarefa sazonal com a mesma constância do calor do sol que se movia pelos céus abertos de Fenland. Então, seu arado subitamente ficou preso em algo que fez o trator parar. Sob a superfície, as lâminas haviam atingido algo grande e imóvel. Enterrados em uma placa de turfa estavam os vestígios perfeitamente preservados de uma árvore de um tipo que não se via há milênios.

Um tronco de carvalho escuro, com 12 metros de comprimento e mais de 5 mil anos, jazia no solo daquele campo em Fenland, um poderoso vestígio da floresta densa que outrora cobria essa região plana, agora quase sem árvores. Descrito como um dos maiores pedaços de "carvalho-vermelho" até então descobertos, ele foi cortado por uma serraria do Canadá que queria produzir algumas das tábuas de madeira mais valiosas no mundo, que seriam usadas para fazer uma mesa magnífica que iria embelezar a Catedral de Ely.

Os agricultores em Fenland estavam habituados a achar pedaços de carvalho-vermelho em seus campos, mas o pedaço da Wissington Farm era notável por seu tamanho e estado de preservação. A suposição era de que a árvore houvesse caído durante a Idade da Pedra, quando a agricultura surgiu na Grã-Bretanha. Durante cinco milênios, o tronco ficou preso em uma placa de turfa privada de ar e foi preservado pela falta de oxigênio[1]. A elevação dos níveis do mar inundou suas raízes e as de seus vizinhos, submergindo o que antigamente foi uma floresta vibrante.

Os agricultores por trás da descoberta procuraram o moveleiro Hamish Low para transformar esse pedaço extraordinário de madeira em uma obra-prima. Low disse o seguinte sobre o projeto: "Esse é tão especial... Além do fato de que é impossível saber por quanto tempo carvalhos assim continuarão a aflorar do solo em Fenland, e de sua fragilidade inerente, vale a pena preservar este pedaço pelo interesse da nação"[2].

"Fragilidade inerente" também pode ser uma descrição dos próprios Fens e da agricultura extraordinária que se mantém por lá. Por grande parte dos 5 mil anos desde que o carvalho-vermelho caiu, os Fens em baixa altitude eram em grande parte alagados. Plantar se restringia às poucas colinas conhecidas como "ilhas no pântano", ao passo que animais herbívoros aproveitavam as pastagens sazonais. Embora plantar nos Fens remonte à época romana, grande parte da terra permaneceu submersa até o século XVII, quando o engenheiro holandês Cornelius Vermuyden liderou o trabalho de drenar a água da paisagem alagada. Esse feito de engenharia se intensificou na transição do século XVIII para o XIX, quando a obra de drenagem produziu a paisagem medíocre que vemos hoje.

As terras na região dos Fens estão entre as mais produtivas no planeta, porém, entre as mais ameaçadas.

A drenagem nos Fens revelou solos de turfa tão ricos em nutrientes que eles ficaram conhecidos como "ouro negro". Os solos férteis de Fenland perfazem metade das terras mais produtivas e de primeira classe na Inglaterra. Cobrindo quase 400 mil hectares, esse coração pulsante da agricultura britânica produz um terço dos legumes, um quinto das batatas e uma grande proporção dos cereais da Inglaterra[3]. No entanto, a elevação nos níveis dos mares representa um risco grave para essa planície costeira baixa, que se estende de Cambridge até Lincoln. Diante do declínio constante na autossuficiência alimentar britânica, os Fens são um recurso precioso e crucial para a futura segurança alimentar da nação[4]. Além de estar sob pressão crescente por parte da elevação no nível dos mares, a região está vendo seus solos desaparecerem a uma taxa alarmante.

"Nós estamos perdendo até um centímetro e pouco de solo de turfa por ano", disse Charles Shropshire, o fazendeiro de Fenland em cuja terra o carvalho-vermelho foi descoberto. "Como vamos fazer isso [plantar] quando o solo de turfa acabar?".

No mesmo ano em que o carvalho-vermelho foi achado na fazenda Wissington, a família Shropshire embarcou em um projeto de agricultura regenerativa, um empreendimento enorme em 13.000 hectares de terra, nos quais eles plantam três quartos do aipo e dos rabanetes vendidos nos supermercados britânicos, além de dois terços da beterraba e quase metade da alface. Fundada por Guy, avô de Shropshire, em 1952, a G's Fresh se tornou uma das maiores empresas de produtos agrícolas do Reino Unido, fornecendo para todos os grandes varejistas da Grã-Bretanha. Os números dão um nó em nossa cabeça: a empresa despacha um bilhão de pacotes de produtos a cada ano, o que gera uma renda de £500 milhões. A G's Fresh é uma grande empregadora, tendo 8.000 funcionários na Grã-Bretanha, República Tcheca, Polônia, Espanha e Senegal. Suas operações internacionais asseguram que os supermercados possam ter em estoque seus legumes e verduras frescos o ano inteiro.

Com uma empresa desse porte em jogo, a entrada da família Shropshire na agricultura regenerativa não é motivada por ideologia, mas sim por necessidade. Conforme Shropshire me disse, "a próxima geração sentirá todo o efeito da turfa perdida... nós estamos mudando o modo de cultivo para desacelerar esse processo". Agora, a natureza finita do recurso é amplamente reconhecida. Ventos são comuns na região dos Fens na primavera e no outono, quando o solo está desguarnecido, mas recém-cultivado. O vento varre as vastidões planas e abertas e forma uma nuvem escura com a camada superficial seca do solo. Em cenas que evocam o *Dust Bowl* americano, a poeira bloqueia o sol e os carros acendem os faróis dianteiros, à medida que pó de turfa, saibro, grãos e pellets de fertilizantes caem como uma tempestade de granizo[5]. Um trabalhador me descreveu isso como "uma cena do Armagedom".

Os solos expostos também escorrem para os canais, são despejados no mar ou oxidam e desaparecem no ar. A turfa que permanecia perfeitamente preservada quando submersa sem oxigênio desaparece quando drenada, liberando dióxido de carbono na atmosfera e contribuindo para a mudança climática. Holme Fen tem um dos símbolos mais potentes do desaparecimento do solo. Em 1851, quando o brejo ao redor estava sendo drenado, um poste de ferro fundido foi inserido na turfa, com apenas seu topo ficando de fora, para mensurar o que estava acontecendo com o solo. O proprietário da terra percebeu que durante o processo de drenagem a turfa poderia encolher, então deixou o poste para demonstrar até que ponto a terra havia retrocedido. Hoje, o topo do poste está 4 metros acima do solo[6].

Em 2017, Michael Gove, secretário de Estado para Meio Ambiente, Alimentação e Assuntos Rurais do Reino Unido, citou que os métodos da agricultura industrial, com sua "ânsia por aumentar os rendimentos", fazem os solos se degradarem e se tornarem menos produtivos. Em um discurso na sede do World Wide Fund for Nature (WWF) no Reino Unido, ele disse o seguinte: "Isso não só é menos eficaz para sequestrar carbono, como deixa a terra cada vez menos fértil. O efeito é mais evidente nos Fens, que tinham nossos solos agrícolas mais férteis"[7].

Grande parte da turfa restante nos Fens tem menos de um metro de profundidade, e a cobertura fértil que protegia o carvalho-vermelho em Wissington está se dissipando a uma taxa de quase 2,5 centímetros por ano[8]. Nesse ritmo, tudo pode sumir em menos de 50 anos. O desafio é que os agricultores intensivos geralmente acham que o solo é mais um meio para o crescimento dos cultivos do que um organismo vivo.

"O solo está no cerne de cada decisão que tomamos na fazenda", disse Shropshire enquanto me chamava para entrar em um Land Rover Discovery cor de vinho. Estávamos no meio da crise da covid-19, e devido às restrições do *lockdown*, essa era a primeira vez que eu estava longe de casa em 13 semanas.

Como muitos agricultores, os Shropshires estão descobrindo que a degradação dos solos não é seu único problema: seus rendimentos estão se achatando, os custos de produção estão aumentando e as recompensas financeiras, diminuindo. "Ao invés de ficarmos lamentando, nós estamos fazendo algo a respeito", disse Shropshire. "O que estamos fazendo? Mais por menos; extraindo mais dos solos usando menos fertilizantes".

Para os principais pioneiros regenerativos na Grã-Bretanha, a meta é usar fertilizantes artificiais apenas como última cartada e devolver animais de criação para a terra de maneiras que contribuam para o bem-estar animal e a fertilidade do solo. Eles também planejam parar de arar, pois isso perturba o ecossistema do solo e libera carbono na atmosfera, duas coisas prejudiciais para a sustentabilidade. Eles já diminuíram o uso de pesticidas artificiais, reduziram em um terço a atividade de arar e agora protegem o solo mantendo-o coberto e plantando coberturas vegetais.

Nos Fens, assim como em muitas partes da zona rural, a industrialização separa os animais de criação, ao contrário do que acontece em uma fazenda mista ecológica. Hoje em dia, grande parte da criação de animais ocorre em fazendas industriais, onde galinhas, porcos e bois são mantidos confinados em gaiolas, estábulos e currais de engorda onde não conseguem achar o que querem comer. Recursos enormes são necessários para cultivar seus alimentos, intensificando a tensão no planeta. Esse tipo de cultivo também impede os animais de desempenharem sua parte no ecossistema agrícola natural, a qual inclui fertilizar o solo com seu estrume e contribuir para preservá-lo com as mudanças no uso da terra produzidas pela rotação de cultivos e animais.

Por sua vez, a agricultura regenerativa visa cultivar mais em harmonia com a natureza, cuidando dos recursos preciosos e integrando plantas e animais com a terra de maneiras que ajudem a restaurar os recursos da natureza. Ao reconstruir o solo, o carbono, a água e os recursos da vida selvagem, a meta é ir além da sustentabilidade – poder fazer amanhã o que fazemos hoje – e aumentar a capacidade de fazer *mais* amanhã. Os Shropshires planejam fazer isso evitando a degradação da terra, tendo uma diversidade de plantas e animais e alternando-os, para que cada campo tenha regularmente um cultivo diferente. E para que as gramíneas propiciadas pela fertilidade do solo sejam pastadas ou dadas como forragem aos animais que desfrutarão o ar puro e a liberdade.

Reintroduzir animais soltos é uma parte grande do plano de Shropshire para preservar os solos para as futuras gerações. "Nós realmente estamos interessados em ter a diversidade de volta na terra", explicou ele. Três mil e quinhentas ovelhas agora pastam nas coberturas vegetais na fazenda da família, protegendo o solo no inverno, mas gado de corte orgânico é o próximo item na lista de desejos. Shropshire vê o valor deles se alimentarem nos pastos para fortalecer o solo na fazenda, alternando com verduras e legumes em rotação.

Pastar maximiza o uso da terra e o esterco do gado devolve naturalmente nutrientes para o solo, o que é importante para a futura produtividade da terra. Galinhas também estão na mira da família; Shropshire mencionou a possibilidade de colocar galinhas em "*motorhomes*" que seriam rebocados nos campos atrás do gado e das ovelhas. Reintroduzir animais de criação na terra é um meio de acrescentar diversidade para resolver a crise do solo. E isso faz bem para futuras colheitas para os animais.

Para essa família, trazer a diversidade de volta também significa restaurar a vida selvagem. "Nossa meta é conservação de primeira classe", Shropshire explicou. Ele quer igualar os números de aves do campo aos níveis anteriores aos anos 1970, a época que a maioria dos comentaristas identifica como o início de um declínio acentuado devido à intensificação agrícola.

Obedecendo aos próprios princípios, os Shropshires querem cultivar na melhor terra e usar áreas menos produtivas para "assilvestramento". Eles já são nacionalmente reconhecidos por seus esforços para trazer rolas-comuns de volta, uma espécie migratória que declinou 98% desde 1970 e é uma das mais ameaçadas de extinção na Grã-Bretanha[9]. Em grande parte, esse declínio se deve à perda da agricultura mista e ao uso maior de herbicidas que remove as ervas daninhas e, portanto, as sementes que as pombas gostam de comer.

Com o apoio da Royal Society for the Protection of Birds (RSPB), os Shropshires criaram uma reserva de mais de dez hectares – o que equivale a uns dez campos de futebol –, que é o maior espaço rural dedicado a rolas--comuns no país. Eles pretendem colocar rastreadores nas rolas-comuns nos Fens e segui-las por satélite em sua viagem de 4.828 quilômetros à África para passar o inverno. Eles esperam atrair as pombas para as fazendas da família Shropshire no Senegal ao longo do caminho, criando uma história de êxito internacional na seara da conservação[10].

No entanto, nem tudo saiu como o planejado: por ora, as pombas têm preferido nidificar em uma parte desalinhada da fazenda, a alguns quilômetros da reserva. Algumas estações a mais de assilvestramento poderão mudar isso, mas, nesse meio tempo, aves do campo ameaçadas de extinção, como trigueirões, lavercas e rouxinóis, estão aproveitando bem a reserva.

Eu conversei com Shropshire sobre o que significa ser regenerativo. Nós falamos sobre a importância de sair da esteira química desenfreada, de reconstruir o solo e a vida selvagem, do sequestro de carbono e de controlar pragas e doenças naturalmente. Ele cita *Dirt to Soil: One Family's Journey into Regenerative Agriculture* (EUA: Chelsea Green Publishing, 2018), do pioneiro americano Gabe Brown, como uma grande motivação: "Esse livro me fez acreditar que tudo isso é possível".

Shropshire, que tem 30 e poucos anos, pretende que a fazenda seja totalmente regenerativa no prazo de uma década, graças ao que ele chama de seu "futuro programa agrícola". Seu pai John, presidente do negócio da família, nos recebeu para o chá da tarde. A empresa claramente progrediu muito em sua trajetória de 70 anos. Uma pintura grande do interior da Catedral de Ely dominava uma parede da sala de estar. Diante dela havia uma mesa feita de um carvalho-vermelho de 5 mil anos semelhante àquele achado pelo lavrador em Wissington. Janelões descortinavam os Fens onde supostamente pastava o gado dos colonizadores romanos.

Pai e filho têm um claro entendimento de que, para que haja um futuro decente, as coisas têm de mudar. Essa família de Fenland tem apreço pela história de sua terra e um olhar interessado em seu futuro.

O RETORNO DOS GROUS

Enquanto eu tremia de frio na luz evanescente em East Anglia, a espera parecia eterna. Todos os lugares estavam frios e silenciosos, o tipo de quietude que permite ouvir até o estalar de um graveto no ar rarefeito. Por muito tempo, nada aconteceu. Então houve um som evocativo que me deu arrepios: um clarim ruidoso parecido com o barrido de um elefante. Embora eu estivesse longe da África, os seres fazendo esse som não eram menos exóticos. Eu viera aqui para isso: para ver e ouvir garças voando.

Voando rapidamente, com asas longas, pescoços finos e salientes e pernas suspensas, eles compunham uma visão inspiradora. E quando se aproximaram o suficiente, eu consegui distinguir os peitilhos pretos e os elmos vermelhos dos adultos geralmente prateados.

Durante muitos anos, eu fazia uma peregrinação no dia de Ano-Novo para ver grous-comuns voltando para pousar em Norfolk Broads. Todas as vezes essa era a glória tão ansiada por passar um dia me maravilhando com a rica fauna que sobrevive nos brejos, charcos e pântanos no litoral Leste da Grã-Bretanha.

Séculos atrás, essas aves régias eram uma visão comum na zona rural britânica. Os nomes de muitos lugares, como Cranleigh, Cranfield e Cranmere, refletem a presença dessas aves em rios, fazendas e lagos, mas elas foram ceifadas na Grã-Bretanha durante o século XVII, quando seus *habitats* alagados foram drenados, em grande parte para dar lugar à agricultura.

Os Fens eram o último refúgio dessas aves carismáticas de um metro de altura que gostam de áreas alagadas, antes de ser extintas como uma espécie nidificante. Eu me lembro de que na minha adolescência, quando já era obcecado pela vida selvagem, ouvia naturalistas mais velhos falando em voz baixa sobre o retorno dos grous à Grã-Bretanha. Eu ia sempre a uma represa local onde observadores de aves sussurravam dramaticamente "elas estão de volta!". Eles estavam se referindo ao que era, naquela época, o segredo mais propalado sobre a vida selvagem: uma porção de grous selvagens havia retornado a Norfolk Broads[11].

Quando eu realmente vi um grou alguns anos depois, ela estava a mais de 160 quilômetros de distância de Norfolk. "Minha" ave possivelmente era uma migrante perdida. Lembro desse momento como se fosse ontem. Eu estava perto de Londres para ver vida selvagem, quando uma ave grande, de asas, pernas e pescoço majestosos, subitamente entrou em meu campo de visão. Eu mal podia acreditar que estava olhando uma raridade britânica – eu havia *achado* um grou! Essa foi uma experiência nova em dois sentidos; até então eu nunca vira um grou a e nunca havia achado o que a *British Birds*, a revista de ornitologia que divulgava visões de aves raras, classificava como uma raridade. Por razões que agora me escapam, eu nunca enviei para a revista meu registro daquela visão –, mas outra pessoa o fez e é seu nome, não o meu, que aparece ao lado do registro oficial. Por que eu não fiz isso? Talvez eu estivesse desanimado para enfrentar a papelada. Talvez tenha esquecido ou talvez eu estivesse excessivamente otimista, achando que descobrir raridades era algo que eu faria frequentemente. Bem, 35 anos depois consegui avistar mais três grous, um a cada dez anos. E, sim, todas as vezes eu enviei a papelada para a revista.

Essas experiências iniciais me instilaram um senso real de afinidade com os grous, esses seres fascinantes e quase míticos que representam uma zona rural florescente. E desde aqueles tempos, eu estava ciente do quanto a zona rural estava declinando com a intensificação da agricultura. Não só nos próprios campos e ao seu redor, mas no ambiente natural mais amplo.

Um dos autores presentes nas minhas estantes de livros desde que eu era criança é o professor Ian Newton, e recentemente fiquei emocionado com as palavras de abertura em sua obra mais recente, *Farming and Birds* (Reino Unido: William Collins, 2017): "Os efeitos das práticas agrícolas modernas sobre a zona rural e sua vida selvagem são absolutamente evidentes para todos os naturalistas". Em seu livro, Newton faz um resumo certeiro sobre a "revolução" na agricultura na metade final do século XX, e de sua "dependência pesada" de fertilizantes e pesticidas artificiais. A agricultura se tornou mais mecanizada e em grande escala, impulsionando o rendimento além do que até então era considerado possível. No entanto, esse foco estreito na produção implica "enormes custos financeiros e ambientais, um dos quais foi a perda em massa da vida selvagem, incluindo as aves"[12].

Eu queria descobrir se um declínio na vida selvagem é reconhecido como um indicador do que está acontecendo na terra que cobre grande parte do país e, obviamente, o mundo. Há décadas, a agricultura produz uma abundância de alimentos, mas destrói a vida selvagem e degrada a terra, suprindo para hoje em detrimento do amanhã. Esse esquema sinistro envolve os produtores de animais e plantas, que dependem de um recurso que sabidamente não é renovável: o solo. Eu estava interessado em descobrir junto a agricultores e conservacionistas como o elo entre os animais de criação, a vida selvagem e a agricultura tem sido respeitado em uma das regiões mais importantes da Grã-Bretanha para a produção de alimentos.

Embora hoje as prateleiras dos nossos supermercados estejam bem abastecidas, isso pode não durar para sempre, pois a intensificação agrícola está estocando problemas para o amanhã. Aliás, as prateleiras vazias durante a crise da covid-19 mostraram o quanto nosso modo de vida realmente é frágil e que os problemas do amanhã já estão acontecendo agora. Essa simples realidade está despertando um ceticismo crescente diante da ideia de que o mundo pode ser alimentado se os produtores plantarem mais intensivamente.

As origens do problema remontam a meados do século XX, quando houve estímulo para a agricultura aumentar e se intensificar, e o ciclo tradicional de alternar cultivos com animais de criação foi abandonado.

Conforme John Shropshire me disse, "a geração do meu pai mudou a agricultura. Eles introduziram tratores, pesticidas, fertilizantes artificiais, uma nova genética e de fato produziram muito mais alimentos.

Minha geração só tornou isso mais eficiente, maior... e realmente abusou do solo". Quanto à geração de seus filhos, ele comentou: "Agora eles estão reconstruindo o solo".

Não há dúvida de que a agricultura industrial impulsionou os rendimentos além de todas as expectativas. Nos anos 1940, um agricultor típico produzia duas toneladas de trigo por hectare. A aplicação de pesticidas e fertilizantes químicos, junto com linhagens modernas de cultivo, fez a produtividade dobrar ou triplicar entre os anos 1950 e 1990[13]. Recentemente, um agricultor em Northumberland quebrou um recorde obtendo 16 toneladas por hectare[14].

No entanto, deixando de lado as esporádicas colheitas notáveis, os rendimentos no Reino Unido se achataram desde a virada do século[15]. Isso se deve ao esgotamento do recurso natural essencial para a agricultura e a limitações tecnológicas. Produtos químicos usados para matar plantas e animais indesejáveis também podem ser danosos para minhocas e outros elementos essenciais para o solo, como fungos micorrízicos, a rede biológica no solo que ajuda a levar água e nutrientes para as raízes das plantas. O uso excessivo desses químicos, assim como a mania de tirar as cercas vivas que dão alimento e abrigo para muitos animais, levou à perda calamitosa da vida selvagem. Mais de 40% das espécies na Grã-Bretanha declinaram desde 1970, ao passo que uma em cada sete espécies da vida selvagem está ameaçada de extinção[16]. É por isso que a Grã-Bretanha se tornou um dos países cuja natureza está mais gravemente exaurida na face da Terra.

Há também a contribuição da agricultura para a mudança climática. A agricultura britânica é responsável por 10% das emissões de gases de efeito estufa do país, principalmente por meio do metano de vacas e ovelhas, do óxido nitroso produzido por fertilizantes e do dióxido de carbono produzido quando a matéria orgânica rica em carbono no solo se oxida enquanto ele é arado[17].

DE VOLTA AOS FENS

A topografia triste e indistinta dos Fens é estranhamente bela. Mas basta um poente e um pouco de névoa para você ser transportado para uma paisagem medieval. Quando o botânico Sir Harry Godwin, já falecido, chegou de Yorkshire e disse "credo, que tédio por aqui, não é mesmo?", uma pessoa local respondeu "pode até ser, mas qualquer idiota pode apreciar uma montanha. Um homem precisa de discernimento para apreciar os Fens"[18].

Cobrindo os condados de Cambridgeshire, Lincolnshire e Norfolk, a área tem uma ecologia formidável, graças às áreas alagadas ricas em nutrientes. Um elaborado sistema de canais de drenagem e rios, diques e drenos feitos pelo homem, controlados por estações de bombeamento automatizadas, carrega a água colina acima e até o mar. Placas internas de drenagem foram montadas para manter 6.115 quilômetros de cursos de água e quase 300 estações de bombeamento, com capacidade para bombear o equivalente a 16.500 piscinas de tamanho olímpico em um dia. Holme Fen é renomado por ser o ponto mais baixo na Grã-Bretanha, estando 2,7 metros abaixo do nível do mar. O fato é que a terra continua afundando, deixando seu futuro dependente dos diques construídos para protegê-la contra as inundações[19]. E os animais de criação que outrora se alimentavam nas pastagens em baixa altitude foram amplamente substituídos por cultivos especializados.

Foi lá que conheci Ian Rotherham, professor de Geografia Ambiental na Sheffield Hallam University e um escritor prolífico sobre os Fens. Ele cresceu apaixonado pela vida selvagem e, como eu, era um adolescente que adorava observar aves. Ele me levou para ver um exemplo clássico da agricultura de Fenland. Nós fomos de carro para Bardney, um vilarejo perto de Lincoln na margem Leste do rio Witham, onde tudo para de funcionar às 14:30. Com uma rua principal abrangendo dois *pubs*, um estabelecimento que vende peixe e batatas fritas, um açougue e um lugar que vende armas, Bardney tem um longo legado agrícola. Dito isso, as coisas mudaram. À medida que você se aproxima do vilarejo, o horizonte é emoldurado pelos enormes armazéns da fábrica British Sugar, que fechou há muito tempo.

O campo de aviação nos arredores do vilarejo era usado pela Royal Air Force durante a Segunda Guerra Mundial antes de se tornar uma base na Guerra Fria para os mísseis Thor, os primeiros mísseis balísticos que transportavam ogivas nucleares[20]. Agora o campo de aviação abriga fileiras de barracões com criação intensiva de galinhas.

Rotherham e eu conversamos ao lado de uma estrada que fica dois metros acima da terra ao redor. Havia edifícios rurais, alguns dos quais estavam abandonados. "Basta drenar um pântano com turfa orgânica para o solo começar a esfarelar, secar e depois oxidar, aí ele basicamente encolhe diante de seus olhos. É por isso que toda a terra sumiu", disse ele. "O solo é a coisa mais preciosa que você tem: ele é seu futuro".

Rotherham me disse que a agricultura intensiva pode desertificar as paisagens. "Se escavar a areia, você descobrirá a civilização que estourou sua capacidade produtiva. A Líbia era o celeiro do Império Romano e exportava grãos pelo Mediterrâneo para os italianos. Veja agora, ela é um deserto".

Segundo Rotherham, os solos de turfa de Fenland ainda podem produzir 30 a 50 colheitas antes de desaparecerem. Pântanos assoreados podem ter mais longevidade, mas as áreas mais extensas de turfa estão desaparecendo rapidamente. "Você dirige pelo Sul de Cambridgeshire ou Lincolnshire e nota que está elevado na estrada e que a terra está lá embaixo. É tudo turfa que encolheu, escorreu ou foi varrida pelo vento", explicou ele.

Em que ponto tudo começou a desandar? Rotherham identifica o abandono da agricultura mista como um dos maiores erros nos últimos tempos. "Parece óbvio que paramos de praticá-la por causa da economia obtida com a intensificação no curto prazo". E se as coisas continuarem como estão, como estará essa paisagem produtiva de Fenland daqui a 50 anos? "Eu acho que ela estará em um estado deplorável".

SEGURANDO A ONDA

Minha visita aos Fens me deu a chance de ir a um dos locais ingleses mais evocativos que já conheci: Cley Marshes, no Norte de Norfolk. Embora tenham se passado três anos desde a última vez que vi esses charcos e canaviais densos, parece que foi ontem. Quase todas as etapas da minha vida foram ligadas à minha relação com esse litoral. Desde lembranças da infância, como a da minha mãe nos levando para alimentar os patos em Salthouse, a passar semanas na adolescência obcecado por aves e dormindo em um abrigo que ficou conhecido como o "Beach Hotel". Depois, na faixa dos 20 anos de idade, eu acampava nas férias, e já na meia-idade passei anos procurando aves desgarradas ou atingidas por tempestades como o chasco-isabel, que motivara minha volta nessa ocasião.

Agora minhas visitas aos Cley são bem mais ocasionais, mas era dificílimo resistir à tentação de ver um chasco raro. Além de mim, havia umas 12 pessoas por lá se maravilhando com a docilidade da ave – o que nos permitia filmar essa preciosidade.

Há muito tempo, a reserva dos Cley Marshes, que pertence ao Norfolk Wildlife Trust, é protegida contra os avanços das águas por um quebra-mar de cascalho inclinado. Eu me lembro de que a margem era inclinada e estreita, mas dessa vez notei o quanto as defesas foram reforçadas. Impedir o avanço do mar claramente está mais difícil.

Com as prováveis elevações nos níveis dos mares devido à mudança climática, eu me lembrei de algo que Ian Rotherham me disse: quanto maior a solução de engenharia, maior é a catástrofe quando ela dá defeito. Foi inevitável pensar por quanto tempo mais os pântanos sobreviverão à devastação causada pelo mar. Até que ponto os pântanos serão destruídos se o Wildlife Trust não conseguir mais frear a maré? O que acontecerá com a vista, com a igreja local, com o Cley Windmill e com o belo conjunto de lojas e casas que compõem este vilarejo costeiro tão pitoresco? Se o paredão do quebra-mar cair, para onde irão as pessoas e a vida selvagem? Esses questionamentos passam por muitas mentes em regiões de baixa altitude, mas para os Fens e suas comunidades rurais, eles não são novos. Desde as primeiras tentativas para drenar os Fens há 1.000 anos, a batalha continua para proteger seus solos contra inundações.

Hoje, quase cem quilômetros de quebra-mar protegem os Fens, e projetos recentes para reforçar áreas-chave incluem a construção de quebra-mares com até sete metros de altura. Até inundações temporárias podem inutilizar os campos durante anos devido ao efeito do sal sobre o solo[21]. Líderes rurais advertem que as defesas de Fenland contra enchentes são inadequadas. O National Farmers' Union (Sindicato Nacional dos Agricultores da Grã-Bretanha) tem pleiteado mais investimentos nas defesas contra enchentes para proteger os agricultores e a produção de alimentos. A Environment Agency afirma estar investindo milhões de libras para resolver um "problema complexo e sem precedentes", ao passo que o Departamento do Meio Ambiente, Alimentação e Assuntos Rurais (Defra) prometeu £ 2,6 bilhões de financiamento por mais de seis anos e £ 1 bilhão para a manutenção das defesas contra inundações[22].

Por mais quanto tempo feitos notáveis de engenharia poderão segurar a maré e impedir que áreas extremamente importantes como o celeiro dos Fens fiquem inundadas a longo prazo? À medida que o mundo fica mais quente, está previsto que os níveis dos mares se elevarão no mínimo por um metro até o final deste século. E como Ian Rotherham salientou para mim, elevações médias nos níveis dos mares não são responsáveis por vagalhões que podem ter três metros acima da marca d'água usual em alguns lugares. "A terra está encolhendo, o mar está subindo, os eventos extremos estão mais frequentes e mais devastadores, e o bom senso aponta que isso não é sustentável", observou ele.

Rotherham não é a única voz que adverte sobre o futuro das paisagens cerealíferas. Um relatório de 2015 sobre segurança alimentar global admitiu que importantes regiões cerealíferas no mundo poderão ser duramente atingidas pela mudança climática, dando um aviso atemorizante sobre "múltiplas falhas simultâneas nos celeiros". O relatório também diz que se pode esperar mais choques no futuro: o que nós chamaríamos de um choque raro e extremo na produção de alimentos no final do século XX provavelmente será mais comum no futuro[23].

Como os Fens e outras áreas aráveis de baixa altitude geralmente são paisagens cerealíferas cruciais para grande parte dos nossos alimentos, eu pedi que Rotherham me desse sua opinião. "Talvez só nos restem 30 a 50 anos de abundância, e então entraremos em uma situação de insegurança alimentar global e de populações humanas crescentes. Isso não parece um cenário altamente promissor", disse ele.

RESTAURANDO O GREAT FEN

Com uma paisagem tão rica enfrentando ameaças por parte da terra e do mar à sua existência, há uma busca crescente por novas ideias e abordagens para preservar os Fens para o futuro. Uma dessas abordagens é um grande projeto para restaurar o Great Fen e que poderá propiciar o retorno dos grous. A ideia é reconectar as reservas ambientais de Woodwalton Fen e Holme Fen, criando uma área úmida de 3.700 hectares com pasto sazonal. Com 99% do pântano selvagem destruídos pela drenagem, esse projeto novo e ambicioso poderá ajudar muito a preservar o ecossistema singular de Fenland[24].

Por si só, essas duas reservas ambientais são pequenas e isoladas demais para dar suporte à vida selvagem especial de Fenland que sobreviveu[25]. "Como você pode ver, elas são cercadas por terras cultivadas intensivamente", disse Kate Carver, que está à frente do projeto para o Wildlife Trust. "Resta apenas 1% do pântano natural... e essas duas reservas estão entre esses vestígios muito preciosos."

O grande perigo para reservas isoladas é que seu efeito como "cápsulas do tempo" da natureza pode começar a diminuir. À medida que a zona rural no entorno se torna mais árida, isso solapa a riqueza da reserva ambiental pela asfixia lenta do isolamento. Afinal de contas, a natureza raramente respeita limites. Eu vejo isso na reserva ambiental perto de onde moro, a Farlington Marshes em Hampshire, onde os declínios nos números de aves são evidentes, embora o *habitat* em si continue do mesmo tamanho. Aves circulam por lá, construindo ninhos e se alimentando em outro lugar. Elas podem passar o verão em uma paisagem e o inverno em outra. Para migrantes de longa distância, isso significa diversos países, mas, para outras, a necessidade de variar os lugares pode ser bem menor. E, por isso, elas precisam de paisagens interligadas para florescer.

O "Santo Graal" é uma combinação de iniciativas no nível da paisagem, como no Great Fen, e cultivo ecológico. O que eu achei atraente no projeto foi que umedecer novamente uma área grande de Fenland poderá ajudar a paisagem campestre sitiada, criando um amortecimento contra inundações, preservando o solo de turfa, reduzindo as emissões de carbono e, ao mesmo tempo, estimulando a presença da vida selvagem.

Uma chave para o êxito dessa iniciativa está em devolver animais de criação para a terra, onde atuam como pastadores ecológicos. Quatro quintos dos pastos nos Fens foram arados[26], e restaurar a pastagem é uma parte importante da iniciativa para o Great Fen. Isso ajuda a estabilizar a turfa e impede que ela desapareça no carbono atmosférico. Isso também limpa a terra dos fertilizantes artificiais que, caso contrário, favoreceriam "ervas daninhas" comuns que sufocam a flora natural até extirpá-la.

Agora, uma rede de agricultores e criadores de gado, planta feno em mais de 500 hectares, ao passo que grande parte dos pastos restantes é pastada por animais belíssimos como o gado British White e Belted Galloway, que ajudam a dar mais diversidade ao *habitat*, deixando longos blocos de gramíneas em alguns lugares e pastando bastante em outros. Tudo isso serve como *habitat* para aves nidificantes e outros animais selvagens.

Chris Wilkinson é um fazendeiro cujas ovelhas Norfolk Horn e gado Aberdeen Angus pastam em 300 hectares da pastagem sazonal que está ressurgindo na paisagem plana de Fenland, anteriormente dominada por cultivos intensivos. Suas 140 cabeças de gado de corte e bezerros são criados no pasto: "Nós não damos concentrados, e eles só se alimentam com gramíneas", explicou Wilkinson. "A carne é mais macia e saboreada com mais prazer".

Há também os *hotspots* de insetos criados pelo esterco. "Um ecossistema massivo se desenvolve em torno do esterco, então não uso vermífugos". Os tratamentos químicos contra parasitas deixam o estrume bovino malcheiroso e estéril, ao passo que o estrume natural dá grande potencial para a vida selvagem.

Wilkinson acha que a perda de matéria orgânica nos solos aráveis é um dos grandes problemas da agricultura atual. "Fico muito preocupado porque ela se guia pelo mercado que dita o caminho da intensificação e da especialização, e isso dificulta as rotações e boas práticas agrícolas... Há um problema com o solo porque nós estamos nos especializando e não devolvendo matéria orgânica para ele".

No entanto, apesar do estado precário dos solos da nação, Wilkinson vê sinais de uma reversão nessa tendência. "Agora está havendo um movimento para reintroduzir rebanhos, que também está acontecendo em East Anglia, onde agricultores especializados em cultivos estão reintroduzindo ovelhas e gado".

Juntar animais de criação e produção agrícola não necessariamente significa comer mais carne; Wilkinson inclusive me disse que "nós não precisamos comer tanto assim". No entanto, para produzir alimentos para o futuro, é essencial renovar o "contrato" com a terra, dando fim à segregação e alternando esses elementos essenciais em harmonia.

O solo de turfa de Fenland está entre os mais produtivos no país, mas também é o mais gravemente ameaçado. Essa base da paisagem cerealífera da Grã-Bretanha está desaparecendo a uma taxa de dois centímetros por ano. E isso remete à crítica relativa à ideia de umedecer novamente os campos: e se houver uma situação na qual nenhum pedaço de solo poderá ser poupado a fim de produzir alimentos?

"Se houver alguma emergência nacional que demande cada centímetro quadrado de terra, basta drenar a área para plantar novamente", Kate Carver me disse. "Mas se os cultivos continuarem intensivos, no prazo de 30 anos, não haverá mais turfa para as plantações". Ela também apontou que 5 mil hectares em East Anglia são usados para plantar flores, ao invés de alimentos.

Atualmente, o projeto no Great Fen está quase na metade, com 1.700 hectares sob restauração. Segundo Carver, recriar o Great Fen inteiro poderia levar 50 a 100 anos, especialmente diante da relutância dos proprietários de terras para vender terra arável de primeira categoria. No entanto, o tempo que passei nos Fens me mostrou que, com a terra encolhendo e o mar subindo, esse celeiro talvez não dure mais 50 anos.

# 2

A HISTÓRIA DE DUAS VACAS

UMA VOLTA AO MUNDO EM 80 MINUTOS

Pela janela do nosso quarto podemos ver um estábulo de gado. Ele fica tão perto que eu poderia atirar uma pedra e acertá-lo em cheio. O telhado corrugado cinzento é salpicado de líquen amarelo e verde. Blocos pré-moldados cinzentos separam seu interior cheio de palha de um pátio ao ar livre. O estábulo é o alojamento de inverno para as 40 vacas que pastam nos campos do vale do rio na primavera e verão.

Em 2020, após o inverno, eu vi as vacas soltas em um dia tão quente em meados de abril que parecia que era verão. Ainda jovens, elas estavam literalmente crispadas de empolgação, com os olhos bem abertos e as orelhas em pé. Entre elas havia bois com porte atlético e cores que variavam de preto e branco a marrom alaranjado. Os gados leiteiro e de corte estavam misturados. Alguns estavam se empanturrando de gramíneas viçosas, uma sensação nova para animais habituados a comer forragem seca no inverno. Duas vacas pararam de pastar para ir à cerca e esfregar os focinhos com nosso cachorro, Duke. Então a linha entre as vacas e o cachorro ficou indistinta enquanto se saudavam. Eles estavam criando um laço e se tranquilizando mutuamente da mesma maneira que Gavin Maxwell notou nas lontras em *The Ring of Bright Water Trilogy* (EUA: Viking, 2000). Muitos animais se lambem e trocam saliva, pois esse é um ritual muito importante.

Enquanto eu olhava o rebanho ao sol, ficou claro que cada vaca ou boi era peculiar. Então me lembrei das palavras da pecuarista Rosamund Young, que os descreveu em *A Vida Secreta das Vacas* (Brasil: Rinoceronte Editora, 2020) como sendo "tão variados quanto as pessoas. Os bovinos podem ser altamente inteligentes ou lentos para entender; amistosos, atenciosos, agressivos, dóceis, inventivos, insensíveis, orgulhosos ou tímidos".

Os bovinos também têm uma língua própria. Eles mugem de medo, incredulidade, raiva, fome ou dor[1]. Pesquisas científicas sugerem que eles "conversam" entre si e afirmam sua identidade individual por meio de suas vozes[2].

Enquanto Duke e eu estávamos com o rebanho, um mugido aflito ecoou ao longo do vale; um animal sozinho estava no outro lado do rio expressando o medo de se perder. Os demais estavam agrupados nas gramíneas viçosas e flores silvestres ao lado da ponte antiga. Dois estavam lutando com as cabeças encostadas, como se fosse uma queda de braço bovina. Outro se esfregava em um poste de telefonia para aliviar uma coceira.

Isso é muito distante da pecuária industrial e mais semelhante à imagem usada por marqueteiros da zona rural. Mesmo assim, boa parte daquilo que é apregoado sobre ela deveria ser diferente. As coisas mudaram muito desde a Segunda Guerra Mundial. Na Grã-Bretanha, quase três quartos da superfície terrestre têm campos, dois terços dos quais são pastos. Mas a maioria dos animais de criação está engaiolada, apertada e confinada em lugares cobertos. A Grã-Bretanha tem uma longa tradição de manter o gado e as ovelhas no pasto, mas já faz alguns anos que a realidade ficou menos palatável para o gado.

Investigações publicadas no *Guardian* revelaram que agora a Grã-Bretanha tem quase uma dúzia de megafazendas em estilo americano criando gado de corte. Em Kent, Northamptonshire, Suffolk, Norfolk, Lincolnshire, Nottinghamshire e Derbyshire há unidades em escala industrial, cada uma comportando até 3 mil cabeças de gado. Ao invés de pastar ou ficar no estábulo, o gado é mantido em cercados sem relva por períodos extensos[3].

Ainda raros na Grã-Bretanha, os "currais de engorda" para a criação intensiva de gado são comuns nos Estados Unidos, onde são conhecidos como operações de alimentação de animais confinados (CAFOs na sigla original). No entanto, as revelações originalmente publicadas pelo *Guardian* de que há currais de engorda em estilo americano na Grã-Bretanha fazem cair por terra as garantias dadas pelo secretário de Estado do Defra, Michael Gove. Anteriormente, ele havia dito ao Parlamento que a saída da Grã-Bretanha da União Europeia não resultaria na disseminação dessas megafazendas: "Eu não quero ver e nós não teremos pecuária em estilo americano neste país"[4]. Suas palavras bem-intencionadas foram ditas tarde demais.

O descompasso entre a declaração bem-vinda de Gove e a realidade ilustra a chegada traiçoeira da intensificação. As palavras dele vieram após uma nova pesquisa da Compassion in World Farming mostrar que a disseminação das megafazendas não se limitava ao gado bovino. A Grã-Bretanha tem quase 800 megafazendas para porcos e aves, assim como para gado, cada uma com capacidade para manter 1 milhão de galinhas ou 20 mil porcos.

Embora o número de fazendas com criação intensiva de gado de corte ainda fosse pequeno, havia uma tendência preocupante. Dados de 2018 sugeriam que havia pelo menos 384 fazendas com criação intensiva de gado de corte na Inglaterra e no País de Gales, onde o gado era permanentemente confinado pastando pouco ou nunca, e que isso poderia ser apenas a ponta do *iceberg*. Dados só são coletados em unidades rurais que ficam em áreas afetadas por tuberculose e, portanto, operam sob restrições para o controle da doença. Assim, informações sobre como o gado é mantido na maioria das fazendas de pecuária simplesmente inexistem. E embora a marcha das megafazendas em estilo americano pareça estar a 1 milhão de quilômetros de distância das 40 vacas que pastam no vale do rio perto de casa, a pergunta é: por mais quanto tempo?

GOOGLE EARTH

Enquanto olhava as vacas locais se regalando com a relva da primavera, eu deveria estar em uma viagem a trabalho nos Estados Unidos. Eu havia planejado visitar algumas das maiores megafazendas de gado no mundo, mas o isolamento social em vigor devido à covid-19 frustrou meus planos.

Impávido, resolvi fazer essa viagem por meio da internet. Há anos, eu aproveito qualquer oportunidade para ver o que acontece na pecuária industrial.

Para observar as vistas, os sons e os cheiros. Para conhecer as personagens. Para descobrir o que acontece por trás de portas fechadas e portões trancados. Então descobri que, ao viajar virtualmente, eu podia investigar muito mais lugares sem sair de casa.

Foi assim que comecei a dar minha "volta ao mundo pelo Google Earth" indo a alguns dos maiores currais de engorda de gado no planeta. Eu os encontrei nas planícies do Centro-Oeste, no Colorado, Nebraska, Oklahoma e Norte do Texas. Outros estavam em Idaho e na Califórnia[5]. Minha busca pelo "maior do mundo" me levou à J. R. Simplot Company perto de Boise, em Idaho, especificamente ao curral de engorda Grand View da empresa, que tem 150 mil cabeças de gado[6] em um único local de 303,5 hectares[7].

A fazendeira Michelle Miller, de Iowa, disse com franqueza: "Na realidade, trata-se de uma fazenda "corporativa" que também pode ser chamada de "fazenda industrial". Um artigo no periódico *AgDaily* convidava os leitores a "darem uma olhada em um dos maiores currais de engorda do gado no país"[8]. Eu aproveitei a deixa e entrei no endereço da fazenda usando o Google Earth. Em um piscar de olhos, tive uma vista aérea das planícies do Centro-Oeste. Quando dei um *zoom* no meu destino, senti uma vertigem como se estivesse em um elevador despencando. Então o *drone* mostrou a vista de um impressionante edifício comercial e três carros brancos estacionados do lado de fora. Árvores ladeavam um gramado, onde bandeiras tremulavam em mastros.

Logo eu estava olhando os currais de engorda com dezenas de milhares de cabeças de gado. Era uma vastidão plana e sem graça, com cercados áridos que davam pouco ou nenhum abrigo e sem uma folha de relva à vista. A cena parecia não ter fim. Eu já havia visto fotos feitas por *drones* de lugares como esse, com inúmeras vacas como pontinhos em uma terra arrasada sem fim. Agora eu podia tirar fotos idênticas sem abrir mão do conforto da minha casa. Parecia surreal estar pairando acima de 150 mil vacas a quase 8.046 quilômetros de distância. Olhando atentamente a tela do meu computador, eu dei um *zoom* para ver melhor e pude distinguir 150 cabeças de gado em um cercado. Segundo Michelle Miller, uma equipe de até 18 "*cowboys*" montados em cavalos patrulha diariamente esses cercados. No entanto, eu não entendia a necessidade de andar a cavalo nesse lugar – afinal de contas, o gado ficava permanentemente cercado.

Com mais de 26 mil fazendas de pecuária industrial nos Estados Unidos, a maioria das quais tem mais de 1.000 cabeças de gado, os currais de engorda são um grande negócio por lá[9]. Ao invés de gramíneas, os animais são principalmente alimentados com cereais: milho, trigo e cevada, além de soja e restos como grãos de destiladores.

Miller pergunta: "Nós 'achamos' que a agropecuária deveria ser romântica nos moldes do Old MacDonald e um punhado de animais?". Ou devemos fincar o pé na realidade e ter currais de engorda intensiva para uma "população que será de 9 a 10 bilhões de pessoas (e bilhões de animais de estimação para alimentar)"? A pergunta dela está sendo debatida por governos e a sociedade civil no mundo inteiro.

Por cortesia do Google Earth, eu viajei para a África do Sul. Um relatório do Bloomberg sugeriu que um local com capacidade para 160 mil cabeças de gado no curral de engorda Karan Beef ao Sul de Johanesburgo superaria em tamanho tudo o que eu vira nos Estados Unidos. Grudado com meu *laptop*, eu procurei a área e dei um *zoom* em um conjunto habitacional e depois em outro. Mas esses conjuntos habitacionais se apequenaram diante do contorno do curral de engorda imenso em forma de leque. Assim como aquele que eu vira em Idaho, era uma vastidão de terra vazia dividida em blocos e pululando de gado.

Um vídeo do setor me deu uma visão no nível do solo de uma enorme sucessão de cercados, todos lotados de gado sem sombra alguma para se proteger do sol intenso[10]. Segundo um comentário, o gado que chega é "tratado com hormônios". Mas embora essa fazenda engorde 500 mil animais para abate a cada ano, a maior parte da carne é destinada para exportação para o Oriente Médio e para a China[11].

Minha parada seguinte foi na Austrália, onde 450 currais de engorda avaliados em US$ 2,5 bilhões fornecem 40% da carne para o país. O curral de engorda com 56 mil cabeças de gado da Whyalla Beef, em Queensland, é apontado como o maior do país e exporta para o Japão, a França e a Bélgica[12, 13, 14, 15]. Hormônios de crescimento bovino são "usados comumente" para acelerar o ganho de peso e abreviar o tempo requerido para criar um animal para o abate[16]. E o próprio tamanho do curral indica que o gado vem de todo o país, às vezes até de longe como no Sul da Tasmânia[17]. Pensar nos animais fazendo viagens tão longas me deu arrepios. A coisa toda não fazia o menor sentido, já que a ambição do setor é fornecer carne "limpa, ecológica e sem doenças"[18].

Minha viagem pelas maiores fazendas de pecuária industrial do mundo me deixou estranhamente animado – em pouco mais de uma hora, eu havia visto mais megacurrais de engorda do que em toda minha carreira. Dessa vez não senti a poeira quente sob meus pés, não enjoei quando o mau cheiro invadiu minha garganta nem olhei os animais nos olhos, mas eu já havia feito essas coisas muitas vezes. Armado com o conhecimento que ganhei ao "visitar" exemplos espantosos de megafazendas, logo me vi dando dicas a jornalistas sobre como "visitar" as megafazendas do mundo por meio do Google Earth.

Quando fechei meu *laptop*, as 40 vacas do nosso vizinho estavam mais ruidosas do que o normal. Então pensei: será que minha volta ao mundo pela internet aguçou meus sentidos? Ou agora eu estava mais ciente do rebanho, após ver centenas de milhares de bovinos confinados? Bem, não. Por mera coincidência, todas as 40 vacas estavam em nosso jardim! Enquanto eram transferidas de um pasto para outro, elas escaparam, o que foi um lembrete de que as vacas têm mentes e o desejo de sentir alegria. Conforme Rosamund Young certamente explicaria, elas haviam imposto a própria vontade nessa situação. E essas vacas também deixaram sua marca em nossa propriedade: esterco no gramado!

REI POR UM DIA

Era o início do outono quando fui convidado por Chris Packham, um dos naturalistas mais queridos que se apresentam na TV da Grã-Bretanha, para ir à sua casa na New Forest. Seu agente havia me dado meia hora para a entrevista, então abri espaço em minha agenda antes de uma reunião importante da diretoria. Duas horas depois, eu ainda estava lá – e esperava que meus colegas de trabalho fossem compreensivos. Observado atentamente por seu míni *poodle* Scratchy, Packham foi caloroso e generoso enquanto conversávamos sobre o início de nossas carreiras, a zona rural, alimentos e muito mais. Ele me ofereceu café e eu pedi que fosse puro. Mas quando ele abriu a geladeira, eu vi caixas de leites à base de plantas e mudei de ideia: "Leite de soja orgânica, por favor".

Packham tinha acabado de voltar de sua caminhada diária na New Forest e seu encantamento com o mundo natural era óbvio. Ele se agachava na terra para investigar um tipo de fungo que desconhecia, sentindo sua textura e observando mosquitos que pousavam em busca de um lugar para botar ovos. Ele tirou uma foto do fungo para facilitar sua identificação e até seu odor o fascinava. Tudo fazia parte de uma jornada constante de descoberta, na qual as cores, formas, texturas e cheiros da floresta formam um aspecto inspirador da vida. E vivendo na New Forest, ele tinha tanta coisa para explorar! Afinal, ela é uma das maiores áreas de floresta, pastagem e charneca no Sul da Inglaterra. Além de fungos, há pôneis, gado e até asnos, todos pastando livremente e ajudando a manter o mosaico de retalhos de diferentes *habitats*. Em uma tradição que remonta ao rei Guilherme I, o Conquistador, porcos vagam nas matas no outono, comendo nozes que podem ser venenosas para os pôneis[19]. Cinco espécies de veados circulam sob as copas dos carvalhos e faias[20]. Cobras-de-água-de-colar, víboras-europeias-comuns e lagartos tomam sol entre a urze. E há uma profusão de aves: as espécies que se reproduzem lá incluem felosas-do-mato, tartaranhões-apívoro e, mais raramente, pica-paus[21].

Packham tem uma fascinação profunda pelo mundo natural e um conhecimento imenso sobre ele. Muitas crianças crescem querendo um cachorrinho ou um coelho, mas ele queria um falcão-europeu-pequeno, um morcego ou uma lontra. Desconfio que, assim como eu, ele se inspirou em obras como *Kes* e *Ring of Bright Water*. Ele nasceu e foi criado perto de Southampton, mas depois se mudou para a New Forest. Conforme escreveu em seu tocante livro de memórias *Fingers in the Sparkle Jar*, foi lá que ele descobriu que "vespas bebiam, tritões tragavam coisas, enfim, tudo era novo. Tudo precisava ser desvendado".

Chris e eu crescemos nos anos 1970, uma época em que a vida selvagem ainda era abundante nas terras da maior parte da Grã-Bretanha. Dito isso, não havia gratificação instantânea. Descobrir as coisas sozinho e chegar perto de animais selvagens também demandavam passar tempo observando, esperando e torcendo. Desde cedo, Packham passou a apreciar a beleza simples da vida, como ter uma joaninha pousada em um dedo ou um girino na palma da mão. "Essas coisas simples são inegavelmente belas", afirmou ele.

Sua sede de conhecimento sobre o mundo natural é insaciável. "Ainda há tanto para aprender. Ainda há tanta coisa por aí que preciso saber".

Mas Packham deixa claro que nós sabemos o suficiente sobre a zona rural para parar de fazer as coisas que estão arruinando-a. Uma olhada nos dados divulgados confirma sua visão. Desde os anos 1930, a Grã-Bretanha perdeu 97% de seus prados com flores silvestres[22], o que significa menos *habitat* para polinizadores essenciais como as abelhas. As borboletas-do-campo na

Grã-Bretanha declinaram 37% desde 2005 e 57% desde 1979[23]. Mais da metade das populações de aves do campo diminuiu desde 1970[24], com lavercas, estorninhos e abibes entre as espécies que tiveram declínios graves. Agora, os abibes têm a triste reputação de ser a espécie de ave que está declinando mais rapidamente na Europa[25]. E a agricultura industrial é um dos fatores mais decisivos para o declínio da natureza.

A Grã-Bretanha está mais ciente do estado da natureza do que qualquer outro lugar na Terra. Poucos países a superam em termos da proporção de terra explorada[26]. E como a situação das aves da nação tem sido aceita pelo governo do Reino Unido é um indicador de sustentabilidade e da nossa qualidade de vida[27].

O fato de que as espécies que tiveram graves declínios no longo prazo continuem declinando é especialmente preocupante. Embora os conservacionistas se esforcem para deter isso, nosso "capital natural" – o estado geral do ecossistema que nos mantém – continua se esvaindo. Quatro espécies de aves do campo – trigueirão, perdiz-cinzenta, rola-comum e pardal-montês – declinaram mais de 90% desde 1970, e seus números continuam em queda. Segundo dados do governo, as perdizes-cinzentas declinaram 19% nos últimos cinco anos, ao passo que as rolas-comuns tiveram uma diminuição de mais de 51%[28]. Certamente, o próximo passo é a extinção.

Packham argumenta que plantar e criar animais eram uma parte saudável do meio ambiente há milhares de anos. Isso era sempre diverso, abria oportunidades para a vida selvagem e se mantinha amplamente em harmonia com o ecossistema. Havia uma fusão entre a alimentação, os cultivos e a natureza. No entanto, ele vê que agora a vida selvagem e a zona rural estão em uma "situação desesperadora", e não é o único a enxergar isso. Uma avaliação anual do governo em relação às populações de aves selvagens cita a perda da agricultura mista como uma causa do declínio. Outro fator nocivo é o aumento no uso de pesticidas químicos, uma consequência do crescimento das monoculturas, as quais perdem sua resistência natural a "pragas"[29]. Quando animais de criação são transferidos dos campos para fábricas, tudo piora: o bem-estar animal, a vida selvagem, o solo e a sustentabilidade da produção de alimentos.

"Tudo gira em torno de dominar a natureza e, geralmente, controlá-la sem tolerância, usando pesticidas e herbicidas. Mas isso está danificando o meio ambiente além do ponto suportável para os processos agrícolas. Nós sabemos que os solos estão em um estado desastroso não só no Reino Unido, mas no mundo inteiro. O solo é fundamental para qualquer cultivo terrestre. Se não cuidarmos dos solos, será nossa ruína".

Se Packham fosse rei por um dia, essa guerra contra a natureza acabaria. No entanto, interesses velados são uma barreira para salvar a zona rural. Fazendas pequenas passam enormes dificuldades, ao passo que fazendas grandes prosperam, muitas vezes com o apoio de multinacionais do setor agroquímico e de grãos, cujo *lobby* é poderoso. Talvez o efeito maior desses interesses velados seja impedir o progresso no nível de políticas públicas, enlameando as águas o suficiente para sufocar qualquer reforço da vontade política para mudar o estado das coisas.

No entanto, Packham é contra culpar os agricultores como um todo e quer estimular aqueles que são ecológicos e apoiam o bem-estar animal. "Não são todos os agricultores", disse ele. "Os agricultores não são pessoas más, embora alguns façam coisas muito ruins – há uma diferença clara. Certamente há agricultores maus por aí, mas também há alguns muito bons". Na opinião dele, é preciso apoiar os agricultores que entendem os problemas e estão fazendo algo para combatê-los, aqueles que entendem sustentabilidade como "cuidar bem da vida selvagem e do meio ambiente".

No entanto, agricultores ou consumidores individuais não podem deter sozinhos o *agrogedom*. Problemas antigos e complexos requerem grandes soluções por parte dos formuladores e gestores de políticas públicas. Há tempo demais os políticos tendem a lidar com questões mais imediatas que os ajudarão a se reeleger, ao invés de encarar alguns dos grandes desafios que dizem respeito ao nosso amanhã, a exemplo do futuro dos alimentos e da zona rural.

Packham quer estimular um movimento unificado, uma aliança com base ampla em prol da mudança ambiental. Em 2018, ele organizou a "People's Walk for Wildlife", uma passeata em Londres com 10 mil pessoas que portavam *smartphones* tocando cantos de pássaros. A passeata culminou com crianças entregando uma declaração no número 10 da Downing Street, que é a residência oficial e escritório do primeiro-ministro britânico, clamando pelo fim da guerra contra a vida selvagem. O objetivo do evento era chamar a atenção para a interligação entre a zona rural, o bem-estar animal nas fazendas, a vida selvagem e a alimentação. Conforme Packham explicou, o evento visava envolver pessoas que "se importam com a vida". "Nós temos de ver o quadro geral, a fim de fazer uma diferença mais rápido", disse ele.

Ele fica frustrado por termos as respostas para resolver os problemas e não colocar em prática. "Tenho certeza de que, se tivesse os recursos, eu poderia começar a agir esta tarde. Se eu fosse rei por um dia... Eu poderia começar esta tarde. Eu poderia fazer uma diferença em prol da vida selvagem esta noite".

Então, por que isso não é feito? Ele acha que parte do problema são os tomadores de decisão que não sabem o suficiente sobre o mundo natural para fazer as grandes conclamações que iriam fazer a diferença. "Acho que ainda não estamos prontos para eleger tomadores de decisão propensos a cuidar da biodiversidade".

A mudança climática é um bom paralelo. Há duas ou três décadas, a maioria dos políticos não estava ciente do aquecimento global, mas agora isso faz parte da descrição de seu cargo. Embora obviamente seja preciso fazer mais, pelo menos há conscientização política. Mas a inação em relação à biodiversidade e à situação angustiante da zona rural continua.

"Essas pessoas não entendem sequer os pontos básicos da ecologia e temo que algumas nunca tenham lido *The Ladybird Book of Ecology* ou não tenham passado da primeira página. Então, minha esperança é que a triagem que estamos fazendo e os esparadrapos que estamos colando atualmente, com o máximo de rapidez e eficácia possíveis, manterão o suficiente da natureza viva, até que surjam novas gerações de decisores que entendam do assunto e tomem as decisões certas, pois sabem que precisam fazer isso". Nesse ínterim, Packham enfatiza a importância de escolher uma luta com as pessoas certas, o que significa apoiar aqueles que estão fazendo as coisas de outro modo e "plantando e criando animais da maneira certa".

PLANTANDO E CRIANDO ANIMAIS DA MANEIRA CERTA

"Ele estava morto... não havia minhocas nem sequer um inseto... O solo estava acabado", recordou Simon Cutter. Quando cavou o solo pela primeira vez em sua fazenda de 222,5 hectares perto de Ross-on-Wye, Herefordshire, o que ele viu? "Nada. Era só uma massa sólida sem estrutura. Trata-se de um solo difícil, mas agora ele estava morto".

A fazenda de Cutter é uma terra marginal. Cultivos aráveis eram plantados por lá, mas quando ele assumiu o leme, tudo estava caótico, com pedras e ervas daninhas para todo lado. Os agricultores anteriores haviam lutado com a terra para poder plantar e jogado pesticidas e fertilizantes artificiais nela. Na realidade, a terra estava em péssimo estado quando Cutter comprou a fazenda em 2004, e as pessoas acharam que ele estava louco por querê-la.

O manejo lá sempre fora errado. Então o que ele fez? Plantou gramíneas, restaurou a terra para pasto permanente e trouxe as flores silvestres de volta, e a soma de tudo isso aumentou a fertilidade do solo. Inseticidas e outros "produtos químicos nojentos", como Cutter os descreveu, foram descartados e a natureza pôde se expandir à vontade.

Em sua Fazenda Modelo, Cutter agora mantém gado e ovelhas de um modo ecológico que promove o bem-estar dos animais. A fazenda tem vista para a Symonds Yat, um desfiladeiro com matas conhecida pelo afloramento de calcário com 152 metros de altura nas margens do rio Wye. Ossos de um tigre-dentes-de-sabre foram encontrados na King Arthur's Cave por perto[30], mas quaisquer ossos descobertos hoje em dia provavelmente são de pombos comidos por falcões-peregrinos que estão nidificando.

Cutter trabalha organicamente, e seu gado e as ovelhas não comem grãos. Nas últimas décadas, o ensino agrícola convencional prega que criar gado e ovelhas implica alimentá-los com grãos, mas isso vai contra a biologia deles. Afinal de contas, ruminantes, como gado e ovelhas, são adaptados para comer gramíneas e outras plantas; alimentá-los com grãos pode desarranjar seus estômagos e causar acidose ruminal. Esse modo de fazer as coisas acabou predominando porque dá lucro para as empresas que vendem grãos para os pecuaristas alimentarem os animais.

As 300 cabeças de gado de corte Hereford de Cutter contam com pastos ricos. Os bezerros mamam em suas mães, e seus corpos marrom-avermelhados contrastam com cabeças, úberes e barrigas brancas enquanto eles mordiscam encostas cobertas de gramíneas altas semeadas e flores bem-me-quer. Seu esterco atrai muitos insetos, o que beneficia a vida selvagem local.

Cutter também tem um rebanho de 350 ovelhas Wiltshire Horn cruzadas com outras da raça Welsh Mountain. "Fáceis de cuidar", essas ovelhas são resistentes à podridão dos cascos e a vermes que atacam outras raças. Morcegos-de-ferradura-grandes, raros na Grã-Bretanha devido ao uso de produtos químicos e à perda de animais ruminantes, voltaram recentemente para lá[31]. Pelo menos nessa área, as atividades são feitas da maneira correta.

Fui com Cutter a um campo esplêndido de trevos vermelhos. "É daqui que vêm nossas proteínas – nós não precisamos de soja importada. Se você der trevo vermelho para ovelhas prenhas, não é preciso dar milho para mantê-las saudáveis", explicou ele.

O trevo mantém as ovelhas prenhas saudáveis e ajuda o solo, dispensando o uso de fertilizantes nitrogenados. Pequenos nódulos nas raízes dos trevos puxam nitrogênio do ar e o fixam no solo. "Seja lá quem inventou isso, com certeza é alguém sagaz, pois não custa nada".

Junto com um negócio de varejo que vende grande parte dos produtos de Cutter, a fazenda é lucrativa e não depende de subsídios do governo. E seus gastos com insumos são baixos, pois ele não usa grãos para alimentar os animais nem produtos químicos. Ele recomendaria isso para os outros? "Se alimentassem os animais com gramíneas, os pecuaristas se dariam muito melhor e seus custos seriam reduzidos".

Em 2019, Cutter ganhou o prêmio Sustainable Food and Farming da Compassion in World Farming por transformar uma terra marginal em pasto, por proporcionar condições excelentes para o bem-estar animal e por restaurar o solo e a natureza. Enquanto andávamos pela fazenda, eu achei um momento propício para lhe entregar o troféu de vidro cinzelado e posamos para fotos entre seu rebanho de Herefords. Cutter apertou minha mão com orgulho. "Na verdade, você devia ter dado o prêmio para as vacas, pois foram elas que fizeram o trabalho", disse ele.

3
RESTAM 60 COLHEITAS

ANDANDO NA LUA

No início da manhã, um trator estava tirando do solo os restos de abóboras e trigo do ano anterior. As lâminas de aço reluziam ao sol enquanto escavavam a terra, deixando sulcos de 45 centímetros de profundidade. Quando cada fileira estava pronta, as lâminas se erguiam e o trator balançava, tinia e resfolegava enquanto dava meia-volta para dar continuidade às suas tarefas.

Eu observava a movimentação do trator em seu próprio sulco, enquanto nuvens de poeira espiralavam atrás, captando o sol e criando uma aura sobre o veículo que balançava. Mas algo estava faltando: não havia gaivotas berrando e seguindo o arado para obter uma refeição fácil de minhocas. Aliás, pelo que pude reparar, *não havia* minhocas. O solo parecia morto e era por isso que as gaivotas não estavam lá.

Algumas gaivotas jovens e ingênuas acabaram aparecendo, sem dúvida atraídas pelo trator revirando o solo e prometendo uma refeição fácil. Cerca de 20 gaivotas arremeteram e ficaram atrás do arado, mas logo desistiram e se juntaram desanimadamente em tiras de celulose colocadas para proteger mudas recém-plantadas.

Isso me fez pensar no que aconteceria se eu voltasse com uma pá e procurasse minhocas. Para ser sincero, eu não imaginei que teria sorte. Percebi então que o trator estava arando em uma trilha para pedestres, dando-me a chance de inspecionar mais de perto o solo recém-revirado. Olhei atentamente para a terra que havia sido arada há poucos momentos, mas não havia sinal de coisa alguma se mexendo. Não havia minhocas nem insetos desesperados para voltar para suas tocas após seus mundos terem ficado subitamente de ponta-cabeça. Restava apenas um solo arenoso frágil empilhado em arestas suaves. Eu andei deliberadamente examinando o solo como as gaivotas haviam feito. Chutei torrões de terra com minhas botas para ver o que havia dentro, mas eles eram comuns e se rompiam facilmente. A terra estava morta e nem um verme sobrara para ser visto. Não foi à toa que as gaivotas desistiram – esse lugar era como andar na lua.

Mais drama, porém, estava por vir. Quase todos os dias, eu ando com Duke nesses campos. Naquele dia, ele estava se divertindo entrando e saindo dos sulcos recém-abertos, com as orelhas adejando e a língua para fora. Em idas anteriores, vi um par de cotovias-pequenas circulando nesses campos. Elas são pequenas aves marrons com caudas curtas, cuja graça está no canto do macho. Durante dias, a cascata melódica do canto do macho caía sobre essa terra e ecoava de uma maneira hipnotizante. Quantas vezes esse canto me deixou mais animado? Quantas vezes pensei comigo mesmo que seu canto supera o da laverca, sua prima tão arrogante?

O canto da laverca pode ser tema de muitas obras escritas e até icônico, mas acho que isso tem mais a ver com o fato de ele ser familiar. Poucos escritores, a menos que sejam observadores de aves ou naturalistas, reconheceriam a cotovia-pequena. Afinal de contas, se não reconhecemos algo, muitas vezes nem percebemos sua existência.

Hoje em dia, as lavercas são menos comuns devido à agricultura intensiva, e cotovias-pequenas são ainda mais raras e preferem *habitats* em charnecas. Há fragmentos valiosos de charneca em nossa área e as charnecas de New Forest não ficam distantes. No entanto, aqui na terra ao redor de casa, cotovias-pequenas são vistas e ouvidas na primavera e no outono, ao passo que as lavercas outrora abundantes se tornaram a raridade local.

Anteriormente, eu observava o macho da cotovia-pequena defendendo seu território e sobrevoando esses campos. Ele também cantava na linha de carvalhos que é uma das poucas divisões restantes entre os "campos", e no vidoeiro ao lado da New Pond, uma lagoa construída para irrigação onde mergulhões se reproduzem e patinadores se divertem. As cotovias-pequenas fazem ninhos no chão, e eu vi um par escondido entre a relva espessa perto dessa lagoa.

Hoje o campo estava silencioso, exceto pelo ronco baixo do trator e do arado. O campo e a área gramada ao lado da lagoa haviam sido arados até a margem elevada, parando a 1,8 metro de distância dos troncos de carvalhos maduros e a poucos passos da trilha para pedestres. Com incredulidade, olhei para trás para a área de vegetação com moitas ao lado de New Pond, por onde Duke e eu havíamos passado há poucos instantes. Agora, o arado estava ali e o *habitat* sumira. Cotovias-pequenas são escassas e uma espécie formalmente protegida pela Lei sobre a Vida Selvagem e a Zona Rural. Portanto, é um crime perturbar intencionalmente um ninho "ativo". Eu deveria ter dito alguma coisa, mas, da próxima vez farei isso.

No entanto, o lavrador provavelmente nunca percebeu que elas estavam ali e nem sabia como é uma cotovia-pequena. Eu me lembro de Tim May, um fazendeiro que conheci, falando sobre o quanto os agricultores se desligaram do tecido da zona rural e da vida selvagem que vive nela. Eles estão acomodados em seus tratores, sem reparar na natureza ao seu redor nem ter conhecimento suficiente sobre ela. "O que realmente me entristece como fazendeiro é que não posso lhe contar coisa alguma sobre as aves. Como somos agricultores, só nos ensinam que não precisamos nos preocupar com nada a não ser com as plantações. Essa conexão com o meio ambiente não existe na comunidade agrícola. É chocante, mas se andar em uma mata, eu não sei o que estou ouvindo. E não conheço muitos agricultores que saibam muito a respeito da natureza".

May, que tem 1.011 hectares de terra com vista para Watership Down, em Hampshire, é um fazendeiro ecológico que devolveu os animais de criação para seu nicho ecológico e alterna os animais herbívoros com as plantações. De volta para casa, olhando esse campo arenoso e estéril, eu me lembrei de que May disse que abandonou o método de encharcar as plantações com produtos químicos e adotou a agricultura mista sustentável porque seu solo estava exaurido.

Aqui, ao lado da New Pond, anteriormente eu via a chuva fazendo o solo escorrer até o rio. Ravinas se abriam deixando desfiladeiros pelo campo onde os solos expostos haviam sumido. Como vivo nessa área há alguns anos, posso ver pessoalmente as desvantagens da agricultura intensiva; e embora o que eu veja não se compare com a escala de agricultura industrial em outras partes do país ou nos Estados Unidos, o fato é que há intensidade. Eu me lembrei de um proprietário de terra local lamentando que seus arrendatários lavravam até as margens do campo, fazendo o solo escorrer para o rio. Agora eu via isso com meus próprios olhos.

Nos campos em que as cotovias-pequenas estavam, não me lembro de tê-las visto no pasto; e nunca vi as 40 vacas do nosso vizinho pastando por lá. Em fazendas mistas, onde as plantações são seguidas por animais, a parte da rotação do pasto é um período para o solo descansar e ter a chance de aumentar sua fertilidade. É também nesse período que o carbono volta a se armazenar no solo.

Lamentavelmente, grande parte da terra agrícola está sujeita à separação forçada, que faz com que os animais e as terras agrícolas nunca se encontrem. O Leste da Inglaterra é o celeiro arável onde os cultivos são feitos, ao passo que é no Oeste e nos planaltos que os animais ainda pastam. E por todo o país, muitos animais são arrancados da terra, separados do solo e aprisionados em fazendas industrializadas. Com minhocas, cotovias-pequenas e solos desaparecendo, e nenhum animal de criação à vista, resta indagar o que as futuras gerações encontrarão nesta zona rural.

A FRONTEIRA FINAL DA TERRA

Imagine acordar e ouvir a notícia de que cientistas descobriram um novo mundo pululando de vida. Um mundo pouco explorado, e nomear e identificar o número de seres por lá demandaria décadas. Bem, essencialmente esse é o mundo sob nossos pés. O solo é a fronteira final da Terra e cada pequeno punhado dele contém mais organismos vivos do que o número de pessoas no planeta. Nós dependemos do solo para quase todos os nossos alimentos, para contar com um clima estável e impedir que a água pluvial escorra de volta para o mar. No mundo inteiro, porém, o solo é tratado como sujeira.

Essa camada fina que cobre a Terra tem um quarto da biodiversidade do mundo[1]. Há uma quantidade incalculável de vermes, fungos e outros seres em solos saudáveis. Há 30 mil espécies de vermes e 5 milhões de espécies de fungos pelo mundo que ajudam a firmar o solo e a absorver água. O solo tem até um microbioma próprio que contém pelo menos 1 milhão de espécies de bactérias[2].

Imagine só como os cientistas da NASA reagiriam se suas sondas espaciais detectassem muita biodiversidade em Marte. O fato é que, em meados dos anos 1990, a possibilidade de haver vida em Marte fez pipocarem manchetes como "Marte vivia, rocha mostra que meteorito contém evidência de vida em outro mundo" e "Fóssil do Planeta Vermelho pode provar que não estamos sós", todas motivadas por evidências puramente experimentais em bactérias fossilizadas de bilhões de anos atrás.

No entanto, o mundo oculto sobre o qual andamos diariamente atrai pouca atenção e, após dez milênios de civilização, grande parte das formas de vida que compõem nosso mundo continua desconhecida. Leonardo da Vinci inclusive disse: "Nós sabemos mais sobre o movimento dos corpos celestes do que sobre o solo sob nossos pés". Quinhentos anos depois, as coisas não mudaram muito.

Ainda mais notável é que esse mesmo mundo oculto tem a chave para a nossa sobrevivência. Além de ter uma riqueza de vida que desencadearia uma corrida por lucros em qualquer floresta tropical, o solo também armazena carbono da atmosfera, absorve água e recicla nutrientes, assim mantendo nossa vida planetária.

Essa cobertura da camada superficial do solo no mundo inteiro, com uma profundidade de cerca de 30,48 centímetros, tem quase o dobro de carbono que a atmosfera. Se nós a tratarmos bem, ela poderá conter ainda mais, sendo uma peça poderosa no quebra-cabeça para resolver a crise climática.

A água armazenada no solo é a fonte para 90% da produção agrícola mundial e representa dois terços de toda a água-doce[3]. O solo mantém essa água perto das raízes de plantas sedentas, promovendo campos produtivos. No entanto, um solo um pouco esgotado tem menos da metade da quantidade de água de um solo saudável. O restante escorre para rios, ribeiras e de volta para o mar, levando nutrientes, bem como produtos químicos que poluem os canais. Nos piores cenários possíveis, isso faz áreas vastas de mar ou de água interna ficarem tão poluídas que nada vive, o que cria zonas mortas. Quanto mais matéria orgânica – carbono – no solo, mais água ele pode reter. Solos saudáveis podem impedir que casas sejam inundadas e que as plantações definhem durante épocas de seca.

Assim como a água, um solo saudável fornece os nutrientes e o oxigênio necessários para as plantações crescerem. Ele também promove o crescimento das raízes e as protege contra temperaturas extremas[4]. Se nós o tratarmos bem, poderemos produzir muito mais.

Segundo a Organização das Nações Unidas para a Alimentação e a Agricultura (FAO), com o manejo sustentável do solo nós poderíamos produzir até 58% a mais de alimentos[5]. Mesmo assim, optamos por uma abordagem industrial que transforma o solo no adubo em que plantamos sementes e as nutrimos com fertilizantes artificiais. Muitos animais de criação que outrora viviam na terra desapareceram dentro de fazendas industrializadas, e aqueles que sobraram foram separados das plantações e são mantidos em fazendas especializadas na produção de carne bovina, ovina, suína, de aves e derivados do leite. O conceito de agricultura mista virou uma coisa do passado, devido ao advento da era química da agricultura industrial, ou "intensiva".

Arar com tratores pesados e aplicar pesticidas químicos solapa a terra, perturbando os ecossistemas e liberando o carbono no solo na atmosfera. Veículos pesados compactam o solo, então a água escorre ao invés de ser absorvida, dificultando que as raízes das plantas se desenvolvam. Em meio século, os tratores ficaram seis vezes mais pesados e a compactação do solo se tornou um problema global, afetando uma área com mais do triplo do tamanho do Reino Unido[6].

Fertilizantes artificiais matam bactérias e fungos que, caso contrário, estariam decompondo nutrientes e disponibilizando-os para as plantas, ou seja, isso compromete a fertilidade natural do solo[7]. O velho ciclo de alternar cultivos e reabastecer os solos com estrume de animais soltos também foi abandonado. A sabedoria tradicional reconhecia a vantagem de alternar cultivos que exaurem o solo, como os de cereais, com legumes restauradores que fixam o nitrogênio no solo. De devolver resíduos das colheitas para o solo como estrume ecológico. De deixar solos cansados descansarem sob campos de gramíneas para se recuperarem. O estrume dos animais criados soltos impulsiona a regeneração do solo, devolvendo parcialmente matéria orgânica digerida e morta para o ecossistema vivo sob suas patas.

A conclusão é que o solo é um recurso finito: se nós continuarmos como estamos, ele continuará se degradando e irá desaparecer. Cálculos sugerem que o solo está se erodindo até 100 vezes mais rapidamente do que está se formando[8]. Um terço dos solos do mundo já está degradado[9], mas possivelmente estamos diante de subnotificações, pois a "aplicação intensiva de fertilizantes pode estar mascarando a degradação da terra"[10]. E as coisas estão piorando. Segundo uma resenha na *Science*, cerca de 1% da área terrestre global se degrada a cada ano. E essa resenha adverte que a "falsa sensação de segurança" se deve ao "uso insustentavelmente alto" de fertilizantes e irrigação[11].

Tudo isso influi sobre nossa capacidade para alimentar as pessoas. Em 2015, a FAO alertou que "a menos que novas abordagens sejam adotadas, a quantidade global de terra arável e produtiva por pessoa em 2050 será apenas um quarto do que era em 1960"[12]. Solos saudáveis geralmente são compostos por 5 a 6% de matéria orgânica, mas a metade dos solos da Europa tem 2% ou menos[13]. Caso essa redução se agrave, os rendimentos serão afetados[14].

Os solos estão se degenerando a uma velocidade alarmante; para reverter essa tendência, precisamos reaprender urgentemente o segredo para mantê--los saudáveis.

SESSENTA ANOS DE SOLO

"Solo é vida", anunciou um relatório oficial do Rothamsted Research Institute, uma das instituições de pesquisa agrícola mais antigas no mundo. Foi aqui em Harpenden, Hertfordshire, que os primeiros fertilizantes químicos foram desenvolvidos há quase dois séculos. Agora, mais de 300 das mentes mais brilhantes estão focadas em usar a ciência para superar o desafio de alimentar o mundo[15].

Além de uma área moderna de recepção, há um terreno de 330 hectares que inclui uma fazenda ativa e uma mansão senhorial. Um busto de mármore do cientista agrícola Sir John Bennet Lawes, que fundou o instituto em 1843[16], adorna a entrada. Ele inventou o fertilizante "superfosfato" que abriu caminho para o uso disseminado de produtos químicos na agricultura.

Eu havia ido ao berço dos fertilizantes artificiais para encontrar o professor John Crawford, o cientista por trás do cálculo de que, se nossa trajetória atual for mantida, os solos talvez só produzam mais 60 colheitas. Eu captei a ironia.

Mesmo carregando o peso de uma mensagem tão alarmante, Crawford estava relaxado e cativante. Liderando a busca do instituto por "soluções integradas" na agricultura, ele não é um *nerd* que só pensa em solos. Nascido em Glasgow e contando com 55 anos, sua carreira abrange pesquisas sobre câncer, doença de Alzheimer e até ecologia.

Ele chegou a pensar que seu futuro estava na astronomia. Durante um estágio no Observatório Anglo-Australiano em Sydney, ele fez a descoberta espantosa de que há uma estrutura de nuvens em Vênus[17]. Isso virou notícia na primeira página dos jornais e motivou até o lançamento de uma missão espacial, mas, apesar disso, foi o chamado irresistível da vida selvagem que guiou a carreira de Crawford. Afinal, ele sempre foi fascinado pelo mundo natural. Após aprender sobre os perigos dos pesticidas ao ler *Primavera Silenciosa* (Brasil: Editora Gaia, 2010), o livro pioneiro de Rachel Carson, ele ficou horrorizado com a previsão do Clube de Roma de que em 2100, o crescimento econômico e populacional poderá dar fim à capacidade produtiva da terra[18]. Influenciado pelos ícones conservacionistas David Attenborough e Jane Goodall, ele começou a procurar maneiras para exercer um impacto positivo.

Após um período no Scottish Crop Research Institute em Dundee, Crawford montou um centro de pesquisa sobre agricultura sustentável na Universidade de Sydney, que definiu o cenário para sua declaração bombástica sobre o solo. Foi em uma conferência sobre a "agricultura de carbono" na Austrália, em 2010, que ele advertiu o mundo pela primeira vez de que o solo poderá desaparecer. Em 2012, ele expandiu o argumento em um artigo para o Fórum Econômico Mundial, escrevendo: "Um cálculo aproximado das taxas atuais de degradação do solo sugere que a camada superficial do solo só irá durar mais cerca de 60 anos"[19].

Em 2014, a mensagem de Crawford foi amplificada pelas Nações Unidas. Em um discurso para marcar o Dia Mundial do Solo, a diretora adjunta da FAO Maria-Helena Semedo salientou que se as taxas atuais de degradação continuarem, a camada superficial do solo no mundo poderá desaparecer no prazo de 60 anos. Ela não fez rodeios sobre a gravidade dessa previsão. "Os solos são a base da vida… 95% dos nossos alimentos provêm do solo"[20]. O cálculo de Crawford ganhou repercussão global; mas como foi feito?

Conforme Crawford explicou, "se não tiver todas as informações sobre alguma coisa, você faz um cálculo no verso de um envelope para saber se precisa se debruçar sobre esse problema". Ele queria saber quando os solos do mundo irão desaparecer se nós continuarmos fazendo as coisas do mesmo jeito e no mesmo ritmo.

Crawford e um colega estavam conversando sobre o interesse da mídia nos custos ambientais da produção de carne. Naquela época a mídia enfocava muito o fato de um hambúrguer custar um quilo de solo, então os dois cientistas ficaram pensando: dá tempo de comer quantos hambúrgueres antes que o solo desapareça? Crawford então fez uma estimativa global da monta de camada superficial do solo no mundo, da sua taxa de esgotamento e a que velocidade ele se recompõe. A conclusão é que o solo se forma bem lentamente, mas pode ser perdido velozmente.

"Quando eu fiz a conta, o prazo resultante para o solo acabar foi de cerca de 60 anos... Então pensei, 'provavelmente vale a pena eu refazer a conta com mais atenção.'" E ficou nervoso porque sabia que havia pessoas mais qualificadas do que ele para fazer o cálculo.

No entanto, ele sabia que o ponto principal não era se os solos desapareceriam totalmente, e sim que os solos estavam se tornando escassos em um mundo com mais pessoas para serem alimentadas. A redução na quantidade e fertilidade do solo traria graves consequências muito antes de ele desaparecer por completo. Quando o solo se torna gravemente degradado, plantar se torna algo dispendioso e implica achar mais terras em outros lugares. Desde 1975, cientistas calculam que quase um terço da terra arável do mundo foi perdido devido à erosão[21].

"E a última coisa que queremos é destruir mais *habitats* mudando de um pedaço de solo para outro", disse Crawford.

À medida que os campos agrícolas se deslocam, terras selvagens são prejudicadas e florestas são derrubadas para dar espaço a novos campos[22]. Isso não é só uma possibilidade teórica; na taxa de perda atual, 12 milhões de hectares de terra agrícola por ano ficam inúteis, uma área equivalente à terra arável da Alemanha, Polônia ou Etiópia[23].

Embora fosse aproximado, o cálculo de Crawford na conferência em Sydney em 2010 despertou celeuma e outros comentaristas especializados fizeram as próprias avaliações. David R. Montgomery, professor de Geomorfologia na Universidade de Washington, calculou, em 2012, que a taxa mundial de erosão do solo "agora ultrapassa a produção de novos solos em 23 bilhões de toneladas por ano, uma perda anual de mais de 1% de todos os solos agrícolas do mundo. Nesse ritmo, o mundo perderá a camada superficial do solo em pouco mais de um século"[24].

Um ano depois, os cientistas David Pimentel e Michael Burgess escreveram que "a cada ano cerca de 10 milhões de hectares de terra agrícola são perdidos devido à erosão, assim reduzindo as terras agrícolas disponíveis para a produção mundial de alimentos... Em geral, o solo está sendo perdido em áreas agrícolas dez a 40 vezes mais rápido do que sua taxa de formação, o que põe em risco a segurança alimentar da humanidade"[25].

Subitamente, o solo deixou de ser considerado "sujeira", e sim uma questão de vida ou morte para as futuras gerações. Dependendo do clima e da vegetação, dois centímetros e meio de camada superficial do solo levam pelo menos 100 anos para se formar[26], ou seja, trata-se de um recurso não renovável. Uma avaliação científica recente do Painel Intergovernamental sobre Mudanças Climáticas informou que a erosão do solo em campos agrícolas globalmente é dez a 100 vezes mais alta do que sua taxa de formação[27]. Em outras palavras, nós estamos sacando muito mais do que depositamos na conta bancária do solo. Antes de me encontrar com Crawford, fiz cálculos baseados em estimativas da ONU sobre terras agrícolas e em números amplamente divulgados sobre a taxa de perda de solo. A profundidade da camada superficial varia de 30 centímetros em solos profundos a um centímetro em solos rasos[28]. Meu resultado mais otimista sugeriu que um quinto das terras agrícolas existirá no prazo de 60 anos; na pior das hipóteses, só 5% restarão.

Crawford fez as pessoas falarem sobre o solo como algo valioso que está acabando, o que levou outros especialistas a fazerem grandes declarações em palcos importantes pelo mundo: por exemplo, em uma conferência da ONU sobre mudanças climáticas em 2015, um grupo de cientistas da Universidade de Sheffield disse que a perda do solo era um "desastre global iminente que terá efeitos catastróficos sobre a produção mundial de alimentos"[29].

Em 2013, Crawford voltou para a Grã-Bretanha e passou a trabalhar no Rothamsted Research Institute. "Desde que vim para cá, fiquei realmente convencido de que há uma emergência real, de que precisamos de soluções rapidamente e em escala", afirmou ele. "O solo armazena mais carbono do que as plantas e a atmosfera juntas; portanto, provavelmente ele é o único regulador fundamental do clima global, além dos oceanos".

A agricultura industrial depende de fertilizantes artificiais para fomentar as plantações, mas não alimenta os vermes no solo, então o solo para de armazenar carbono e o libera na atmosfera.

Isso suscita uma pergunta: se é possível alimentar as plantas com fertilizante artificial, por que precisamos do solo? "Porque o solo dá água para as plantas e mitiga o efeito climático do carbono", respondeu Crawford. E se nós continuarmos alimentando as plantas e pararmos de alimentar o solo? "Teremos falta de água e de alimentos e iremos exacerbar a mudança climática. As plantas também sofrerão. À medida que o solo declina, as plantas começam a definir; o solo retém menos água, então precisa de mais irrigação; e os nutrientes se esgotam mais rapidamente, gerando ineficiências e mais poluição aquática: um caso clássico da lei dos rendimentos decrescentes. E em um mundo com menos recursos e mais bocas para alimentar, não podemos nos dar ao luxo de continuar assim".

DECLÍNIO SILENCIOSO

Antes de desaparecer totalmente, o solo entra em declínio. Cerca de 40% do solo agrícola no mundo todo é classificado como degradado ou gravemente degradado[30].

Crawford é enfático sobre a urgência de agir a esse respeito. "O relatório recente do IPCC deixou muito claro que a degradação da terra é totalmente insustentável e que nós precisamos fazer algo para detê-la e investir pesado na regeneração do solo".

A agricultura industrial usa fertilizantes químicos para mascarar o declínio do solo, mas uma avaliação feita por cientistas do Grantham Centre for Sustainable Futures descreveu esse tipo de agricultura como "insustentável". Os rendimentos das plantações são mantidos artificialmente mediante o "uso pesado de fertilizantes" cuja produção, dizem eles, consome 5% da produção mundial de gás natural e 2% do fornecimento anual de energia do mundo[31]. Para onde quer que olhemos, os solos em declínio tornarão um futuro sustentável bem menos provável.

Os declínios do solo são uma consequência imprevista da quebra do vínculo que existia entre os agricultores, os animais de criação e o solo desde os primórdios da civilização. A agricultura intensiva é o que há de pior em termos de imediatismo: ela visa obter os maiores rendimentos hoje usando todos os meios que degradam o solo, o que implica rendimentos mais baixos no futuro. "É esse o problema atualmente", diz Crawford. "Nós ainda temos esse foco no rendimento… mas não estamos pensando no solo. Se não fosse pelos fertilizantes, nós notaríamos que o solo está se degradando porque o rendimento cairia. Então, compensamos o mau estado do solo usando nutrientes. Os fertilizantes artificiais têm um êxito fantástico em termos de alimentar as pessoas. Mas se eles forem usados de uma maneira que também não alimente o solo, mais é extraído do solo e menos se investe corretamente nele. E, com o passar do tempo, ele se degrada".

Eu fiquei surpreso ao saber que a visão de Crawford é corroborada por Andy Beadle, porta-voz da BASF sobre sustentabilidade. Afinal, essa é a maior empresa química do mundo. Beadle acredita que tudo na agricultura começa e termina com o solo, e que sua importância só está sendo percebida devido ao início de um achatamento nos rendimentos das plantações. Conforme ele me disse, "os aumentos nos rendimentos se achataram totalmente, apesar de todas as melhores mentes científicas estarem trabalhando nisso. Para mim, a causa disso é o solo, pois se olharmos os solos agora em toda a Europa, a grande maioria deles está em um estado bem precário".

Empresas como a BASF gastam muitos milhões de libras todos os anos para desenvolver variedades mais produtivas de plantações. Esse ramo industrial teve um êxito espetacular fazendo os rendimentos aumentarem nas últimas décadas, mas a magia parou de funcionar. Beadle concorda com Crawford que talvez só restem 60 colheitas nos solos do mundo e aponta a troca da agricultura mista pela especialização como uma causa para os declínios do solo.

"Hoje em dia, um agricultor em East Anglia não tem mais estrume para pôr na terra – e o estrume parcialmente composto provavelmente é uma das melhores maneiras de reter o carbono no solo".

Crawford tem certeza de que a agricultura regenerativa é a solução. "De certa forma, sempre soubemos fazer isso", ele me disse. "Bastava usar estrume no solo – e sempre havia matéria orgânica indo para o solo e nós sabíamos como cuidar dele". Suas advertências chamaram a atenção de autoridades do mais alto nível: ele foi convidado para ir à Casa Branca quando, em seus últimos dias como presidente, Barack Obama estava querendo implementar estratégias para manter o solo saudável. O *workshop* de um dia contou com a presença de 50 personalidades influentes, incluindo especialistas científicos e figurões de Hollywood. Obama sabia que essa mensagem importantíssima precisava ser infiltrada na cultura mais ampla.

"No final das contas, não são os políticos nem as empresas, mas as pessoas comuns que mudarão o mundo e, para que consigam fazer isso, precisamos ajudá-las a pensar mais e de outro jeito", refletiu Crawford. Então, perguntei a ele, qual seria a coisa mais importante que poderíamos fazer em prol da saúde do planeta? "Eu diria que é consertar o solo".

PARTE 2
OUTONO

Após os dias quentes e longos do verão, o outono chegou violentamente, enchendo as estradas de folhas das árvores que as ladeiam. A chuva chegou com uma frente fria; centenas de andorinhas-dos-beirais se apinharam ao redor da nossa fazenda, empoleirando-se em muros de pedra, telhados de ardósia e qualquer superfície que desse abrigo. Quando a chuva parou, elas voltaram voando e as partes superiores escuras e as inferiores brancas de seus corpos pareciam os de minúsculas orcas enquanto se viravam sobrevoando o prado, dando início à sua viagem para o Sul em busca de lugares mais ensolarados.

Enquanto eu andava com Duke ao longo dos limites do campo, de bosques e margens de rios, havia uma sensação crescente de movimentação; andorinhas, passarinhos canoros e outras aves estavam indo para o Sul, ao passo que uns 12 tordos-piscos escandinavos fugiam de seus locais de reprodução no Norte, sinalizando que o inverno estava para chegar.

As caudas brancas das corças desapareciam ao menor indício da nossa presença, aproveitando suas pernas flexíveis para se esconder. Flores brancas de matricária ondulavam seus pedúnculos finos na brisa, enquanto o rebanho de vacas continuava pastando ao longo do vale do rio. Desde que não haja vacas em excesso, pastar pode representar um uso ecológico e eficiente de recursos. Em meados de novembro, quando o solo ficar encharcado, elas voltarão ao estábulo para passar o inverno.

À medida que o ano avançava, os campos verdes com milharais ficavam marrons. As hastes enormes pareciam macilentas, com o topo curvado como em uma prece. Alguns pés de milho ainda tinham espigas brotadas tardiamente ou largadas por lá pelos trabalhadores migrantes que suavam a camisa nos campos.

Os aguaceiros do outono no solo lotado de pés de milho deixavam a erosão evidente. Felizmente, o prado relvado impedia o rio de receber o solo que escorria. Quando o solo escorre para um rio, seus sedimentos entopem o leito do rio. O fato é que a fonte do problema é a seguinte: o solo de fazendas industriais indo para onde não deveria.

Na volta para casa, Duke e eu paramos perto do estábulo de gado. Um gavião-da-europa marrom deu uma guinada atrás de nós, ficou pairando acima da cerca e caçando baixo, deixando um bando furtivo de chapins-de-caudas-longas em pânico. O contorno branco de uma garça-pequena-europeia bateu as asas ao longo do rio, ilustrando como a zona rural mudou nas últimas décadas em consequência da mudança climática. Na década de 1980, os *twitchers* britânicos – entusiastas de aves raras – viajavam quilômetros para ver essas garças-pequenas, mas agora as vejo constantemente pela minha janela. A mesma coisa se aplica às gaivotas-de-cabeça-preta que estão regularmente por aqui – aves especiais de outros lugares estão se tornando comuns.

À medida que a zona rural muda e os limites dos recursos planetários se tornam mais óbvios, o impacto do nosso estilo de vida começa a pesar, e as folhas do otimismo murcham e caem.

4

A MARCHA DA MEGAFAZENDA

A SUINOCULTURA DESENFREADA NA ESPANHA

Huesca, Norte da Espanha. Um guarda-sol mecânico gigantesco virado ao contrário está aberto sob uma oliveira. Quando a árvore é chacoalhada, as azeitonas caem na rede posta no guarda-sol, enquanto um homem em um trator observa a cena. Esse processo antigo de colheita faz parte do ritmo de vida local.

A área fica em frente ao maciço de calcário da Sierra de Guara que tem vales viçosos e rios. O local funcional em Loporzano, que é o centro dessa comunidade há séculos, fica ao lado de um lagar antigo. Cercadas por oliveiras com troncos grossos, algumas de 500 anos, as paredes internas do centro têm imagens dos 15 vilarejos que compõem o município de Loporzano.

O turismo sustentável revitalizou essa região agrícola. Os desfiladeiros nas montanhas são um ímã para quem busca adrenalina, alpinistas, espeleologistas e outros visitantes atraídos pelo ar puro e o sol. Há muito tempo, a rica abundância de vida selvagem, desde abutres a abetardas parecidas com perus, atrai naturalistas para a área. Mas esse lugar lindo e pouco povoado está sob ameaça de invasão de fazendas industrializadas.

"Nós estamos extremamente preocupados... se essas fazendas forem construídas, o impacto sobre nossas vidas será enorme", disse Rosa Díez Tagarro, que mora na província de Huesca, em Loporzano. Só em Huesca há 3,8 milhões de porcos, em comparação com 2,6 milhões em toda a Andaluzia. Entre 2012 e 2017, a população suína aragonesa aumentou a uma taxa de 6 mil animais por semana[1].

Nascida nas planícies espanholas, Díez Tagarro se mudou de Barcelona para Loporzano com seu marido Jaime. Eles reformaram juntos uma casa em ruínas nas montanhas, onde ela conseguia trabalhar como tradutora *freelancer*. O casal foi atraído para esse lugar por sua paz e tranquilidade. Aliás, pessoas de toda a Espanha, Grã-Bretanha, Itália e Holanda se radicaram aqui por causa das montanhas serenas, ar puro e rios limpos.

Mas o casal levou um choque: uma proposta fora apresentada para construir uma fazenda industrial perto de sua casa. "Eu quase desmaiei. Nós achávamos que estávamos vivendo em uma área protegida e que algo assim nunca aconteceria", desabafou Díez Tagarro.

Loporzano fica ao Sul do Parque Natural de la Sierra y Cañones de Guara, uma estupenda cadeia de montanhas de calcário com cânions, desfiladeiros e cavernas profundos, e grande parte da área é protegida. No entanto, os vilarejos estão excluídos dessa proteção, e os pecuaristas e agricultores industriais resolveram tirar proveito disso.

Agroindústrias se estabeleceram na região obtendo licenças iniciais para construir instalações modestas, mas querendo se expandir. A proposta original em Loporzano era para criar 1.999 porcos, mas os moradores temiam que a realidade acabasse sendo uma megafazenda com 14 mil porcos. Então, outra proposta foi apresentada para uma operação semelhante que espalharia estrume de porco perto dos importantes sítios arqueológicos da região e a 60 metros das casas das pessoas. Os moradores estavam dispostos a pegar em armas, temendo o mau cheiro e o impacto que as fazendas teriam sobre seu modo de vida, sobre os rios e a vida selvagem locais.

"Inicialmente, haveria uma fazenda de suinocultura, depois duas e agora parece que haverá mais. Ficará mais barato para elas se puderem ter muitas fazendas de suinocultura na mesma área", observou Díez Tagarro. "Quando ouvi dizer que uma agroindústria ia se instalar perto da minha janela, poluir os rios e afetar as aves locais, eu resolvi me opor a ela".

Díez Tagarro convocou uma reunião e avisou aos vizinhos sobre os planos. O pessoal local nunca havia protestado contra coisa alguma, mas a primeira reunião atraiu mais de 100 pessoas. Uma nova organização, a Plataforma Loporzano sin Ganadería Intensiva (ou Plataforma Loporzano sem Pecuária Intensiva), iniciou um diálogo com a prefeitura, marcou reuniões e conquistou apoio público e espaço para sua mensagem na mídia.

A organização rapidamente se tornou um símbolo de um movimento espanhol para salvar a zona rural. Além disso, conectou-se com outras comunidades que haviam montado grupos semelhantes de protesto e estimulou outras a fazerem o mesmo. Em setembro de 2017, foi fundada uma organização mais abrangente, a Coordinadora Estatal Stop Ganadería Industrial (ou Coordenadoria Estatal para Deter a Pecuária Industrial), reunindo grupos de toda a Espanha.

Eu participei na primeira reunião da Coordinadora Estatal Stop Ganadería Industrial em Loporzano. Depois falei junto com Díez Tagarro e dignitários locais em uma reunião no Círculo Oscense, um casarão muito antigo e imponente no centro de Huesca. Quando cheguei lá uma hora antes da reunião, vi alguns senhores idosos bebendo e vendo uma tourada em um telão. Isso não me deixou confiante sobre como seria a receptividade deles, mas eu estava equivocado. Quando a reunião começou, o telão com a tourada foi desligado, as luzes foram acesas e o lugar estava lotado. O pessoal estava ansioso para entrar na batalha para salvar a zona rural. A discussão foi animada e todos se uniram. Essas fazendas de suinocultura tinham de ser barradas e os ânimos estavam exaltados. A população rural estava em guerra contra um inimigo que havia fincado pé e agora ameaçava extrapolar.

Eu tive a primeira noção do que o pessoal estava disposto a enfrentar quando fui levado a uma fazenda com suinocultura industrial, ao lado de um pé de zimbro. Ela fora aprovada com a conivência de um ex-prefeito, e o ar estava empesteado com o odor cáustico de estrume líquido. Somente o fedor e os estranhos grunhidos abafados davam uma pista de quem ou o que estava lá dentro. Uma picape cinza passou por nós e imediatamente sentimos o clima hostil. Anteriormente, os manifestantes já haviam se deparado com estrume suíno espalhado no local em que iriam se reunir, mas felizmente nós não passamos por essa intimidação.

As fazendas industrializadas mantêm os porcos em chiqueiros áridos e lotados, e as mães porcas geralmente ficam confinadas em espaços tão apertados que não conseguem mudar de posição durante semanas. As condições extremamente entediantes geram frustração e sofrimento. A maioria dos leitões têm suas caudas cortadas sem anestesia, para que parem de morder as caudas uns dos outros. O corte da cauda ainda é feito rotineiramente na maioria dos porcos, embora a legislação da União Europeia proíba a prática em prol do bem-estar animal. Essas condições desprezíveis que causam sofrimento animal propiciam a disseminação de doenças, e 84% de todos os antibióticos vendidos na Espanha são dados a animais de criação. Isso é um grande problema, pois o uso excessivo de antibióticos na pecuária industrial leva ao surgimento de superbactérias resistentes a antibióticos e à escassez desses medicamentos essenciais para pacientes humanos.

O fedor do chorume "faz você ficar enjoado e ter dor de cabeça", disse Díez Tagarro. E com a presença de tantos porcos, esse tipo de coisa acontece muito. "Tudo isso vai poluir nossos rios e não queremos que eles fiquem poluídos, pois fornecem água potável para os vilarejos locais".

A população humana da Espanha agora foi ultrapassada pelo número de porcos abatidos anualmente. Segundo números divulgados pelo Ministério do Meio Ambiente do país, a Espanha abate 50 milhões de porcos por ano[2]. E à medida que os números de porcos aumentam, aumentam também as preocupações ambientais em relação a uma indústria que produz mais de 4 milhões de toneladas de carne suína e gera € 6 bilhões (£ 5,4 bilhões) por ano.

Mais da metade dos porcos na Espanha é criada em Aragão e na vizinha Catalunha, e o estrume dos animais geralmente é armazenado em "lagoas de lama", que são um risco óbvio de poluição. O estrume produzido anualmente pelos porcos do país daria para encher mais de 23 vezes um estádio do tamanho do Camp Nou FC, em Barcelona[3].

As autoridades catalãs têm relatado despejos intencionais frequentes de estrume nos rios[4]. Díez Tagarro me disse que 42% das águas de nascente na Catalunha já estão poluídas. Em busca de novos locais para fazendas industrializadas, agroempresas catalãs estão sendo obrigadas a procurar em outros lugares. "O governo catalão está gastando 6 milhões de euros por ano para combater a poluição, mas quem paga a conta são os contribuintes, não as fazendas industrializadas", disse ela.

Em Loporzano, a poluição e a perturbação já estão prejudicando a vida selvagem. Espécies de aves, incluindo sisão, cortiçol-de-barriga-preta, calhandra-real e abutre-do-egito, costumavam ser vistas aqui em quantidades decentes, e centenas de milhafres-reais costumavam se agrupar. Mas isso deixou de acontecer.

"Nós ainda as vemos, mas em números irrisórios", disse Josele Jsaiz Boletes, de 59 anos, que se mudou de Barcelona para Loporzano há mais de 20 anos para montar um negócio baseado na vida selvagem da área.

Quem também lamenta a perda das aves é Miguel Angel Bueno. Apelidado de "Pastor dos Abutres", Bueno vive cercado por bandos deles. As aves confiam nele, pois há anos ele lhes atira comida tirada de um carrinho de mão; então, elas o rodeiam e algumas até pousam em sua cabeça[5].

Embora a nova onda de intensificação possa não afetar diretamente os abutres, as fazendas de suinocultura e o uso de pesticidas nas plantações ao redor terão graves consequências para o meio ambiente. "Os abutres talvez não sejam afetados, mas os insetos irão desaparecer e, sem eles, as aves menores também irão sumir", Bueno me disse. Eu pedi a opinião dele sobre as fazendas industriais. "Eu gostaria de desmantelar essas fazendas de suinocultura, abrir os cercados e libertar os animais".

A GRANDE AGRICULTURA NA GRÃ-BRETANHA

Inesperadamente estou de volta a Nocton, em Lincolnshire, o lugar de uma batalha contra a implacável marcha das megafazendas em estilo americano. Uma década atrás, esse belo vilarejo pantanoso se tornou o epicentro de uma polêmica se o lugar das vacas era nos campos ou nas megafazendas leiteiras. No campo, uma nuvem escura se estendia pelo céu abaulado. A terra era plana, os campos ficavam dois metros abaixo da estrada e havia um dique de drenagem ainda mais baixo. Os campos pareciam não ter fim. Mal dava para distinguir os lotes de terra, a não ser pela leve diferença nos resíduos das colheitas. Não havia demarcações, cercas vivas nem arbustos – e a sensação de ser tão pequeno em uma paisagem tão vasta era acabrunhante.

Nocton se tornou famosa por causa de uma batalha ambiental monumental para impedir a instalação de uma megafazenda leiteira em estilo americano. O plano era manter 8 mil vacas – quase 100 vezes mais do que o usual nas fazendas leiteiras britânicas – em espaços cobertos, onde elas seriam alimentadas com grãos ao invés de gramíneas. Nos moldes das fazendas leiteiras em grande escala da Califórnia, Indiana e Wisconsin, ela seria a primeira desse tipo na Grã-Bretanha.

Essa briga despertou uma oposição nacional envolvendo a população local, políticos, crianças, ativistas da zona rural, produtores de leite que criam as vacas soltas, defensores do bem-estar animal e ambientalistas. Havia um confronto ideológico entre aqueles que acreditavam que o lugar das vacas é nos campos e os que previam que o futuro delas seria em fazendas industrializadas. O homem por trás da proposta sugeriu em uma entrevista para uma emissora de rádio que "o lugar das vacas não é nos campos" – palavras que passaram a assombrá-lo. Crianças pequenas fizeram desenhos em protesto e ônibus portavam *banners* proclamando que "o lugar das vacas é nos campos". A rixa chegou a Westminster e mais de 170 membros do Parlamento assinaram uma moção se opondo à "superfazenda leiteira".

O plano finalmente foi por água abaixo quando a Environment Agency interveio apontando o risco de poluição[6]. Uma vaca leiteira produz tantos efluentes quanto 50 pessoas; a megafazenda leiteira com 8 mil vacas produziria tantos resíduos nocivos quanto uma cidade do tamanho de Bristol[7].

Os moradores desse vilarejo, que poderia estar no Domesday Book[8], se livraram dessa ameaça específica, mas a marcha da criação industrial de animais continua pela zona rural inglesa. O número de grandes fazendas industriais de avicultura e suinocultura no Reino Unido continua aumentando, e estimativas recentes sugerem que agora há quase 2 mil em todo o país. Apesar de Michael Gove assegurar, em 2017, que o país não teria pecuária industrial em estilo americano, o número de unidades industriais de avicultura e suinocultura no Reino Unido aumentou 7% nos três anos seguintes, passando de 1.669 para 1.786[9]. Fazendas de suinocultura são classificadas como "intensivas" se criarem pelo menos 2 mil porcos para abate ou tiverem 750 porcas reprodutoras. Fazendas de avicultura se enquadram nessa classificação se tiverem pelo menos 40 mil aves.

Lincolnshire tem o quarto número mais alto de animais criados em espaços cobertos no Reino Unido, com mais de 12 milhões deles confinados. Os condados mais acossados pelas investidas da pecuária industrial são Herefordshire, Shropshire e Norfolk[10].

A marcha das megafazendas em estilo americano – uma escalada em termos de tamanho – no Reino Unido foi revelada pela primeira vez em uma investigação feita em 2017 pelo *Guardian*. A maioria dessas fazendas passava despercebida, apesar de seu tamanho e da controvérsia a seu respeito, em parte porque muitos produtores rurais haviam expandido as instalações existentes, ao invés de explorar lugares novos[11].

Uma nova pesquisa feita para a Compassion in World Farming revelou que o número de megafazendas em estilo americano no Reino Unido aumentara para quase 1.100 em 2021. Isso incluía 745 megafazendas de avicultura só na Inglaterra e 59 no País de Gales. O total no Reino Unido quase que certamente está aquém da realidade, pois dados oficiais sobre unidades de avicultura e suinocultura na Escócia ficaram indisponíveis devido a um ataque cibernético[12].

Em cinco anos, o número de megafazendas em estilo americano teve um aumento marcante, o que aponta uma tendência preocupante que põe em xeque nossa autoimagem como uma nação que adora os animais.

Fazendas em escala industrial atraem a atenção por causa das preocupações das populações locais com mau cheiro, barulho e o potencial para poluição e eclosões de doenças. Ativistas do bem-estar animal argumentam que a criação industrial impede os animais de manterem seu comportamento natural. Outra preocupação é que as megafazendas arruínem pequenos agricultores e criadores de animais, levando à usurpação da zona rural por parte de grandes agroempresas e à perda de unidades de agricultura familiar.

A grita nacional venceu a batalha contra a proposta da megafazenda leiteira em Nocton, mas a mentalidade que motivou a proposta prevalece. Para os industriais, separar os animais dos cultivos e trabalhar com base em *commodities* de custo mais baixo é a rota para maior eficiência. A produção em massa de ingredientes baratos é apresentada como a maneira "moderna", e os agricultores e criadores de animais caem nessa armadilha das *commodities*, contando com subsídios e vendendo seus produtos pelo preço mais baixo possível.

CRISE NA CHINA

Em 2011, na China, eu embarcava no trem noturno para Nanyang, na província de Henan, quando me vi quase sozinho e sem meus pertences em um país desconhecido. Eram duas horas da manhã e eu estava tonto de sono. Querendo esticar as pernas, desci do trem em uma parada e fiquei estupefato com o tamanho da estação. Ecoando e reluzindo, ela parecia ter saído de um filme de James Bond. Por um momento, fiquei perdido em pensamentos. Então, um alarme soou e eu pulei de volta no trem em cima da hora, antes que a porta automática se fechasse e seguíssemos viagem. Eu fiquei abalado. Por um triz o trem teria partido noite afora sem mim, o que me fez refletir sobre o quanto eu ficaria empacado. No entanto, menos de 24 horas depois caí em uma grande encrenca, sem meu passaporte e sob sério risco de não o recuperar.

Antes de chegar ao meu destino, eu passei uma hora olhando quilômetros seguidos com milharais, que eram plantados principalmente para servir de alimento para animais e para a produção de biocombustível. O ar estava embaciado por uma névoa cinzenta. Eu estava na China para ver como raças de gado, técnicas e equipamentos ocidentais estavam impulsionando o aumento na industrialização agrícola do país. Eu estava interessado em visitar a Muyuan, uma empresa que está entre os dez maiores produtores mundiais de carne e de alimentos para animais. Segundo as notícias, a Muyuan estava criando mais porcos por ano do que qualquer outra empresa na Ásia[13], sendo que sua produção cresceu do zero em 1992 para um rebanho de 1,3 milhão de porcas reprodutoras[14]. Colocando isso em perspectiva, o plantel reprodutor dessa única empresa tinha o triplo do tamanho de toda a suinocultura industrial britânica[15].

Eu esperava visitar a sede da empresa, mas meu pedido foi recusado, então fui até lá munido só de cara e coragem. Eu ouvi as preocupações de um grupo de 20 moradores por perto que, devido à poluição e aos mosquitos desde que a fazenda começou a operar, não podiam deixar suas janelas abertas durante o verão.

Alguém que ouviu disfarçadamente nossa conversa levava claramente os interesses da empresa a sério: em questão de horas, a polícia apreendeu meu passaporte e os dos meus companheiros de viagem. Em nosso hotel, um certo senhor Chan, da Muyuan, nos aguardava. Ficamos nervosos, mas tivemos que encarar um jantar.

Fazendo um retrospecto, acho que fomos salvos pelo raciocínio rápido de Jeff Zhou, nosso fixer que em breve seria o diretor da Compassion in World Farming na China. Jeff irrompeu na sala, acompanhado por Chan e dois companheiros, e exclamou: "Que novidade boa! Temos novos amigos para jantar conosco!". Eu puxei uma cadeira para Chan. Ele nos olhou de cima a baixo, claramente nos considerando uma ameaça, mas eu queria que ele nos visse de outra maneira. Então mencionei todas as empresas com as quais trabalhamos e aparentemente deu certo. Nós fizemos os pedidos para o jantar e continuamos conversando. Antes do final da refeição, Chan desapareceu, assim como a polícia. Quando voltou, Chan nos convidou para um encontro com os gestores da Muyuan na manhã seguinte. Pelo jeito, nossa derrota se tornara uma vitória. E além de recuperarmos nossos passaportes, Chan pagou o jantar.

No dia seguinte demos uma volta pela "fazenda" mais nova da empresa, um lugar que parecia um conjunto habitacional com uns duzentos edifícios baixos com pisos de concreto que iriam confinar dezenas de milhares de porcos. Nos primórdios da empresa, fabricantes de equipamentos agrícolas ocidentais dominavam o mercado e os vendiam para empresas como a Muyuan, que eram novatas na pecuária industrial. E tais fabricantes não vendiam só equipamentos. Uma empresa britânica, por exemplo, desenvolveu uma técnica de "desmame superprecoce" usada pela Muyuan, na qual os leitões são separados das mães com menos de 15 dias de vida. Quando estão na natureza, os leitões não desmamam antes de alcançarem três meses. O rebanho reprodutor original da empresa veio dos Estados Unidos, do Reino Unido e do Canadá, e as porcas prenhas eram mantidas por períodos longos em baias estreitas e cercados metálicos estreitos onde ficavam imobilizadas, um sistema há muito tempo proibido na Grã-Bretanha e na União Europeia.

Para ser justo com a Muyuan, desde então ela melhorou um pouco suas credenciais relativas ao bem-estar animal, comprometendo-se a não colocar porcas prenhas em baias estreitas e a não fazer mutilações dolorosas como o corte da cauda e o desbaste dos dentes em algumas de suas operações[16]. Tive a honra de receber representantes da empresa no palco em várias ocasiões, para premiá-los em reconhecimento ao progresso que fizeram para melhorar o bem-estar animal. E em todas essas cerimônias, os premiados chineses estavam sempre entre os mais entusiasmados, o que sempre era um bom augúrio para o futuro. No entanto, meu otimismo acabou se transformando em desespero.

Uma década após minha visita à Muyuan, fiquei chocado ao saber que a empresa estava à frente de uma nova tendência para montar fazendas industriais com vários andares. Quando estive lá pela primeira vez, a Muyuan tinha 21 fazendas, mas agora tem mais de 200.

Em um desdobramento que parece levar a pecuária intensiva em escala mega para um novo patamar, a empresa agora está tentando bater um recorde mundial criando mais porcos em um só lugar. Quase dez vezes maior que uma típica megafazenda americana, a nova megafazenda da Muyuan pretende produzir mais de 2 milhões de porcos por ano. Instalações com vários andares estão cada vez mais populares na China, devido à escassez de terra disponível[17]. Mas eu me arrepio de pavor ao pensar nas implicações sanitárias – sem mencionar as preocupações com o bem-estar animal – de manter tantos porcos em um espaço confinado. Isso é irônico, já que uma doença, a gripe suína africana, ceifou cerca da metade da produção da suinocultura industrial chinesa, mas deu o ímpeto inicial para essas gigantescas fábricas de porcos.

Além de me mostrar uma nova fronteira altamente preocupante na pecuária global em escala mega, o tempo que passei na Muyuan destacou o papel dos fabricantes de equipamentos ocidentais. Algumas das maiores empresas têm sede na Europa e continuam vendendo gaiolas e cercados globalmente, muito embora estes sejam ilegais em seus países de origem.

Uma das empresas líderes no setor é a Big Dutchman, que é baseada na Alemanha e se gaba de ser o principal fornecedor mundial de alojamentos e equipamentos para a produção "moderna" de porcos e aves, pois vende para 100 países, incluindo a China[18].

Ao dar uma olhada rápida no *site* da empresa, vi que ela vende baias[19]. Embora sejam amplamente usadas na China e nos Estados Unidos, essas baias, também conhecidas como celas de gestação, são proibidas para uso prolongado na União Europeia e até 2030 serão totalmente banidas na Alemanha. Mas o material publicitário da empresa as descreve como um "bom método que permite que o fazendeiro monitore e controle cada porca individualmente". E continua: "Não importa se é preciso equipar uma fazenda no sudoeste da China ou na gelada Sibéria – a Big Dutchman sempre oferece a solução perfeita para todos os problemas imagináveis"[20].

Ao pesquisar outros materiais publicitários da empresa, eu cliquei em um vídeo que mostra cinco pintinhos em uma gaiola metálica um pouco maior do que um forno de micro-ondas. Seus bicos haviam sido cortados e virado cotos feios – qualquer um que os visse iria perceber que sua frustração poderia fazer com que agredissem uns aos outros. O vídeo também mostra uma fileira infinita de gaiolas. O confinamento era claustrofóbico – e parecia até que eu estava vendo imagens de vídeo investigativas de um grupo de ativistas pelo bem-estar animal, mas não era o caso. O vídeo promocional estava vendendo gaiolas "convencionais" para galinhas poedeiras[21], ou gaiolas áridas em bateria como costumo chamá-las, um sistema proibido há muito tempo na Alemanha, no Reino Unido e na União Europeia.

A justificativa que eu mais ouço para a venda desses equipamentos para a pecuária industrial é a importância de alimentar o mundo, uma desculpa oportuna diante das quantidades enormes de alimentos desperdiçadas com animais criados de forma desumana. Consultores de governos e faculdades de Agronomia em países em desenvolvimento na África, por exemplo, promovem frequentemente gaiolas e cercados como a "maneira moderna". Como vêm da Europa, eles têm um selo de qualidade e um ar de modernidade, mas nem todos na África acolhem bem essa intervenção ocidental.

"A criação em confinamento não é uma maneira moderna, e sim um modo cruel de lidar com os animais", diz Wachira Benson Kariuki, um advogado de Nairóbi que trabalha no Quênia com a African Network for Animal Welfare. Ele vê a chegada de gaiolas na África como um retrocesso e propõe que sua importação seja proibida, a fim de impedir a Europa de exportar seus erros. Além da proibição de sistemas cruéis, ele argumenta que a legislação da União Europeia precisa proibir os meios que perpetuam essa crueldade em outros lugares. Caso contrário, "eles virão aqui e farão a mesma coisa que estavam fazendo na Europa".

Isso ilustra bem como o modelo de agricultura industrial ficou relativamente cercado: a legislação pode restringir as coisas em uma jurisdição, mas continua permitindo que elas sejam exportadas, o que dissemina ainda mais o problema.

O AMOR ESTÁ ACABANDO

Há sinais claros de que o amor do *establishment* político pela abordagem antiquada da agricultura intensiva está acabando. Quando era secretário de Estado do Defra, Michael Gove estava determinado a dar uma guinada ecológica na política agrícola que até então seria impensável. Até onde consigo me lembrar, o Ministério da Agricultura britânico comia na mão do National

Farmers' Union, mas isso acabou; na esteira do Brexit (saída do Reino Unido da União Europeia), o governo britânico delineou um caminho para desacoplar os subsídios agrícolas do aumento na produção e da posse de terras. A partir daí, os agricultores deveriam ser recompensados por fornecer "bens públicos" – benefícios ambientais e bem-estar animal.

Gove criticou o regime de subsídios da União Europeia, a Política Comum Agrícola, que recompensa latifundiários ricos por possuírem terras, ao invés de valorizar boas práticas ambientais. Ele disse até que isso "estimula padrões de uso da terra que desperdiçam os recursos naturais e geralmente agregam pouco valor, ao invés de estimular alternativas imaginativas e ambientalmente enriquecedoras"[22].

É irônico o Brexit ter acontecido justamente quando a Comissão Europeia estava cogitando reformar a agricultura, incluindo reduzir pela metade o uso de pesticidas e antibióticos, e aumentar para um quarto as terras da União Europeia dedicadas à agricultura orgânica até 2030. Em consequência da crise da covid-19, o Conselho da União Europeia declarou que a agricultura industrial é um fator que aumenta o "risco de futuras pandemias" e conclamou que o "combate" a ela seja uma prioridade global[23]. E a ex-relatora especial da ONU sobre o direito à alimentação, Hilal Elver, disse ao Conselho de Direitos Humanos que "o atual modelo agrícola industrial maltrata os animais, emite gases de efeito estufa, depende de pesticidas tóxicos, polui ecossistemas, desloca e abusa dos trabalhadores rurais e pescadores e desagrega comunidades agrícolas tradicionais"[24].

Há algum tempo as atitudes em relação à agricultura industrial estão mudando. Eu me lembro de que fui ao lançamento do livro *More Human: Designing a World Where People Come First* (EUA: PublicAffairs, 2016), que exortava pela proibição total da pecuária industrial. O autor é Steve Hilton, ex-consultor do então primeiro-ministro David Cameron. O evento contou com a presença de pesos-pesados do governo. Conversando com Cameron, ele pareceu ansioso para me assegurar de que estava fazendo algo a esse respeito.

Eu sempre disse que leva 30 anos para haver uma mudança grande, mas as mudanças na agropecuária discutidas agora eram esperadas há bastante tempo.

A agropecuária industrial se baseia muito em investir capital no uso de produtos químicos, gaiolas e maquinário para maximizar as colheitas e a produção de leite e carne. Isso implica especialização e foco em um determinado tipo de produto. A criação de animais e a plantação de cultivos foram separadas e os animais foram tirados da terra e postos em estábulos industriais. Produtos químicos substituíram o reforço da fertilidade natural e o manejo de ervas daninhas e insetos, ao passo que máquinas substituíram pessoas.

Há 30 anos o verdadeiro custo da agricultura intensiva começou a ficar óbvio, em termos de seu impacto sobre o bem-estar animal, o meio ambiente e a vida selvagem. A agricultura industrial se tornou a maneira predominante de produzir alimentos, e a formulação de políticas públicas parecia determinada a defendê-la a qualquer custo. Para reagir, os ativistas tinham de golpear uma porta aferrolhada usando uma marreta; a reforma era lenta e aqueles que clamavam por ela eram considerados radicais. A pressão mais eficaz era apontar as partes mais indefensáveis da máquina industrial, fossem os cercados estreitos para produzir vitela a partir de bezerros, as gaiolas em bateria para galinhas, os hormônios de crescimento bovino ou os alimentos geneticamente modificados.

Agora, as coisas estão começando a mudar. Ministros e políticos experientes como Michael Gove e Zac Goldsmith têm conclamado por um novo rumo na produção de alimentos que se baseie em restaurar o capital natural. Colocar a agropecuária dominante sob os holofotes começou a fazer efeito para todos assumirem suas responsabilidades e mudarem as coisas. Que a necessidade de haver mudanças seja amplamente reconhecida é motivo para comemoração. Mas com tantos animais sofrendo em confinamento, e com os solos e a vida selvagem se esvaindo, as chances de haver uma genuína sustentabilidade agrícola estão diminuindo. O tempo está se esgotando. A pergunta é: podemos agir com rapidez suficiente para deter o *agrogedom*?

5
REAÇÃO EM CADEIA

BRASIL: ONDE UMA COISA LEVA À OUTRA

Nuvens de poeira se formam ao lado da impenetrável Floresta Amazônica e o barulho é ensurdecedor. Um trator com retroescavadeira passa rugindo por uma clareira na floresta e puxa uma pesada corrente de metal do tipo usado para amarrar navios. A corrente desliza de uma bobina como uma linha de pesca até se esticar, fazendo o veículo parar. Há um guincho metálico quando o trator gira 90 graus e fica de frente para a floresta. Na outra ponta da corrente há outro trator com retroescavadeira, e os dois se movem em sincronia pela floresta. Nada escapa. Tudo é derrubado. Não importa o quanto sejam velhos ou teimosos, arbustos, árvores e tudo que esteja no caminho é atirado no chão como se fosse gravetos. Os espectadores riem enquanto outro trecho da floresta tropical é destruído.

Esse é o *correntão*, um dispositivo polêmico usado para o desmatamento. Por muito tempo ele foi ilegal, mas recentemente foi autorizado no estado brasileiro de Mato Grosso. Grupos inteiros de árvores podem ser derrubados em segundos, antes que os vestígios da floresta antiga sejam apagados – primeiro pelo fogo e depois pelo gado[1].

DA PECUÁRIA INTENSIVA À SOJICULTURA

A expansão da pecuária na Floresta Amazônica não é novidade, mas eu fiquei chocado de ver a mão pesada da pecuária industrial causando mais destruição para plantar soja. Os pastos existentes para o gado são submetidos ao arado para o plantio de soja para galinhas, porcos, peixes e vacas leiteiras, grande parte da qual é exportada para a China, a Europa e o Reino Unido[2]. Nadando em dinheiro por ter vendido seus campos, os pecuaristas estão indo mais fundo na floresta tropical e comprando mais terras. E enquanto o mundo está de olho no crescimento da pecuária na floresta tropical – um símbolo dramático do desmatamento –, o fato de que a soja é a força propulsora por trás disso passa amplamente despercebido.

Esse fenômeno é recente, pois a derrubada da floresta tropical tradicionalmente decorria da exploração madeireira visando madeiras valiosas, e as áreas recém-abertas então eram usadas para plantar. Durante muito tempo, o ritmo do desmatamento foi ditado pela exploração madeireira e o consumo global de *commodities* como carne bovina e couro. Mas, ultimamente, a demanda global por alimentos para animais gerou um *boom* da soja no Brasil[3]. No mundo todo, 99% da farinha de soja – produto derivado do óleo e dos grãos e com alto teor proteico – são usados para alimentar animais, sobretudo porcos e aves[4].

Primeiro, imensas monoculturas de soja devastaram o cerrado brasileiro. Novas variedades de soja fizeram com que o clima úmido da Amazônia deixasse de ser uma barreira para a produção desse grão. A industrialização da paisagem foi acelerada com a introdução de linhagens geneticamente modificadas que resistem a herbicidas criados para matar todas as outras plantas[5]. Então vieram investimentos em infraestrutura, com a construção de estradas e portos para escoar a soja do país. Em 2003, a Cargill, gigante norte-americana do agronegócio mundial, abriu um terminal graneleiro de US$ 20 milhões no porto de Santarém, onde os rios Tapajós e Amazonas se encontram. Impulsionado pela demanda global por soja para alimentar as galinhas, porcos e gado criados industrialmente no mundo, o ano de 2004 teve a segunda taxa mais alta de desmatamento de todos os tempos na Bacia Amazônica[6].

No mesmo ano, o governo brasileiro anunciou planos para asfaltar a rodovia federal BR-163, que tem mais de 3 mil quilômetros de extensão, assim dando acesso o ano inteiro ao Centro-Oeste da Amazônia[7]. Nos anos 1970, a chamada "rodovia da soja" era pouco mais que uma estrada de terra que atravessava a selva. Na estação chuvosa, partes dela ficavam enlameadas e intransitáveis, e os caminhões ficavam encalhados durante uma semana ou mais[8].

À medida que a demanda por soja aumentou, os preços das terras também dispararam, e a pecuária industrial deflagrou a "corrida da soja"[9]. Hoje, a sojicultura ocupa mais de 33 milhões de hectares no Brasil – uma área do tamanho da Malásia –, sendo que, 2000, ocupava 13 milhões de hectares[10]. A "rodovia da soja se estende dos campos de soja até o terminal de exportação ao lado do rio. Milhares de caminhões graneleiros passam por ela rumo aos portos durante a época da safra. A soja é então transferida dos caminhões para barcaças que descem o rio e a repassam para navios que a despacham mundo afora[11]. Mais de um quinto das exportações de soja do Brasil vai para a Dinamarca, França, Alemanha, Itália, Holanda, Noruega e Reino Unido.

Com grande parte da BR-163 já asfaltada e o governo brasileiro planejando uma ferrovia que seguiria paralela a ela, eu fiquei interessado em saber mais sobre os custos humanos e ambientais de galinhas e porcos serem alimentados com soja da Floresta Amazônica.

SONHOS

Nem todos que vivem na BR-163, no centro do bioma Amazônia, são ligados ao agronegócio; algumas pessoas, como Osvalinda Maria Alves Pereira e seu marido Daniel, têm outros sonhos. "Nós queríamos ter uma terrinha para poder sobreviver com o que é nosso. Saber que nós produzimos a comida com as próprias mãos e o nosso suor é a coisa mais importante", disse Daniel.

Há muito tempo Osvalinda e Daniel sonhavam em ter um pedaço de terra. Anteriormente, eles conseguiram um lote devido à reforma agrária no Norte de Mato Grosso, um estado que se tornou o centro da agricultura industrial brasileira. Osvalinda relatou que eles ficaram três anos nesse lote modesto, plantando diversos cultivos e mantendo algumas vacas leiteiras e galinhas. No entanto, duas décadas atrás, a área ficou cercada por grandes produtores agrícolas.

"Nós não queríamos vender o lote – queríamos ficar e nos sustentar com o que produzíamos", disse ela. "Mas os produtores agrícolas passaram o *correntão* – o sistema de desmatamento composto por dois tratores ligados por uma correte enorme que varre e derruba a floresta – e depois tacaram fogo nos troncos caídos".

Osvalinda já estava tendo problemas de saúde que afetaram seus pulmões, e os vapores de madeira queimando só pioraram seu estado. Logo, suas plantações foram devastadas pelo fogo e o casal não conseguiu mais resistir. E como tantos pequenos agricultores ao longo da BR-163, eles desmoronaram e se mudaram. Embora isso tenha acontecido há 20 anos, Osvalinda e Daniel se lembram como se fosse ontem. Eles juntaram todos os seus pertences em uma motocicleta e rodaram mais de 1.000 quilômetros para o Norte rumo a outro projeto de assentamento – uma área de terra recém-aberta que fazia parte de um programa social em Trairão, na zona rural do Pará. Eles achavam que haviam deixado seus problemas para trás, mas novamente se viram como peixes pequenos em um mar de grandes produtores ávidos por terras, e foi então que as ameaças e a intimidação começaram. Certa manhã, em 2018, Osvalinda foi cuidar das suas galinhas e achou duas covas meticulosamente abertas e com cruzes: uma para ela e a outra para seu marido.

Osvalinda e Daniel fugiram para a cidade. Suas desventuras espelham aquelas de outros pequenos agricultores na esteira da corrida da soja; os grandes produtores se instalam e eles são obrigados a ir embora.

João Batista Ferreira, de 60 anos, é outro pequeno agricultor que está pensando em partir. Ele tem um lote de 16 hectares na zona rural de Belterra, o epicentro da expansão da soja brasileira nos planaltos de Santarém. Durante sua infância, a área era de floresta fechada. Sua terra fica ao lado da Floresta Nacional do Tapajós, uma área de conservação de 550 mil hectares que abriga espécies ameaçadas, incluindo macacos-aranha, tamanduás-bandeira e onças-pintadas. Antigamente, os animais selvagens vagavam livremente nesse *habitat* imenso, mas isso acabou.

O lote de Ferreira é uma ilha de sombra e cantos de pássaros no meio de imensas pradarias de soja. Seu pai lhe ensinou a ser apicultor quando ele tinha nove anos de idade, dando início a uma paixão que perdura há 45 anos. Mas quando o uso intensivo de pesticidas e as monoculturas na terra ao redor cobraram seu preço, suas amadas abelhas entraram em declínio.

Ferreira ainda é chamado de "João do Mel", mas restam poucas de suas 1.000 colmeias originais. Agora, cercado por plantações industriais, ele pensa constantemente em vender tudo e se mudar mais para o fundo da selva, a fim de escapar do cerco da soja. Ele falou que o agronegócio causou a destruição da floresta nativa e criou pouquíssimos empregos, pois todo o trabalho é feito por máquinas. Em um ato solitário de protesto, pintou versões alteradas da bandeira brasileira com pontos de interrogação, ao invés do lema nacional "Ordem e Progresso" – pois ele duvida que o Brasil ainda tenha um dos dois. "Algum dia, o progresso virá", disse ele, "e, com ele, virá a decadência"[12].

Por ora, Ferreira está firme, mas mudar-se parece inevitável. Ele ainda recebe visitantes e mostra orgulhosamente o que restou de suas colmeias simples de madeira, mas odeia falar sobre o que está acontecendo. "Eu perdi a fé de que denunciar a situação poderá mudar alguma coisa. Quanto mais eu falo, parece que eles [os produtores de soja] chegam mais perto."

Para alguns, como Osvalinda, Daniel e Ferreira, mudar-se acaba sendo a única opção. Para a maioria dos povos indígenas que vivem em uma terra ancestral nas profundezas da floresta, é impensável sair de lá. Mas mais para o final da BR-163, nos arredores de Santarém, as coisas estão tão ruins que o povo indígena Munduruku está começando a considerar essa ideia.

A FLORESTA SE ESVAINDO

Eu estive com membros do povo Munduruku que queriam mostrar o que estava acontecendo, e como sua morada na floresta tropical estava encolhendo. Três homens da tribo estavam ansiosamente investigando os boatos de que alguém andava derrubando a floresta e queriam que eu visse o que estava acontecendo. Ao longo do caminho, eles me ofereceram castanhas-do-pará caídas no chão da floresta, as quais ficavam envoltas em cascas duras. Como cada cacho dessa castanha pesa cerca de um quilo, tivemos sorte de provar esse produto da floresta antes que caíssem em nossas cabeças.

Após uma hora de caminhada, a luz começou a brilhar entre a vegetação densa, então a floresta se abriu em um manto de arbustos de soja. Por pelo menos um quilômetro não havia árvores; além das plantações, a floresta se erguia novamente. Mas algo parecia errado. A copa alta da floresta estava intacta, mas as árvores menores haviam sido derrubadas com corte seletivo, uma prática que preserva a copa, mas evita que os satélites detectem o estrago.

Os boatos eram verdadeiros. Independentemente de satélites terem ou não notado, outro trecho da floresta dos Munduruku desaparecera.

"Parece que eles estão usando tratores para remover as árvores menores, mas mantêm as maiores. Quando o verão chegar, eles vão tacar fogo em tudo", disse Paulo Munduruku, com a voz denotando resignação. Ele já vira isso antes. "O desmatamento avança a cada ano: alguém desmata aqui, outro ali, e a floresta acaba se esvaindo".

Provavelmente, as árvores restantes servirão de combustível para a próxima "temporada de queimadas", um período em que a Amazônia arde em chamas acesas por pessoas que querem liberar a terra para plantar. No ano anterior houve mais de 2.500 incêndios grandes em toda a Amazônia, alguns em áreas de conservação e em reservas indígenas[13].

Apesar de perder partes de sua floresta para a produção agrícola, Paulo e seus companheiros não desistem. "Ver nossa floresta vicejando, viva, pela nossa sobrevivência e a dos animais e das aves é o que nos mantém lutando e exigindo justiça".

Paulo, Manoel e Lino usavam camisetas e botas de borracha. Paulo também usava um colar de sementes com o dente de um animal, um símbolo do histórico de sua tribo como bravos moradores da floresta. Os Munduruku tinham a reputação de ser uma das tribos mais poderosas do Brasil, e outrora eram chamados de "cortadores de cabeças", o que sem dúvida deixava seus inimigos apavorados. Hoje, eles são pacíficos e buscam dialogar, ao invés de decepar a cabeça dos adversários[14]. Mas nada em sua história poderia tê-los preparado para manter um diálogo franco com o agronegócio.

O desaparecimento em curso da floresta que é a terra de seus antepassados impede que Manoel Munduruku durma à noite. "Minhas maiores preocupações são a grilagem de terras, as plantações de soja e o desmatamento", disse ele. Há mais de uma década, ele lidera a reivindicação de seu povo pelo reconhecimento de seus direitos ancestrais, mas o progresso tem sido dolorosamente lento. A procuradoria da República no município de Santarém abriu um processo contra o agronegócio. "A inação [do governo] transformou o território no epicentro de uma série de violações aos direitos, associadas à monocultura de soja", diz o processo, que também cita as ameaças ao território: "Desmatamento, destruição de sítios arqueológicos, destruição de corpos d'água, contaminação do ar, da fauna e da flora por pesticidas, tentativas de grilagem de terras, ameaças e intimidação, entre outros problemas"[15]. No entanto, a covid-19 estancou o andamento do processo.

"Tudo isso está nos matando silenciosamente", disse Manoel à beira das lágrimas. "Nenhum dinheiro no mundo vale o que esta terra vale. Eu aprendi com meus pais que é vergonhoso derramar lágrimas falsas. Mas quando você está lutando pelo que é justo, não há nada mais nobre do que chorar".

USO DA TERRA EM CASCATA

No ponto em que a "rodovia da soja" entra no estado do Pará, a mudança é especialmente marcante. O município de Novo Progresso é dominado pela exploração madeireira, pelo garimpo e o agronegócio. Os dois lados da estrada são apinhados de lojas e empresas que vendem produtos relacionados, e me lembrei da corrida anterior na fronteira da soja em Mato Grosso. Havia silos de aço inoxidável com grãos ao redor, fazendo o lugar parecer um posto agroindustrial avançado em rápida expansão.

Há muito tempo estabelecida nessa área, a pecuária está sendo substituída pela soja no que passou a ser chamado de "uso da terra em cascata". Esse efeito cascata, desencadeado pela demanda da indústria da soja, fez os preços das terras aumentarem em dez vezes. Pecuaristas conseguiram vender seus campos obtendo lucros enormes e compraram mais terras no Norte para expandir seus rebanhos[16].

Em Novo Progresso, as autoridades estão dispostas a falar sobre essa reação em cadeia desencadeada pela soja. Com a ajuda de um jornalista local, eu entrevistei o secretário municipal de Agricultura Cleiton Júnior de Oliveira, que também é pecuarista. Ele disse o seguinte: "Eu posso confirmar que o gado está sendo levado para os extremos da floresta. Áreas de planície com grande potencial agrícola estão se transformando em plantações e ocupando o espaço anteriormente reservado para o gado. Isso é um fato".

Dessa maneira, a expansão da produção de soja está deslocando o gado para as profundezas da Amazônia, causando ainda mais desmatamento. Cientistas americanos descobriram que uma redução de 10% na expansão da soja em áreas de pastejo existentes entre os anos de 2003 e 2008 reduziria em 40% o desmatamento na Amazônia[17]. Isso reflete a alta nos preços das terras e o fato de que criadores de gado que venderam suas terras podem comprar muito mais terras em outros lugares.

Em 2018, a Transparency for Sustainable Economies (Trase) descreveu como a soja impulsiona a conversão indireta da floresta e da savana aumentando os preços das terras, o que leva ao desmatamento especulativo e à implantação da pecuária nas profundezas da floresta[18]. A Trase notou que a expansão da soja está tendo um "papel-chave, porém, indireto, no desmatamento na América Latina por meio do deslocamento dos pastos para o gado"[19]. Naquele ano, a expansão dos pastos foi responsável por quatro quintos do desmatamento na Amazônia brasileira, por mais de 95% no Chaco paraguaio e por mais da metade no Cerrado.

O Banco Internacional para Reconstrução e Desenvolvimento, que faz parte do Grupo do Banco Mundial, relatou os devastadores efeitos cascata do uso da terra da seguinte maneira: "A alta lucratividade da produção de soja em solos adequados da Amazônia aumentou os preços das terras, dando novas fontes de capital a pecuaristas que vendem ou alugam suas terras para produtores de soja".

O relatório enfocou a Moratória da Soja no Brasil, um acordo com o objetivo de proteger faixas enormes da Floresta Amazônica. A expansão da soja na Amazônia, diz ele, "não foi suprimida" pela moratória, "devido à abundância de pastos de gado adequados para a conversão para a soja". Mas o desmatamento para a criação de gado estava abrindo caminho para a expansão subsequente da soja, driblando a moratória relativa ao desmatamento para soja.

Só restou ao Banco Internacional para Reconstrução e Desenvolvimento admitir que a batalha estava sendo vencida, mas a guerra fora perdida. A moratória assegurou uma sojicultura sem desmatamento na Amazônia, mas a tendência de desmatar mais a floresta persiste[20]. Basicamente, primeiro o gado desmatou a floresta para permitir a sojicultura subsequente "sem desmatamento".

Eu falei com Mauricio Torres, professor na Universidade Federal do Oeste do Pará, que bota a culpa do uso da terra em cascata na demanda global por soja. "Trata-se de um processo indireto. A soja avança sobre os pastos, então o pecuarista enche os bolsos de dinheiro e vai desmatar a Amazônia". Com a BR-163 asfaltada e melhores instalações portuárias, "para o produtor de soja, ficou muito mais barato exportar. Portanto, os impactos partem da indústria da soja", explicou Torres.

Provavelmente, o clima político e econômico reinante no Brasil causará mais desmatamento. A produção de soja é mais lucrativa do que a pecuária, gerando o dobro de receita por hectare. Abrir a floresta para pasto para o gado se tornou um expediente para os criadores ganharem controle de grandes faixas de terra, enquanto aguardam nova infraestrutura e a subida nos preços das terras[21].

O presidente brasileiro Jair Bolsonaro, que chegou ao poder com o apoio de agricultores, caminhoneiros e mineradoras, estava ansioso para cumprir sua promessa de desenvolver a maior floresta tropical do mundo. Com a BR-163 já totalmente asfaltada, as autoridades brasileiras estavam querendo dobrar a aposta em sua recém-criada artéria global para exportações de soja, construindo uma ferrovia para um "trem graneleiro" de US$ 3 bilhões que seguirá ao lado da rodovia[22].

DIA DO FOGO

Em agosto de 2019, incêndios em sequência na Amazônia foram manchetes mundo afora, gerando críticas ao governo Bolsonaro por não proteger a floresta tropical. No ano seguinte, satélites registraram 32.017 incêndios na maior floresta tropical do mundo, quase dois terços a mais do que em 2019[23]. A maioria dos incêndios na Amazônia é proposital, e tudo indica que eles são obra de pecuaristas e grileiros que querem expandir as operações agrícolas e as pastagens para o gado. Os incêndios desencadearam uma guerra de palavras com o então candidato Joe Biden à presidência dos EUA, que ameaçou impor "sanções econômicas" ao Brasil se o país não "parasse de destruir a floresta". Bolsonaro disse que o comentário de Biden era uma "ameaça covarde" à soberania de seu país e um "claro sinal de desrespeito"[24].

A cidade de Novo Progresso ganhou manchetes internacionais por causa do propalado "dia do fogo". Acredita-se que pecuaristas, grileiros e empresários que atuam ao longo da BR-163 contrataram jagunços para iniciar as queimadas, e houve até insinuações de que elas foram causadas por ONGs querendo atrair atenção. O número de queimadas aumentou em 300% em dois dias[25]. A Reuters relatou suspeitas de que os organizadores coordenaram as queimadas por WhatsApp para demonstrar publicamente que desafiavam as regulações ambientais, e descreveu-as como uma "invasão coordenada na área para transformá-la na marra em terra agrícola"[26].

Novo Progresso fica ao lado da Floresta Nacional do Jamanxim, uma reserva protegida com mais de 1,3 milhão de hectares. A agricultura comercial não é permitida, um fato que muitas pessoas locais ignoram[27]. Fazendas na área seriam desapropriadas pelo governo, mas isso nunca aconteceu, e a vida selvagem tem sofrido na esteira da expansão das terras agrícolas. Um repórter do *Guardian* que visitou a região ficou estupefato ao ver "como a agricultura engoliu a floresta em ambos os lados da BR-163. Havia gado por toda parte e a vida selvagem sobrevivia aos trancos e barrancos. Certa manhã, um macaco branco atravessou a estrada de terra, seguido por um bando de porcos selvagens. Araras pretas, azuis e alaranjadas guinchavam em cima de um tronco de árvore carbonizado, que era seu único poleiro em um campo lotado de gado. Um tamanduá oportunista cruzou velozmente a rodovia por uma brecha entre os caminhões"[28].

Aqui, como em outros lugares na Amazônia, o desmatamento segue um padrão fixo. Primeiro, os madeireiros retiram as árvores mais valiosas e deixam coberturas para os satélites não detectarem o crime. As árvores restantes são então derrubadas e largadas até secar ou ser queimadas, depois gramíneas são semeadas e o gado é posto na terra. Por fim, vem a soja.

Novo Progresso foi fundada há 30 anos, quando a ditadura militar no Brasil atraía famílias para a área com a promessa de haver terras e oportunidades. As Forças Armadas, onde o presidente Bolsonaro começou sua carreira, viam a Amazônia tão despovoada como um ativo vasto e rico em recursos. Mas quando a ditadura caiu, o governo democrático que assumiu o poder tinha uma política bem diferente: a conservação da Amazônia.

Os pioneiros na Amazônia, muitos deles pecuaristas, se sentiam desprestigiados e traídos até que Bolsonaro tomou posse. O influente presidente do sindicato dos produtores rurais de Novo Progresso, Agamenon Menezes, foi interrogado pela polícia durante a investigação sobre "o dia do fogo", mas negou qualquer envolvimento[29]. Na visão dele, a expansão da produção agrícola é inevitável. "A soja vai vir… as plantações estão rendendo mais do que o gado, e as áreas planas estão sendo usadas para os cultivos. O gado fica nas áreas íngremes", disse ele.

Assim como outros pecuaristas de sua geração, Menezes tinha pouco tempo para preocupações ambientais. "Se o que as agências de monitoramento e as ONGs dizem sobre o desmatamento na Amazônia fosse verdade, não teriam sobrado árvores por aqui. A Amazônia teria desaparecido. Nós não desmatamos, apenas substituímos a vegetação nativa por outro tipo de vegetação, as plantações".

Mas a diminuição constante de políticas designadas para proteger a floresta permitiu taxas mais altas de desmatamento[30]. No final de 2019, uma área de floresta tropical do tamanho de Devon e da Cornualha foi perdida na Amazônia brasileira em apenas 12 meses, a taxa mais alta de perda em uma década[31]. Em apenas três meses do ano seguinte, 777 quilômetros quadrados de Floresta Amazônica foram destruídos[32].

Com o desmatamento vem o conflito fundiário[33]. Mariana Rodrigues é presidente da associação dos colonos em um projeto de desenvolvimento sustentável, o PDS Brasília em Castelo dos Sonhos. Ela vive assombrada com o caso de Bartolomeu Moraes da Silva, que foi brutalmente assassinado em 2002 por tentar proteger a terra de sua gente[34].

Por grande parte de sua vida, Rodrigues trabalhou na terra. No entanto, quando um acidente inviabilizou sua atuação, ela se envolveu na política dos assentamentos em áreas de terra recém-abertas. Mas isso a indispôs com os pecuaristas que estavam se instalando em áreas destinadas para pequenos agricultores. Ela chama os pecuaristas de "concentradores", colecionadores de terra.

Legalmente, os lotes de terra em um assentamento não devem ser comercializados, mas Rodrigues diz que os pecuaristas tentam tomá-los vencendo os colonos pelo cansaço, impedindo o acesso a seus lotes ou deixando o gado pisotear suas plantações. Recentemente, a casa de um colono foi derrubada por um trator.

Exaustos e atemorizados, os colonos acabam desabando e vendendo suas terras por qualquer bagatela – só para sair de lá. Em geral, os lotes são de 20 hectares por família, mas Rodrigues diz que um único "concentrador" já conseguiu mais de 500 hectares.

Rodrigues tem recebido ameaças e está perdendo o ânimo para continuar lutando. "Estamos de mãos e pés atados. Falamos com a polícia, mas ela não faz nada. O que acaba matando pessoas nesses conflitos é a lentidão do sistema judiciário. Minha família realmente está apavorada. Os concentradores enviam mensagens por outras pessoas, dizendo para eu ficar atenta".

Atualmente não há soja plantada nos lotes usurpados dentro do assentamento, mas Rodrigues acha que isso não vai durar. "Essas terras são realmente cobiçadas, pois são planícies planas boas para plantios". A história dela me lembrou das covas abertas para Osvalinda e seu marido. Após o incidente, a polícia se ofereceu para colocar o casal no Programa de Proteção às Vítimas e Testemunhas, mas eles declinaram porque aceitar implicaria nunca mais voltar. A saúde abalada fez com que eles refletissem melhor, então relutantemente deixaram seu querido lote nas mãos de um caseiro. Apesar de estarem longe há mais de um ano, a intimidação continuou: havia boatos de que, se eles voltassem, seriam assassinados. No entanto, eles acharam a vida na cidade sufocante e acabaram voltando para casa, mas suas plantações estavam descuidadas e suas galinhas haviam sido roubadas. "Mas voltar foi como nascer de novo", disse Osvalinda.

Contra todas as probabilidades, o casal retomou seu sonho simples: ter um pedaço de terra e sobreviver à base dele. Algumas pessoas ameaçam matar pela terra alheia, mas eles estão dispostos a morrer pela deles.

As vidas de pessoas comuns e dos animais, assim como o tênue equilíbrio do ecossistema, estão sob ameaça na Amazônia. Desmatar um trecho da floresta imensa pode parecer inofensivo. Mas, quando uma coisa leva à outra – extração ilegal de madeira seguida de gado e depois soja –, as coisas podem sair rapidamente de controle. O *correntão* dispara a reação em cadeia que leva à soja. Com um sexto da Floresta Amazônica já perdido, o temor é que um ponto crítico seja atingido em breve e toda a floresta tropical seque, se degrade e vire savana[35]. E com isso não haveria como preservar a natureza e desacelerar a mudança climática. Há muito tempo a pecuária é ligada ao desmatamento da Amazônia, e sua força motriz evidentemente está bem perto das nossas casas: a carne barata de animais alimentados com soja à venda nos supermercados.

6

UMA TERRA SEM ANIMAIS

EM BUSCA DE LAVERCAS

Em Abruzzo, Itália, as vistas são estupendas, e tentilhões, chapins e outras aves canoras gorjeavam delicadamente no frescor da manhã. Da minha sacada, eu via os picos da Cordilheira dos Apeninos se erguendo imponentemente, com seus torsos cobertos de pinheiros. A luz solar repousava suavemente nas encostas verdejantes, enquanto eu esperava que viessem me buscar para passar o dia nas colinas.

Um grupo de funcionários do Parque Nacional Gran Sasso estava interessado em me mostrar como a área se beneficia mantendo vacas e ovelhas soltas como animais herbívoros. Eles me disseram que a natureza e a produção de alimentos eram estreitamente ligadas aqui nas montanhas.

Logo nós estávamos sacolejando no Land Rover do guarda florestal, enquanto subíamos acima da linha das árvores. Passamos por um pequeno rebanho de gado Ultrablack que estava em um pasto viçoso pontuado por pedras brancas reluzentes. Quando paramos, eu ouvi o gorjeio bem modulado das lavercas que pairavam alto no céu e arremetiam para baixo como uma folha no outono.

O trinado da laverca é uma serenata conhecida na primavera e no verão, e inspirou mais poemas do que qualquer outra ave. Ele comoveu escritores como George Meredith ("*The Lark Ascending*"), Ted Hughes ("*Skylarks*") e Percy Bysshe Shelley, que compôs o poema "*To a Skylark*", em 1820, ao ouvir seu canto na zona rural italiana. Mary, mulher de Shelley, escreveu que ele notou o "trinado da laverca" enquanto eles andavam "pelas trilhas cujas cercas de murta serviam de morada para os vaga-lumes"[1].

No tempo que passei na Cordilheira dos Apeninos, também fiquei inspirado pelo canto da laverca, assim como pelo frescor do ar montanhês, um alívio bem-vindo do calor sufocante que senti ao viajar pelo centro agrícola do Vale do Pó. A Cordilheira dos Apeninos e o Vale do Pó eram totalmente diferentes. A cordilheira tinha vida selvagem e agricultura entrelaçadas, ao passo que o vale era uma terra sem animais vagando. O Vale do Pó é uma área grande. Com mais de 644 quilômetros de extensão, o rio Pó tem 141 afluentes alimentados pelos Alpes e pela Cordilheira dos Apeninos. Mais de 16 milhões de pessoas – quase um terço da população da Itália – vivem nessa baía fértil de baixa altitude que se estende da fronteira francesa até o mar Adriático.

Com 3 milhões de cabeças de gado, entre 5 e 6 milhões de porcos e uns 50 milhões de aves[2], a região do Pó tem renome mundial por seus queijos e pelo presunto de Parma. Como fã da comida italiana, eu estava empolgado com a perspectiva de passar alguns dias explorando a beleza da zona rural italiana, provando alguns vinhos e delícias da culinária local. No entanto, logo descobri que nem tudo é o que parece nesse oásis gastronômico.

***

Antes de ir à Cordilheira dos Apeninos, viajei pelo Vale do Pó com Annamaria Pisapia, que dirige a filial italiana da Compassion in World Farming em Bolonha. Efervescente, sorridente e com olhos faiscantes, Annamaria queria me mostrar tudo ao redor. "Vamos dar um giro por uma das regiões mais famosas da Itália. Você verá a zona rural com campos de gramíneas, mas não como você conhece", ela me disse. Era final de junho e nós passamos por cidades surpreendentes e outras menores e pitorescas. O cenário era estupendo. Grande parte da arquitetura era simples, com paredes caiadas e desbotadas pelo sol implacável. Eu fiquei maravilhado com um castelo murado espetacular, que tinha torres e bandeiras tremulando diante da encosta de uma colina coberta de videiras. As casas no vale abaixo têm as típicas telhas de terracota.

Entre todos os países do continente europeu, é na Itália que me sinto mais à vontade. Eu adoro a comida, a afabilidade, a zona rural, o ritmo de vida e a tradição. Mas uma coisa me intrigou durante essa viagem: passei dias a fio sem ver sequer um animal de criação nos campos. Estávamos em uma região afamada por seus queijos, mas onde estavam todas as vacas?

Quando me informei sobre os detalhes da produção do Parmesão e do Grana Padano, foi mencionado que, nos dois casos, as vacas eram criadas com capim fresco e feno.

Havia muito capim, alguns bem altos nos campos, com talos que ondulavam quando uma brisa soprava; em outros campos, a gramínea fora cortada e posta em fardos bem amarrados como cachos dourados de manteiga. E conforme seria de se esperar em um vale fértil, havia muitos campos com plantações.

Mas a ausência de vacas vagando pelos campos, puxando os talos suavemente ou mascando o bolo alimentar sob a sombra das árvores, era estranha; as únicas vacas que vi estavam aglomeradas em barracões escuros.

Cem vacas em um barracão quadrado espiavam o lado de fora. Embora estivessem presas ali, elas tinham uma vista perfeita do pasto viçoso que estavam perdendo. Depois fiquei incrédulo ao ver veículos pesados entregando capim para uma unidade de processamento. Um trator amarelo colocava capim em uma máquina gigantesca, enquanto mais caminhões partiam com blocos compactados de capim. A maneira natural fora abandonada no que deveria ser um paraíso bovino, e os animais confinados eram alimentados com fardos prensados mecanicamente.

Quando chegamos perto da cidade de Mântua, uma placa na estrada indicava que estávamos no berço de uma das especialidades da região: o queijo Grana Padano, que é produzido em todo o Vale do Pó e considerado o mais importante da Itália. Criado pelos monges cistercienses da Abadia de Chiaravalle no século XII[3], ele é mais macio e menos quebradiço do que seu irmão curado, o Parmesão[4].

A produção do Grana Padano segue especificações rigorosas[5]. Somente vacas alimentadas com "forragens frescas dos prados", idealmente incluindo uma mistura de gramíneas de prado, alfafa e trevo, podem fornecer o leite para esse queijo. Certamente, pensei, essas vacas prefeririam viver ao ar livre desfrutando o ar puro e o sol...

O dr. Stefano Berni, diretor geral do consórcio do Grana Padano, acabou de vez com as minhas ilusões quando me disse que somente 30% das vacas pastam naturalmente, ao passo que as demais ficam confinadas em lugares cobertos. Quando perguntei se as especificações levam em conta os padrões do bem-estar animal, sua resposta foi seca: "Isso não entra nos cálculos". Eu fiquei chocado.

Ao investigar mais a fundo, descobri que o manejo "sem pastejo" – manter vacas permanentemente em lugares cobertos – é comum em toda a Itália. Conforme Kees de Roest escreveu em *The production of Parmigiano-Reggiano Cheese: The Force of an Artisanal System in an Industrialised World* (Reino Unido: Van Gorcum, 2000), "quase todas as fazendas leiteiras na Itália adotam o sistema sem pastejo"[6].

Então percebi que as regras do Grana Padano permitem que as vacas sejam alimentadas com ingredientes como cereais e soja, que deveriam alimentar sobretudo as pessoas[7]. As vacas são ruminantes com quatro estômagos e podem viver à base de gramíneas e outras ervagens. Com uma alimentação natural, elas transformam algo que as pessoas não podem comer – gramíneas – em leite ou carne. No entanto, conforme vi mundo afora, a agricultura intensiva distorce essa lógica simples. As vacas ficam trancadas comendo concentrados à base de grãos, assim gerando uma concorrência por comida entre vacas e pessoas.

Certo, agora eu sei que a maioria das vacas cujo leite é usado para fazer Grana Padano é mantida permanentemente em lugares fechados, mas o que dizer daquelas que são ordenhadas para o Parmesão? Para os conhecedores de bons queijos, o Parmesão autêntico – ou Parmigiano Reggiano para dar seu nome completo – é um dos melhores. Mas será que esse "rei dos queijos" é feito com o leite de vacas mantidas no pasto?

Como no caso do Grana Padano e de várias outras especialidades regionais, há regras rígidas para a manufatura do Parmesão, que tem *status* protegido[8]. Somente queijeiros das províncias de Parma, Reggio Emilia, partes de Bolonha, Módena e Mântua podem se qualificar. O mais famoso de todos os queijos "Grana" duros, o Parmesão é feito de leite cru de vacas que são alimentadas "principalmente com forragens, gramíneas e feno locais"[9]. Então, as vacas pastam ao ar livre pelo menos no verão? O dr. Marco Nocetti do Consorzio del Formaggio Parmigiano Reggiano, o consórcio que rege a manufatura do Parmesão, rebateu prontamente minha suposição. "A porcentagem de vacas que pastam livremente nos campos durante os meses do verão é bem baixa", disse ele.

O fato é que quase todas as vacas ordenhadas para o Parmesão ficam permanentemente em baias, onde recebem forragem. "Há poucas exceções – cerca de 1% das fazendas – e elas ficam principalmente nas montanhas ou nas colinas", disse Nocetti. Na Itália, a agricultura é quase que exclusivamente intensiva, e Nocetti atribui isso à falta de terras. "O território disponível para a agricultura é relativamente pequeno em comparação com o tamanho da população".

Os produtores de Parmesão, porém, dão grande importância à nutrição das vacas. Nocetti me falou sobre a regra de que "diariamente as vacas têm de ser alimentadas com uma porção maior de forragem do que de outros elementos. Isso é fundamental porque as vacas são ruminantes, e esse tipo de alimentação respeita a fisiologia da vaca e de seu rúmen".

Então, por que não as deixam pastar, ao invés de ceifar os campos e trazer as gramíneas para elas? Parece que a ordem simples da natureza foi perdida nesta parte de Itália. A maioria das vacas leiteiras do país[10] passa a vida confinada comendo o que lhe dão, ao invés de pastar nos campos viçosos do Vale do Pó. Assim como em outros lugares, os campos agrícolas geralmente produzem alimentos para as vacas, não para as pessoas. Cerca da metade das plantações de cereais da Itália é usada para alimentar animais criados intensivamente. Além disso, o país é um grande importador de soja, comprando mais de 3 milhões de toneladas por ano[11], sendo que uma boa parte desse total é usada para alimentar animais criados industrialmente.

Minhas conversas com os consórcios do Parmesão e do Grana Padano me incomodaram tanto que a filial italiana da Compassion in World Farming investigou seu sistema sem pastejo para as vacas. Nós descobrimos que, ao contrário da imagem publicitária de produtores artesanais que trabalham duramente, eles tratavam as vacas como máquinas leiteiras. Investigadores encontraram vacas com ossos salientes e, frequentemente, deitadas no próprio esterco sobre o piso de concreto e com feridas abertas sangrando[12]. Isso levou o consórcio do Parmesão a fazer uma avaliação sobre as fazendas de seus fornecedores e a introduzir medidas voluntárias, que incluíam apoio financeiro para melhorar o bem-estar animal. As medidas ficaram aquém do aceitável, pois eles sequer proibiram imobilizar as vacas nos estábulos ou asseguraram que elas poderiam ter acesso a pastos. E a resposta do consórcio do Grana Padano foi ainda menos convincente.

Não são apenas as vacas leiteiras que são afetadas na Itália; a maioria do gado de corte vive sem pastejo, geralmente passando a vida toda em cercados áridos até ser levada para o abate. Eu acho difícil entender por que essa linda zona rural é tão cruel com os animais de criação.

Uma vida inteira passada em um lugar fechado pode ser ruim para as vacas, mas como isso afeta outros moradores da zona rural como as lavercas? Eu entrei em contato com o escritório em Parma da principal organização de proteção às aves na Itália, a Lega Italiana Protezione Uccelli (LIPU), e estive com Patrizia Rossi, responsável pelas aves do campo. As paredes de seu escritório exibiam pinturas emolduradas de mapas zoológicos antigos. As prateleiras tinham pilhas de caixas de nidificação pintadas e alimentadores de pássaros.

Eu perguntei como as aves do campo estavam se alimentando no Vale do Pó. "A situação aqui provavelmente é a pior na Itália", disse Rossi. Espécies outrora comuns pareciam ter chegado ao fundo do poço no final do século XX, mas continuam declinando. Nos 15 anos até 2014, seus números caíram 18% em todo o país. Em áreas de agricultura intensiva, seus números caíram 40% no mesmo período. As lavercas têm sido especialmente atingidas e declinaram 45%.

As pastagens são aradas para dar lugar a cultivos intensivos, como de cereais. Além disso, as pastagens restantes costumam ser manejadas intensivamente, recebem fertilizantes e são cortadas frequentemente, de modo que as aves têm pouca oportunidade para criar seus filhotes.

Eu comecei a entender que os destinos das lavercas e das vacas da região eram entrelaçados. "Nós sabemos que as aves na Cordilheira dos Apeninos e no Sul estão se virando melhor", disse Rossi, "provavelmente porque a agricultura nesses lugares é menos intensiva".

Eu viajei bastante pelo Vale do Pó sem ver uma só laverca ou vaca nos campos, e agora sei por quê. Descobri que, nessa terra sem animais que outrora foi uma zona rural florescente, grande parte da vida desapareceu. E a rota para recuperá-la reside em devolver os animais para a terra.

PORCOS INVISÍVEIS

A cidade de Parma era cercada por campos de trigo, cevada e milho amadurecendo. Vestígios de edifícios rurais desmoronavam sob o sol, comprovando o longo legado agrícola da região.

Eu passei por uma placa na estrada anunciando que esta é uma "Cidade da Gastronomia da Unesco". A placa tinha a ilustração de um lombo de porco, representando o presunto de Parma pelo qual a região é famosa. No entanto, embora eu estivesse de olho para achar porcos nos campos, não vi nenhum.

Por fim, deparei-me com um edifício amarelo de tijolos tradicional na província de Mântua, o qual era uma fábrica que produzia presunto. O lugar estava fechado, então para ter uma ideia sobre as condições da criação dos porcos, eu precisei recorrer às descobertas de uma investigação sigilosa anterior feita pela Compassion in World Farming. Após visitar 11 fazendas na região em 2013, os investigadores voltaram com imagens de vídeo mostrando porcos vivendo em condições inaceitáveis e nem sequer palha para se deitar, o que infringia as regras europeias para o bem-estar animal. Foram filmados muitos porcos esquálidos e espremidos, sem espaço para escapar da própria urina e esterco. Todos os animais estavam com as caudas cortadas – muito provavelmente sem receber anestesia, embora as regras europeias proíbam essa mutilação[13].

Um dos investigadores fez um relato sobre as condições: "Jamais havia visto porcos tão privados de estimulação, e a única coisa que lhes resta para aplacar um pouco sua curiosidade natural é brincar com a própria urina e excrementos". Outros investigadores contaram que viram porcos encolhidos em cantos escuros, acossados por outros e tentando escapar da sujeira ao seu redor. Condições semelhantes foram documentadas por outras pessoas, inclusive pela jornalista Giulia Innocenzi, cujas descobertas sobre as condições de vida em fazendas certificadas para o presunto de Parma ganharam espaço no horário nobre da televisão italiana[14].

Naquela noite em Mântua, capital da província de Lombardia, os restaurantes serviam jantares nas ruas de pedra. Os garçons ralavam bastante queijo sobre os pratos de massa, antes de servir a próxima iguaria. Em meio às conversas e brindes, eu olhei para cima e vi presuntos pendurados ordenadamente nas vigas do restaurante, um símbolo de elegância, cultura e do que me parecia uma tradição questionável. Até que ponto o lugar do presunto de Parma no folclore gastronômico se deve ao fato de que a maioria dos porcos de criação da região é mantida fora das vistas e das mentes?

HÁ ALGO DIFERENTE NA ÁGUA?

Era como estar entre dois mundos diferentes. Um lado do rio Pó tinha gramíneas, salgueiros e flores silvestres; no outro havia uma planície baixa com cultivos cuja monotonia só era quebrada pelo volume destoante de um galpão se erguendo do piso do vale. Fui informado de que ali era uma fazenda com centenas de milhares de aves, talvez mantidas em gaiolas.

Eu não esperava ver isso no Delta do Pó, a principal área úmida da Itália e onde o rio encontra o mar Adriático. Aqui, eu descobri que a agricultura intensiva afeta não só as vacas leiteiras e lavercas da região: a qualidade da água potável também está sob ameaça.

Agraciado com água de degelo dos Alpes, o delta forma um vasto mosaico de áreas úmidas que, junto com a "cidade do Renascimento" de Ferrara por perto, entrou na lista de Patrimônios da Humanidade da Unesco[15]. O Parque Regional do Delta do Pó é uma profusão de áreas úmidas ladeadas por cerrado, matas, canaviais e dunas do Mediterrâneo. O guia local Danilo Trombin cresceu por aqui e conhece bem a paisagem. "Quando eu era pequeno", ele me disse, "meu avô me levava para caminhar ao longo do rio, pescar e olhar as árvores, as plantas e os animais. Eu cresci ao longo do rio e agora o rio está dentro de mim".

Eu perguntei a ele sobre a vida selvagem. "Todas as garças se reproduzem aqui", disse ele se referindo às garças-vermelhas, garças-reais europeias, papa-ratos, garças-pequenas-europeias, garças-brancas-grandes e garças-vaqueiras. E há colhereiros. "O rio está cada vez mais frequentado por guarda-rios". E há lavercas? "Há algumas nessa área, mas elas estão diminuindo devido ao ambiente de agricultura intensiva".

Durante a vida de Trombin, a zona rural ao longo do Pó mudou drasticamente e agora grande parte dela é usada para explorações industriais: os animais desapareceram da terra e monoculturas encharcadas de produtos químicos prevalecem.

"Essas monoculturas são como um deserto verde", disse ele com desalento. "O único tipo de vida aqui é o cultivado: a plantação. A margem do rio aqui é como a fronteira entre dois mundos". No entanto, conforme eu logo descobriria, um "mundo" estava começando a ter um efeito grande sobre o outro.

Devido à poluição causada pela agricultura e outras fontes, o frágil ecossistema do delta está diante de outra ameaça: a proliferação de algas nocivas. Na maioria dos anos, durante os meses quentes do verão, há uma maré verde com a proliferação de algas que pode ser letal para a vida aquática. Impulsionadas pelo escoamento de fertilizantes das fazendas, as algas se multiplicam em vastas quantidades e depois morrem. Enquanto enfraquecem, elas sugam o oxigênio da água, criando um lugar morto onde pouca coisa pode sobreviver. "Com menos oxigênio, muitos peixes e amêijoas morrem, e isso prejudica muito a economia local, que é baseada na pesca de amêijoas", explicou Trombin. Outra consequência desagradável das algas é o odor cáustico de enxofre. "Quando o vento muda de direção, os visitantes sentem uma lufada desse cheiro ruim".

As preocupações de Trombin são as mesmas do professor Pierluigi Viaroli da Universidade de Parma, que passou uma década estudando a "maré verde" do delta. De março a meados de maio, as lagunas nesse lugar renomado pela vida selvagem "ficam tomadas por grandes lençóis verdes, ou longos filamentos, que flutuam na água e crescem velozmente", Viaroli me disse.

O problema estava levando ao crescimento de uma "zona morta" ao longo da costa da região de Emilia-Romagna. Tipicamente encontradas no oceano, mas ocasionalmente em lagos e até em rios, zonas mortas são áreas aquáticas com oxigênio insuficiente para manter a vida marinha. A causa dessa hipóxia geralmente é um aumento dos nutrientes na água, que leva à proliferação de algas nocivas que sugam o oxigênio. O escoamento de nitrogênio e fósforo por parte da agricultura é o principal culpado, mas a rede de esgoto e as emissões industriais também contribuem.

O professor não tinha dúvida de onde vinha a maior parte da poluição no rio Pó: da "agricultura e da pecuária", mas também apontou outros fatores como vazamentos na rede de esgoto e o processamento de efluentes. Eu mencionei que havia estado no Golfo do México, onde uma zona morta do tamanho do País de Gales ceifa quase todas as formas de vida. "Nós estamos tendo uma situação semelhante em algumas lagunas e áreas costeiras no Norte do mar Adriático", comentou Viaroli.

Zonas mortas são os maiores desafios ambientais para áreas costeiras, e o mar Adriático é mais afetado do que qualquer outro lugar no Mediterrâneo. A falta de oxigênio afeta 4 mil quilômetros quadrados[16]. Cientistas estão estudando como os animais reagem à queda súbita de oxigênio. Conforme Michael Stachowitsch, da Universidade de Viena, explicou, "alguns tentam escapar e subir para uma camada aquífera mais alta, mas outros reduzem sua atividade ou apresentam comportamento totalmente anormal"[17]. Normalmente, isso gera mortalidades em massa.

No entanto, zonas mortas costeiras não são as únicas ameaças ambientais que afetam a região; a água potável está sendo contaminada por pesticidas químicos.

Pietro Paris trabalha para o Instituto Italiano para Proteção e Pesquisa Ambiental, que descobriu que a contaminação por pesticidas químicos está disseminada no Vale do Pó. Um levantamento em 1.035 lugares com água subterrânea e em 570 lugares com água superficial confirmou a contaminação por pesticidas em mais de 70% dos pontos com água superficial e em mais de 40% dos pontos com água subterrânea. Os pesticidas estavam acima do limite "seguro" legal em 32,6% das amostras de água superficial testadas e em 8,7% das amostras de água subterrânea.

A situação é "bem grave", disse Paris. Então perguntei qual era a causa. "É a carga alta de pesticidas por causa da agricultura intensiva", apontou ele, que também explicou que até onde os níveis de contaminação são considerados baixos, as substâncias envolvidas podem ser letais. Ainda mais preocupante é a descoberta de que pesticidas estão presentes em aquíferos subterrâneos profundos, onde podem ficar "preservados" por muito tempo. Isso significa que substâncias proibidas ou retiradas do mercado podem ser encontradas no meio ambiente décadas depois e se misturar com outras substâncias químicas em coquetéis potencialmente perigosos.

Paris calcula que, nos anos 1990, cerca de 1.000 pesticidas químicos foram licenciados para a agricultura na Europa, muitos dos quais agora estão proibidos. "Substâncias retiradas do mercado podem representar um problema devido à sua persistência no meio ambiente". A Atrazina, por exemplo, está proibida na Itália desde 1991[18], mas continua sendo um "grande poluente" na água subterrânea no Vale do Pó.

Essa situação lastimável não se limita à Itália. "Tudo isso também acontece em outros países que têm agricultura e pecuária intensiva. Nós sabemos, por exemplo, que a situação na França… é semelhante", observou Paris. Então, o que pode ser feito em relação a isso? Paris acredita que é preciso buscar maneiras para minimizar os efeitos dos pesticidas no meio ambiente.

Minha jornada pelo Vale do Pó demonstrou os danos que a agricultura industrial causa para uma zona rural, seus animais de criação e a vida selvagem, e eu descobri que a água potável também é afetada.

Eu estava interessado em ver se havia outro modo de lidar com as coisas e foi assim que acabei subindo aos trancos e barrancos as trilhas de montanha no Parque Nacional Gran Sasso. Eu estava em um Land Rover com um guarda florestal e um veterinário seguindo a rota do teleférico até a estrada no alto da montanha. Um pasto verde-claro coberto de flores silvestres roxas e amarelas se estendia diante de nós. Às vezes, o pasto dava lugar a filões desbotados de rochas nuas. Enquanto as sombras das nuvens flutuavam pela ravina como os créditos de um filme rolando em uma tela pitoresca, eu vi que essa área é a morada de lobos, víboras, javalis selvagens e aves como a luzidia gralha-de-bico-amarelo.

Nós passamos por dois barracões de madeira no alto da montanha que pareciam ter saído de um velho filme de *cowboy*. Na verdade, eles são restaurantes que oferecem especialidades locais aos numerosos visitantes desse parque tão agradável.

Nosso Land Rover foi sacudindo em direção a duas tendas brancas, e havia vários cães brancos e grandes aguardando do lado de fora. Essa era a estação de ordenha de ovelhas, e o leite obtido seria usado na produção de queijo *pecorino*. Eu desci do veículo e fiquei olhando as ovelhas saírem das tendas. Elas estavam sendo conduzidas por Giulio Petronio, de 58 anos de idade, que desde sempre trabalha nessa área e faz queijo Canestrato, um tipo de *pecorino*, com o leite produzido por seu rebanho de ovelhas nômades.

O parque abriga 70 mil ovelhas, que pertencem a uns 200 agricultores, e 8 mil cabeças de gado, principalmente de uma raça mais natural com duplo propósito. Pequenos campos de cevada são cercados por flores silvestres, papoulas vermelhas e ervilhaca roxa. O veterinário do parque, Umberto Dinicola, me falou sobre as vantagens de os animais pastarem: isso resulta em produtos de melhor qualidade, mantém a pradaria viva e aumenta a biodiversidade da área.

Eu vi um javali selvagem, com um topete moicano preto no dorso, trotando por um tapete de flores silvestres até desaparecer no cerrado. Ao meu redor, vacas cinzentas com chifres longos e sinos amamentavam seus bezerros. E no céu acima, pontinhos pretos faziam um som borbulhante: eram lavercas.

Na parte baixa do Vale do Pó, eu vi uma terra sem animais. Mas aqui eu pude ver – e ouvir – algo profundamente diferente: um vislumbre do que a zona rural poderia ser.

7
CRISE CLIMÁTICA

POR QUE PORCOS E URSOS POLARES NÃO SE MISTURAM

É inverno em Nova Zembla, um arquipélago russo no mar Ártico, e um depósito de lixo coberto de neve foi saqueado. Caixotes de madeira foram atirados de lado e papelão, latas e embalagens de plástico foram espalhados em busca de algo valioso. Qualquer um que se aproximasse era enxotado e as crianças estavam assustadas. "As pessoas estavam apavoradas, temiam sair de casa… e deixar seus filhos irem à escola", disse um administrador local. As autoridades nessa ilha remota, que é principalmente habitada por militares, declararam estado de emergência. Em décadas morando aqui, a população nunca vira algo assim: a ilha fora invadida por ursos polares[1].

Segundo relatos, 52 ursos polares estavam revirando o lixo em busca de comida. Ursos adultos e outros mais novos se empurravam querendo achar qualquer coisa comestível, entrando em contêineres de lixo e até em edifícios. Cercas foram montadas ao redor de escolas, em uma tentativa de conter os visitantes famintos. Patrulhas especiais tentavam enxotá-los.

Quando os ursos achavam algo para comer, uma massa de pelagens brancas espessas se formava. Esses animais, até então incapazes de partir para a ação, olhavam ao redor ansiosamente, com os focinhos escuros se crispando. Uma briga raivosa estourou no meio do bando, com um rugido abafado seguido pela junção de cabeças que competiam por restos de comida.

Tudo isso se deu em um território ilhéu mais conhecido como um campo de testes nucleares. Foi aqui que, nos anos 1960, a bomba de hidrogênio Tsar foi detonada pelos soviéticos, gerando a explosão nuclear mais potente de todos os tempos. Agora, essa ilha remota está testemunhando as consequências reais de algo igualmente dramático e bem mais abrangente: a mudança climática[2]. O gelo do mar Ártico está encolhendo 13% a cada década[3], dificultando que os ursos polares achem comida naturalmente. Geralmente, eles se alimentam com focas, morsas e carcaças de baleia[4], que propiciam refeições maiores do que restos de comida achados no lixo.

Comentando sobre a invasão dos ursos polares, a WWF da Rússia disse o seguinte: "Os encontros entre humanos e predadores no Ártico estão ficando mais frequentes. A causa principal é o declínio da área de gelo no mar devido à mudança climática. Sem a camada de gelo, os animais são obrigados a ir para a terra em busca de comida, e povoações com depósitos espontâneos de lixo são os lugares mais atrativos"[5].

Exemplos reais da aceleração da mudança climática estão cada vez mais atraindo a atenção daqueles nos cargos de poder, mas eles estão preparados para fazer o que é necessário para salvar o planeta?

O TEMPO ESTÁ SE ESGOTANDO

Em 2021, o secretário-geral da ONU resumiu as advertências científicas mais recentes do Painel Intergovernamental sobre Mudanças Climáticas (IPCC, na sigla em inglês) sobre a mudança climática como "um código vermelho para a humanidade". "Os sinais de alarme são ensurdecedores, e as evidências, irrefutáveis", disse António Guterres. Os efeitos impactam todas as regiões na Terra e põe bilhões de pessoas sob risco imediato, sendo que muitas mudanças são irreversíveis[6].

Enquanto o tempo continua escoando no que os cientistas sugeriram que pode ser a década final para evitar a catástrofe climática, as advertências oficiais têm ficado mais rígidas. Análises globais feitas por cientistas do IPCC descobriram que limitar o aquecimento global a 1,5 grau Celsius requer transições "rápidas e abrangentes", incluindo na energia, no transporte e na terra, sendo que esta última já está em falta para a agricultura. Um aumento de meio grau a mais pode significar seca, inundações, calor extremo e pobreza para centenas de milhões de pessoas[7].

Embora o elo entre aqueles ursos polares revirando lixo e a criação de porcos, galinhas e vacas para consumo humano possa não ser óbvio, ele será crucial para evitarmos os piores efeitos da mudança climática. Os alimentos são responsáveis por entre 21 e 37% das emissões globais de gases de efeito estufa[8]. Na agricultura, a produção de itens de origem animal é responsável por até 78% de todas as emissões[9]. O setor pecuário inclusive produz mais gases de efeito estufa do que as emissões diretas de todas as formas de transporte.

Um trabalho publicado na *Nature*, em 2018, apontou que, se as tendências atuais persistirem, as emissões de gases de efeito estufa provenientes da produção e consumo de alimentos aumentará 87% em meados deste século. A conclusão é que mais pessoas comendo mais carne oriunda da pecuária intensiva industrial contribuem para o aquecimento do planeta. Esses mesmos fatores também aumentarão em dois terços a demanda por terra agrícola e água, e o uso de fertilizantes em mais da metade[10].

Em muitas discussões sobre a mudança climática, as vacas são apontadas como um grande problema por causa do metano que emitem, mas o papel dos porcos e galinhas criados industrialmente é minimizado. Porcos e aves criados industrialmente talvez não emitam quantidades tão grandes de metano quanto os animais ruminantes, mas sua criação produz emissões nocivas. O dióxido de carbono é liberado por solos sob o manejo intensivo necessário para o plantio de seus alimentos. Além disso, porcos e aves criados intensivamente consomem soja proveniente da América do Sul, cujo desmatamento é uma grande fonte de emissões de carbono. Cientistas sugerem que até dois terços da terra arável globalmente são usados para alimentar porcos, galinhas e gado criados industrialmente, e para a produção de biocombustível para veículos[11].

Plantar alimentos para animais criados em fazendas industriais gera emissões substanciais de óxido nitroso por meio do uso de fertilizantes. O óxido nitroso é o gás de efeito estufa mais agressivo e 300 vezes mais potente do que o dióxido de carbono, e esgota a camada de ozônio[12].

Segundo cientistas, as emissões globais de óxido nitroso aumentaram 30% nos últimos 40 anos[13] – um período de grande crescimento da suinocultura e da avicultura industriais. Nos Estados Unidos, a agricultura é responsável por quase quatro quintos das emissões de óxido nitroso, com fertilizantes nitrogenados sendo a causa principal[14].

Líderes mundiais se reuniram em Paris em dezembro de 2015 para chegar a um acordo para limitar o aquecimento global a um aumento de dois graus na temperatura, que cientistas consideram o nível "seguro" máximo. Mas, mesmo nesse nível, cientistas já concluíram que um terço de todas as espécies de plantas e animais terrestres poderia ser extinto[15].

Há décadas, os ursos polares são icônicos em campanhas para deter a mudança climática, mas seus números estão em queda. Eles ficam no topo do mundo em camadas de gelo que estão encolhendo rapidamente e, à medida que a Terra ficar mais quente, não terão para onde ir. Atualmente, restam 26 mil ursos polares no mundo todo[16], mas cientistas calculam que até o final do século eles estarão extintos[17].

Por outro lado, os números de porcos e aves chegam a dezenas de bilhões e continuam aumentando. E, à medida que o fardo da terra agrícola necessária para alimentá-los se expande, as emissões de carbono na atmosfera também aumentam. Como as consequências do aquecimento global estão cada vez mais óbvias, cientistas normalmente impassíveis estão dando declarações cada vez mais alarmantes. Uma dessas avaliações prevê um futuro "bem mais perigoso" do que se crê atualmente: "A escala das ameaças à biosfera e a todas as suas formas de vida – incluindo a humanidade – é de fato tão grande que até especialistas bem-informados têm dificuldade para entendê-la"[18].

Com o relógio tiquetaqueando aceleradamente, os ursos polares são cada vez mais considerados um indicador do grau de bem-estar do nosso planeta. Ao resolver que tipo de futuro iremos moldar para os ursos polares, os porcos e as pessoas, a questão de como nossos alimentos são produzidos é decisiva.

DEIXANDO LINHAS NO CÉU

Ao romper do dia, um brilho alaranjado ilumina o caminho de uma mulher e seu filho voltando para seu vilarejo, carregando baldes d'água nas cabeças.

Um galo canta. Um homem está varrendo o quintal com uma vassoura improvisada à luz de uma lanterna de cabeça. A alvorada logo revelará uma planície plana e com poucas matas. Povoados pontuam a paisagem com trechos de terra avermelhada exposta. Montanhas baixas se destacam no horizonte. No vilarejo, crianças descalças dançam na poeira, enquanto as mães penduram as roupas lavadas nos varais. Um punhado de cabras vaga livremente e uma galinha preta e seus pintinhos ciscam o solo.

Assim que volta do poço com seu filhinho France, Anita Chitaya encara com seu marido Christopher o desafio de mais um dia. O cabelo de Anita está bem trançado nas costas e ela usa uma cruz com contas de rosário. Ela quer o melhor para seu filho e, se pudesse, o céu seria seu único limite. Mas ela também é realista. France sonha em ser piloto e está sempre de olho nos aviões que passam e deixam linhas no céu. Sua mãe explica que as linhas são gases que contribuem para a mudança climática. Certa vez, ele deu a seguinte resposta: "Sabe, mãe, não vou ser piloto aqui e sim em outro lugar, em uma terra que os aviões poluem". Ela teme pelo futuro dele por causa da mudança climática. "Mesmo o que eles fazem longe daqui nos afeta", diz ela.

"Aqui" é Bwabwa, no Norte do Malawi, um país sem saída para o mar no sudeste da África. Conhecido como o "coração afetuoso da África" devido à afabilidade de seu povo, o Malwi está entre os países menos desenvolvidos do mundo e seus 20 milhões de habitantes dependem principalmente da agricultura. Nos últimos tempos, o país foi atingido por um evento climático extremo: uma inundação recorde em 2015 afetou mais de um milhão de pessoas e as ameaçou com doenças[19], e, em 2016, uma seca severa foi seguida pela eclosão de uma praga que devorou as plantações[20]. Os temores em relação à mudança climática estão aumentando.

Anita e Christopher têm 4.000m^2 hectare de terra, onde cultivam mandioca, milho, favas, feijão guandu e abóboras. Eles combinam os cultivos para melhorar o solo. As favas fertilizam o solo e o milho proporciona alimento básico da família. A folhagem das abóboras dá sombra para o solo e elimina as ervas daninhas. Anita acha que as plantas atuam juntas. A mistura de cultivos garante que pelo menos alguns serão colhidos. As espigas de milho vão para a panela, e os talos alimentam os porcos.

Esther Lupafya, que é enfermeira na clínica local, fundou com Anita o grupo comunitário Soil, Food and Healthy Communities, para combater a fome na região por meio da agricultura familiar e promover a igualdade de gênero. As duas amigas trabalham juntas para ajudar a extrair uma abundância de alimentos do solo morto, porém sentem cada vez mais que o tempo está contra elas. O rio local, o Rukuru, passou a secar com mais frequência. Onde a água jorrava antigamente agora parece uma praia. As mães escavam em busca de água enquanto seus filhos brincam. Embora elas façam tudo que esteja ao seu alcance, as coisas estão piorando.

"Nós aprendemos que, apesar de nossos esforços, a mudança climática vai continuar piorando por causa do que está sendo feito em lugares como os Estados Unidos", disse Anita ao cineasta e acadêmico Raj Patel em seu documentário *As Formigas e o Gafanhoto* (*The Ants & the Grasshopper*. Direção: Raj Patel. Produção Bungalow Town Productions Kartemquin Films. Malawi: 2021). Patel organizou uma viagem para Anita e Esther aos Estados Unidos, para que pudessem contar sua história sobre como as ações por lá podem ter efeitos profundos sobre pessoas a milhares de quilômetros de distância. Elas iriam conversar com agricultores e líderes comunitários, a fim de descobrir, segundo as palavras de Anita, "por que os americanos não estão levando a mudança climática a sério". A visita aconteceu durante a gestão Trump, quando os Estados Unidos se retiraram do Acordo de Paris sobre o Clima.

Ao chegar aos Estados Unidos, as duas mulheres acharam uma terra verde e "bela". Em sua primeira parada, uma fazenda leiteira orgânica no Wisconsin, ficaram atônitas ao ver como tudo era grande: a fazenda de 283,2 hectares, os edifícios, os tratores. "É um mundo diferente", disse Jim Goodman, fazendeiro e presidente da National Family Farm Coalition, e Anita e Esther concordaram.

Quando lhe disseram que o trator havia custado US$ 160 mil, Anita riu de incredulidade. No Malawi seria preciso viver cinco vezes para bancar isso. Goodman fez questão de explicar que o custo desse equipamento também era algo comum em seu país. "A fim de gerir o máximo de terras possível, a maioria dos agricultores precisa desse equipamento grande e a única maneira de consegui-lo é pedindo empréstimos. E, em geral, eles estão resignados com o fato de que terão dívidas pelo resto da vida".

Quando Anita tocou no assunto da mudança climática, seu anfitrião atribuiu o problema a ciclos temporais. Os agricultores no Wisconsin não veem as calotas polares derretendo. Jordan Jamison, o braço-direito de Goodman na fazenda, deu sua opinião: "Não acho que isso seja um problema". Em outra fazenda familiar em Iowa, a reação ao assunto foi semelhante. "Para nós, isso não é um tema de conversa, pois achamos que tem mais a ver com uma agenda política", disse Tricia Jackson. "Isso não soa como uma coisa cotidiana na qual você pense quando está apenas tentando administrar sua fazenda."

Em outra fazenda, Anita conversou sobre o destino das plantações. "Todos os alimentos que vocês cultivam, a soja e o milho, são dados aos animais", ponderou ela com o fazendeiro Tyler Franzenburg. Ele ouviu calado e inclinou a cabeça. "Mas isso seria comida para nós em nosso país", insistiu Anita.

Franzenburg descreveu a mudança climática como um "assunto em voga", mas pareceu intimidado pela perspectiva de ter que fazer algo a esse respeito. "Como vamos conseguir que o mundo inteiro se engaje e tente fazer alguma coisa? Se mal conseguimos engajar nossa área local, dificilmente conseguiríamos essa façanha nos Estados Unidos, que dirá no resto do mundo". Anita olhou para ele com um misto de incredulidade e desespero. "Enquanto os ricos ficam debatendo sobre o que fazer, os pobres sofrem as consequências", disse ela.

A viagem foi cansativa, surpreendente e desanimadora na mesma medida. As luzes brilhantes dos Estados Unidos pareciam um sonho, mas Anita e Esther também viram a negação e a polarização entre ricos e pobres. Passando de carro por pessoas em situação de rua em Oakland, Califórnia, Anita notou que "os pobres geralmente se parecem com ela".

Quando chegaram a seu destino, em Washington, D.C., as duas mulheres esperavam encontrar autoridades do governo americano e explicar como os Estados Unidos estavam afetando o Malawi. Elas circularam pelos edifícios impressionantes que representam o centro de gravidade do país mais poderoso do mundo, mas ninguém lhes deu atenção. O senador Jeff Merkley, do Oregon, convidou-as para falarem com sua equipe e, embora não tenha as encontrado pessoalmente, 18 meses depois copatrocinou o Green New Deal, um pacote de medidas para mitigar a mudança climática e a desigualdade econômica.

Resumindo o tempo que passou nos Estados Unidos, Anita disse a Patel: "Esse país tem tudo e acha isso normal. Muitos ainda estão em estado de negação. Mas, como seres humanos, eles deveriam saber que nada dura para sempre. Quanto à mudança climática, muitos americanos não entendem bem o significado de que nós, no Malawi, vivemos no mesmo planeta que eles".

PRODUZIR SEM AGREDIR O CLIMA

Imponente no topo de um pinheiro diante de pastagens sem fim, o perfil régio de uma águia-de-cabeça-branca cruzou o céu. Seus olhos penetrantes inspecionavam o pasto onde havia gado e galinhas soltas. A névoa no início da manhã pairava acima do lago por perto como o vapor de uma chaleira com água fervendo. A águia se concentrou um pouco antes de se lançar, esticou as asas para frente e para trás e tomou impulso. Ela vagueou baixo no céu e seu reflexo apareceu nas águas límpidas e paradas. Uma visão perfeita. A ave em movimento agora era espelhada na água. Ela voou acima de uma casa de barcos ao lado da margem e o obturador da minha câmera clicou. Com o sol se erguendo, fiquei olhando enquanto a águia passava acima de mim antes de ir na direção de pastos distantes em busca de uma refeição.

Eu tinha vindo a uma fazenda que é tão icônica para mim quanto a águia-de-cabeça-branca: a White Oak Pastures, em Bluffton, Geórgia, que tem renome por seus esforços pioneiros para produzir alimentos sustentáveis. A fazenda foi um projeto de Will Harris, ex-pecuarista industrial que agora é um exemplo para o número crescente de agricultores nos Estados Unidos que veem a agricultura como uma solução para os desafios do mundo, incluindo para as mudanças climáticas.

Neste lugar o gado vagueia por pastos ricos ao lado de várias outras espécies. Para os colegas de Harris na agricultura, ele é um vira-casaca ou uma inspiração. Para os consumidores, ele está produzindo carne sem organismos geneticamente modificados proveniente de gado que pasta e não toma hormônios para crescer. E para os 100 habitantes de Bluffton, ele é o maior empregador, pois contratou 137 pessoas.

O solo arenoso não é bom para cultivos agrícolas, mas Harris não aplica pesticidas e fertilizantes químicos, não tirou o gado da terra nem o confinou em currais de engorda. Desde que Harris teve o momento de iluminação, o cultivo principal em Bluffton é de gramíneas. Quando cheguei diante do tribunal da cidade, essa figura notável me cumprimentou com um vigoroso aperto de mão. Com seu inseparável chapéu Stetson branco, Harris me colocou a par do que anda acontecendo nestas paragens. O tribunal agora era seu escritório, embora ainda tivesse todos os aparatos de praxe: a poltrona do juiz, o lugar para as testemunhas e uma bandeira americana no canto.

"Aquele edifício em ruínas ali perto das árvores era a cadeia", ele me disse. No escritório havia crânios de touros, carneiros e ovelhas Longhorn em mesinhas laterais e pendurados nas paredes. Olhei para um aquário e um aligátor minúsculo, com olhos amarelos saltados, me percebeu. "Eu resgatei esse rapazinho durante a seca no outono passado", disse Harris. "Assim que chover, vou soltá-lo". Sua mesa estava abarrotada de novos planos para a fazenda. Bluffton fica em um ponto remoto, mas se tornou uma grande atração para quem se interessa por alimentos sustentáveis.

Pecuarista da quarta geração da família, Harris trabalha na terra em que seu bisavô se fixou em 1866. Graduado em Agronomia na Geórgia em 1976, sua formação foi centrada na agricultura industrial. Seu pai era focado em extrair o máximo da terra por meio de monoculturas nos campos e mantendo o gado aglomerado, tratando-o com hormônios e antibióticos e alimentando-o com milho e soja. Os homens na família Harris eram machos alfa que seguiam a filosofia de "mais é melhor". Se as instruções nas embalagens de pesticida fossem para aplicar meio litro, eles aplicavam o dobro. Não havia comedimento.

Eles eram agropecuaristas industriais e bons nisso, então por que mudariam? "A natureza abomina a monocultura", Harris me disse enquanto explicava por que mudou sua mentalidade.

Nos anos 1990, Harris embarcou em uma jornada que o faria se tornar um dos pioneiros da agricultura regenerativa nos Estados Unidos. A intensificação havia cobrado seu preço sobre a vida selvagem, a água e o solo locais, então ele deu uma guinada radical na fazenda. "E agora, quanto mais me distancio da intensificação, mais eu gosto. Virou minha paixão".

Ao invés de ficar confinado, seu gado agora circula livremente em pastos amplos e se alimenta com gramíneas. Sua fazenda tem uma mistura alternada de 2 mil cabeças de gado, 1.200 ovelhas, 750 cabras, 1.000 porcos, 60 mil galinhas, 10 mil galinhas poedeiras e 1.000 perus. Como se isso não fosse suficiente, há também 1.500 patos, gansos e galinhas d'angola, 15 cães de guarda, nove cavalos e "inúmeros micróbios no solo".

Os animais se movimentam constantemente nos 1.011 hectares de pasto perene e floresta. Os rebanhos e bandos seguem o "modelo de rotação do Serenguéti", com ruminantes grandes seguidos por outros menores e depois por aves. Harris acha que isso imita os movimentos do gnu nas pastagens ecologicamente ricas da África e evoca as andanças dos bisões nas Grandes Planícies.

Aqui na White Oak Pastures, os rebanhos seguem "a lei da segunda mordida"; os animais são tirados de um lugar antes que possam dar a "segunda mordida" na mesma planta, o que permite que a terra descanse e a vegetação se recupere. O gado gosta de gramíneas longas, ao passo que as ovelhas e as galinhas preferem as mais curtas, e os insetos gostam de esterco. "A população de águias-de-cabeça--branca por aqui está enorme", Harris me disse e explicou que suas galinhas criadas no pasto são um alimento complementar para as cerca de 100 águias na área.

Harris acha que essa abordagem tem vantagens como o bem-estar animal, a restauração do solo e o combate à mudança climática. Deixar os animais na terra da maneira certa em uma rotação mista de culturas propicia as melhores condições para seu bem-estar. "Nós estamos tentando criar um sistema que deixe os animais manterem seu comportamento instintivo, pois isso é decisivo para o seu bem-estar", afirmou Harris.

Em relação à mudança climática, há duas medidas principais para evitar que ela piore: reduzir as emissões de gases de efeito estufa e remover dióxido de carbono da atmosfera. A FAO calcula que os solos do mundo poderiam capturar ou "sequestrar" 10% das emissões de origem humana[21], mas um estudo feito pelo Rodale Institute descobriu que um quinto das emissões de gases de efeito estufa de origem humana poderia ser compensado se metade das terras agrícolas do mundo adotassem a abordagem regenerativa[22]. A agricultura regenerativa reintegra os animais de criação de uma maneira que fertiliza o solo naturalmente e cuida dos micróbios e de outras formas de vida subterrâneas, o que ajuda a retirar carbono da atmosfera.

Outra iniciativa preciosa de Harris foi fundar a Regenerative Organic Alliance, cujo *slogan* é: "Plante e crie pensando que o mundo depende disso". Ao divulgar práticas orgânicas regenerativas mundo afora, a aliança acredita que é possível criar soluções de longo prazo para alguns dos maiores problemas da nossa época[23].

Vacas são um esteio na fazenda de Harris, embora tenham uma reputação negativa no debate sobre o clima, pois emitem metano. No entanto, nem toda carne é igual em termos climáticos, pois isso depende de como as vacas são mantidas. Na criação mais intensiva em confinamento constante, o gado nunca sai para pastar. Na criação "convencional", o gado pasta durante a maior parte de sua vida, mas passa seus últimos meses em confinamento. E há gado mantido no pasto pela vida inteira, como o de Harris.

Harris descobriu como produzir carne neutra em carbono de gado muito bem tratado, e o segredo é a abordagem regenerativa. Ele conseguiu o apoio da gigantesca multinacional alimentícia General Mills – por trás de marcas famosas como Cheerios, Nature Valley e sorvetes Häagen-Dazs – e chamou a Quantis para comparar a pegada de carbono da White Oak Pastures com aquela de carne oriunda de gado criado intensivamente. As descobertas foram bombásticas. Em comparação com a produção convencional de carne nos Estados Unidos, a pegada de carbono por quilo de carne da White Oak Pastures era 111% menor[24].

O sistema de Harris é eficaz para capturar carbono no solo e sua operação compensa 85% de todas as suas emissões. Embora ainda não se saiba com exatidão por quanto tempo o carbono permanece no solo, os resultados do estudo sugerem que a criação regenerativa de gado tem um "nítido efeito positivo sobre o clima"[25]. Essas descobertas coadunam as de outros cientistas de que as emissões de metano de gado pastando podem ser mais contrabalançadas pelo sequestro de carbono nas gramíneas e no solo em que ele pasta[26].

A agricultura regenerativa se baseia em maximizar a eficácia no uso dos recursos "grátis" – como capim e água – e em reduzir as emissões de gases de efeito estufa por hectare de terra. A melhor maneira de produzir carne saudável com o mínimo de recursos é usar pasto permanente ou manter os animais na rotação da pastagem de uma fazenda mista. Nessa segunda opção, os solos são poupados das demandas implacáveis dos cultivos aráveis, pois são transformados em terra para pasto por alguns anos.

Harris argumenta que um sistema regenerativo como o dele pode ser a única maneira de alimentar o mundo no longo prazo. "Eu atuei na agricultura industrial durante 40 anos e ainda mantenho relações com aquelas pessoas... Esse sistema [industrial] pode alimentar mais pessoas no curto prazo, mas daqui a algum tempo, tenho certeza de que o meu sistema alimentará mais pessoas".

A agricultura regenerativa, aliada a uma redução global no número de animais criados para consumo humano, promete um ganho ambiental para todos. Menos animais, porém criados de maneiras que restaurem nosso contrato com a terra e tragam águias-de-cabeça-branca e outros animais selvagens de volta, é a chave para a verdadeira sustentabilidade, e Will Harris é uma das pessoas que segura essa chave com firmeza em suas mãos.

REBELDE COM UMA CENOURA

Puxando um *trailer* repleto de legumes, um extravagante trator rosa-choque seguia para Londres, decidido a parar o trânsito. Com *banners* pendurados, movido a biodiesel e seguido por um comboio de agricultores rebeldes, essa comitiva iria para Westminster. Mas esse não era um levante contra os preços dos combustíveis, nem um pedido por mais subsídios ou por mais atenção à zona rural. Era a Inglaterra rural a caminho do centro da capital para engrossar os protestos da Extinction Rebellion (XR) contra as mudanças climáticas, parte de uma ação orquestrada de duas semanas em 60 cidades importantes no mundo todo, incluindo Paris, Nova York e Nova Déli.

O protesto parecia imparável, mas o trator rosa-choque teve uma pane. Então, outro carro de guerra, desta vez um trator verde, ficou na dianteira do comboio, que levou três dias para chegar a Londres. Embora não tenha conseguido ir ao Parlamento, o grupo foi para Chelsea, onde a polícia interveio. A mídia teve um dia de campo e usou e abusou da expressão "Chelsea tractor", anteriormente reservada a veículos 4 X 4 urbanos.

"Nós tínhamos bandeiras, caixotes grandes com legumes, tudo funcionou muito bem e foi brilhante", disse Dagan James, o homem por trás das engrenagens daquela marcha com o trator rosa-choque. Inspirados nos protestos anteriores da Extinction Rebellion e nas greves juvenis de Greta Thunberg a fim de persuadir governos a agirem diante da emergência climática, James percebeu que era preciso envolver os agricultores. Então, fundou o grupo XR Farmers, composto por criadores de ovelhas, produtores de legumes e verduras e outros agricultores, o qual descreveu como um "movimento de movimentos".

"A ciência é clara – o tempo está se esgotando", disse ele. E é verdade que, se não agirmos rapidamente, o aquecimento global pode transformar a Terra em uma estufa. Um aumento de dois graus faria 99% dos recifes de coral do mundo desaparecerem. A camada de gelo na Groenlândia derreteria por completo, fazendo os níveis dos mares subirem sete metros, e as águas invadirem cidadezinhas costeiras, cidades e campos de baixa altitude. Haveria também consequências graves para economias fortes, como as do Reino Unido e da Europa, tanto financeiramente quanto em relação à capacidade de produzir alimentos[27].

Até que ponto os alimentos são um fator que contribui para o problema? Bem, cientistas calculam que se nós continuarmos como estamos, os alimentos serão responsáveis por mais da metade das emissões que levariam a um aumento de dois graus no aquecimento global[28], com a maioria delas provenientes da criação de animais[29]. Conversando com James, tive a impressão de que cada vez mais os agricultores estavam vendo a agricultura não só como parte do problema climático, mas como parte de corrigir as coisas. "Aqui não estamos de forma alguma culpando determinados agricultores", ele me disse. "Obviamente há problemas com a agricultura, mas é preciso haver uma mudança no sistema para que a agricultura se adapte, reaja e se torne parte da solução".

Na visão dele, cuidar do solo e reconectar os animais de criação com ele compõem uma parte grande da solução. Como defensor da agricultura regenerativa, eu podia sentir sua frustração com os danos causados ao meio ambiente: ele se referiu ao "pavoroso desgoverno do sistema que mantém nossa vida".

Ao liderar agricultores em protestos contra a mudança climática, James foi um bravo transgressor, mas eu não esperava que falasse tão claramente sobre o papel da alimentação. Ele acha que é preciso mudar o que comemos: "Muito menos carne. Menos produtos de origem animal… É preciso termos mais respeito por eles e comê-los menos".

A maioria dos produtos de origem animal emite muito mais gases de efeito estufa por unidade de proteína do que produtos como grãos, verduras e legumes[30]. Um estudo recente da ONG Chatham House aponta que é improvável que o aumento da temperatura global fique abaixo de dois graus Celsius se nós não reduzirmos o consumo de carne e de derivados do leite[31]. E um relatório de 2020 da FAO, que passa longe do radicalismo, concluiu que produtos de origem animal são responsáveis por mais de três quartos das emissões de gases de efeito estufa relacionadas aos alimentos. Adotar dietas que variam de comer menos carne – o chamado flexitarianismo – ao veganismo diminuiria entre 41 e 74% os custos decorrentes das emissões relacionadas aos alimentos[32].

Além da necessidade de reduzir o consumo geral de carne, James argumenta que precisamos nos lembrar do que significa obter carne: matar animais sencientes. Ele me convidou para ir à sua fazenda, a Broughton Water Buffalo em Hampshire, e ver seus búfalos-d'água criados no pasto e *aquele* famoso trator rosa-choque desempenhando suas funções habituais. Quando nos aproximamos, cerca de 100 búfalos-d'água ficaram curiosos e se agruparam na linha da cerca. Eles tinham cabeças volumosas emolduradas por chifres redondos, olhos carinhosos parecidos com os de cachorros e um olhar quase questionador. E nos examinaram bem de perto, enquanto bufavam discretamente.

"Eu realmente não gosto de matá-los", confessou James. "Em última instância, podemos não ter animais de criação e provavelmente deixaremos de comer carne. Mas eu diria que, nessa fase de adaptação a uma transição massiva, acho que ainda há lugar para o gado".

Por ora, ele vê os animais como parte da solução; em número menor, porém integrados na agricultura rotativa mista. "Uma medida-chave nisso é soltar os animais nos campos para participarem das rotações em sistemas agrícolas aráveis. Ao fazer isso, você produz um produto saudável derivado de gado que pasta e gera outros benefícios: biodiversidade, matéria orgânica no solo, saúde do solo, ciclo de nutrientes… e geração de empregos", explicou ele.

E qual será a jogada final? "Um modelo de agricultura totalmente regenerativa no mundo inteiro."

A NATUREZA DA ESPERANÇA

O tempo que passei com Dagan James, Will Harris e outros pioneiros me fez pensar sobre a esperança e como ela precisa estar atrelada a ações concretas, caso contrário não passa de esperança falsa.

Meus pensamentos foram instigados quando eu estava no painel *Question Time*, na British Birdfair, onde um jornalista perguntou: "Quando se trata da mudança climática, há evidências que deem motivos reais para termos esperança?". Eu estava em ótima companhia, pois os outros participantes no painel eram Chris Packham, Deborah Meaden, o presidente da Natural England Tony Juniper, a autora e pioneira de assilvestramento Isabella Tree, e Carrie Symonds, mulher do primeiro-ministro Boris Johnson. Enquanto discutíamos o assunto, o ponto principal que emergiu foi a necessidade de haver esperança e positividade para as pessoas ficarem motivadas a fazer algo para deter a mudança climática.

Mas os esforços atuais para combater a mudança climática dão poucos motivos para ter otimismo. Portanto, muito mais precisa ser feito e resta pouco tempo.

Isso me fez pensar: a esperança vem da crença de que as coisas podem e irão mudar para melhor, mas realmente é a esperança que muda as coisas ou a grande força propulsora da mudança é a raiva?

Afinal de contas, em muitos casos, as batalhas por mudanças sociais, como agir contra o caos climático ou a crueldade com os animais, não são motivadas pela esperança, mas pela indignação, a sensação de frustração e injustiça. No meu caso, por exemplo, eu me envolvi na causa da proteção dos animais não por esperança de que as coisas iriam melhorar, mas por sentir raiva de como a indústria da carne os maltrata em fazendas industrializadas, durante o transporte por longas distâncias e no abatedouro. Eu passava noites em claro só pensando nas desventuras dos animais. E tinha um sentimento ardente de que as coisas estavam erradas e queria contribuir para que elas melhorassem.

Minha esperança brotou quando achei maneiras de me envolver e fazer minha voz ser ouvida. Entrei em um grupo local de proteção dos animais, me envolvi com organizações como a Compassion in World Farming e comecei a ler mais sobre o assunto. Eu via os livros como armas – e me munia com os fatos e saía lutando pela mudança. Além da causa do bem-estar animal, na minha adolescência eu também era ativista pela paz global, contra a poluição e em prol da greve dos mineradores.

Eu não queria ser tratado com indulgência e ouvir histórias tolas de que as coisas não eram tão ruins quanto pareciam. Eu queria realismo e honestidade, mas, acima de tudo, queria ajudar a produzir mudanças. E me senti esperançoso ao ver que não era a única pessoa que se sentia assim, que não estava sozinho querendo que os problemas fossem enfrentados, ao invés de ser varridos para baixo do tapete.

Portanto, para mim, a esperança começa com a crença de que algo deve e *irá* mudar, que se *eles* não agirem para mudar as coisas erradas, *nós* agiremos e nunca aceitaremos um "não" como resposta.

Conforme disse Greta Thunberg, a ativista adolescente em prol do clima, no palco de um TED Talk, "nós precisamos de esperança, é claro que sim. Mas precisamos mais ainda é de ação. Quando começamos a agir, a esperança brota em todos os lugares. Então, ao invés de procurar esperança, procurem agir. Só a partir daí é que a esperança virá"[33].

Em um mundo no qual restam poucos anos para resolvermos a mudança climática, no qual certos alimentos estão ameaçados pelo declínio dos insetos polinizadores, no qual os estoques de peixes selvagens poderão acabar no prazo de uma geração e no qual nossos solos poderão desaparecer em poucas décadas, só ter esperança não basta. Como a Extinction Rebellion diria, isso não é um exercício.

    A esperança sem a perspectiva de ação é falsa, o que obviamente nos daria muita raiva. Na minha opinião, a esperança mais significativa vem das pessoas que agem para valer para mudar as coisas. E aprendi que nós podemos agir três vezes por dia, nas refeições que comemos. Optar por comer mais plantas e menos carne, leite e ovos, porém melhores, promove uma alimentação mais saudável, reduz a crueldade com os animais e ajuda a deter os piores excessos da mudança climática. Dessa maneira, nós acalentamos uma esperança fincada no realismo e em um senso tangível de progresso.

8

OS INSETOS IRÃO NOS SALVAR?

TRAZENDO 1 MILHÃO DE ABELHAS DE VOLTA

No início do verão, uma abelha zumbia ao redor de uma porca escura que estava chafurdando em seu bebedouro. Deitada na água fresca, ela estava de olho nos movimentos da abelha. Ao me ver, ela se ergueu e se sacudiu, espirrando água em todas as direções. Aí, com indiferença, saiu dali. Meu olhar se voltou para a faixa ampla de flores coloridas que se estendia ao lado dos arcos ao ar livre. Pencas de flores de facélia com talos altos atraíam abelhões de passagem. Carregados de pólen, os insetos peludos voavam compenetrados de flor em flor, emitindo um zumbido de empolgação.

Vinte anos atrás, a família Hayward se destacava criando porcos ao ar livre e estava investindo em sua marca Dingley Dell Pork, que hoje tem êxito internacional. Naquela época, Mark usava um rabo de cavalo preto e eu tinha um corte no estilo *mullet*. Agora, nós dois temos cabelos grisalhos curtos condizentes com nossa maturidade. Há um século a família de Mark tem essa fazenda perto de Woodbridge, em Suffolk. Ela era uma fazenda "supermesclada", com gado de corte e leiteiro, assim como porcos.

Quando estive lá, há duas décadas, vi uma rola-comum voando acima dos chiqueiros. Desde então elas têm tido declínios graves em todo o país, mas aqui na Ashmoor Hall Farm ainda há dois pares de rolas-comuns. Há também corujas-das-torres, outra espécie de ave de campo outrora comum e agora mais rara no Reino Unido.

Vinte anos depois, não foram os porcos que me trouxeram de volta a essa fazenda pioneira de suinocultura em Suffolk, e sim planos para salvar insetos polinizadores sob risco de extinção.

Os irmãos Mark e Paul tiveram a ideia de trazer 1 milhão de abelhas de volta. Eles mensuraram, testaram e descobriram como fazer isso de maneira progressiva. E agora estavam ansiosos para compartilhar sua ideia. O plano envolvia cultivar plantas com flor para as abelhas como parte de um sistema rotativo misto, com cultivos e animais se movimentando em sequência pela fazenda. Trechos grandes de plantas ricas em néctar seguem os porcos dos Haywards, que então são seguidos por milho, aveia, trigo, cevada e colza oleaginosa.

As flores espinhosas da facélia azul são as favoritas das abelhas. Uma contagem das abelhas em Ashmoor Hall revelou que um metro quadrado de facélia manteria até 12 abelhas. Então eles plantaram 338 mil metros quadrados de flores – o equivalente a 83 campos de futebol – em blocos pela fazenda, o suficiente para atrair mais de 1 milhão de abelhas. Outras plantas por lá são sanfeno, serradela, trevo-híbrido, malva-almiscarada e ervilhaca.

"Por que alguém iria querer criar porcos intensivamente se é possível fazer desse outro jeito?", questionou Paul. Uma porca ficou me encarando em seu compartimento forrado de palha, com as orelhas crispadas e a cauda sacudindo. Seus leitões se divertiam correndo atrás uns dos outros. Alguns eram amarelos avermelhados claros com manchas pretas e outros tinham um tom mais rosado. Sua curiosidade intensa era evidente. Eles paravam um pouco e encaravam atentamente; aí davam um grunhido e saíam correndo como cachorrinhos, com as orelhas meneando em uníssono enquanto iam e vinham. Todos eles eram certificados pela RSPCA Assured e criados e mantidos ao ar livre.

Mark e Paul queriam desenvolver a fazenda e achavam que a criação de porcos ao ar livre tinha que ser mais ecológica. Com 900 porcas reprodutoras produzindo 22 mil suínos de engorda por ano, eles começaram a procurar maneiras para manter a terra saudável. Agora, quando os porcos são alternados pela fazenda, a terra descansa para evitar parasitas e doenças. E semeá-la com facélia e ervilhaca ajuda a manter o nitrogênio no solo, o que reduz a poluição.

"Nós pensamos que, ao invés de plantar gramíneas, seria melhor plantar algo que alimente as coisas", Paul me disse. "Nós poderíamos estar alimentando muitas abelhas, insetos e borboletas com a terra, ao invés de só ter azevém que firma o solo, mas, na verdade, não alimenta nada. Pequenas mudanças mostram que podemos fazer muito mais".

"E se focar nas abelhas, você também alimenta os outros insetos", acrescentou Mark.

Quarenta por cento das espécies de insetos estão sob risco de extinção. As abelhas são essenciais para a polinização de um terço de todos os nossos alimentos e de três quartos de todos os cultivos no mundo inteiro, mas estão com dificuldades para sobreviver. Por uma perspectiva econômica, um valor entre US$ 235 bilhões e US$ 577 bilhões da produção global de alimentos por ano depende da contribuição dos polinizadores[1].

O que os Haywards têm feito em Suffolk pode ser um modelo para salvar as abelhas em outros lugares. Eu perguntei a Paul que conselho ele daria para outros agricultores. "Sejam um pouco menos ordeiros… Deem uma chance para a natureza", disse ele. "Para ajudar um pouco mais a natureza, naqueles recantos nos campos que não servem para plantações, coloquem abelhas e uma mistura para as aves selvagens se alimentarem no inverno. Deixem suas cercas ficarem um pouco maiores e ponham uma margem".

Os Haywards deixam 15% de sua fazenda para a natureza, mas me contaram que, até hoje, seus vizinhos continuam cultivando intensivamente, podando as cercas e não deixando espaço para flores silvestres que poderiam ser uma tábua de salvação para as abelhas, as borboletas e as aves.

Para os Haywards, tocar uma fazenda envolve garantir o sustento hoje e investir algo para o amanhã. Mas uma abordagem mais ecológica realmente vale a pena? Paul está confiante que sim. "Isso realmente é bem simples: compre um trator um pouco menor. Reduza os gastos que puder, para poder ter tanto lucro em uma área menor quanto teria em uma área um pouco maior, porém com despesas gerais mais altas".

Quanto ao futuro, eles acreditam que a produção de carne tem de se alinhar com a sustentabilidade. "Eu gostaria que toda a indústria agropecuária percebesse que ela é a solução para a vida selvagem neste país. E com algumas maneiras mais sagazes de financiar projetos em prol da vida selvagem em todas as fazendas neste país, nós poderíamos ter resultados fabulosos", disse Paul.

Paul e Mark têm três filhos cada um e esperam que eles assumam a fazenda futuramente. Para Paul, o projeto gira em torno do futuro deles. "É isso que eu quero que meus netos vejam... que eles possam andar por um prado, ouvir as aves e ver as libélulas, a diversidade das plantas e dos animais... Quero que eles tenham o que eu tive".

CRIANDO INSETOS

Diante dos *flashes* das câmeras, o rei Willem-Alexander da Holanda entrou pomposamente em uma nova fábrica na cidade de Bergen Op Zoom. Após colocar um avental e luvas azuis, ele enfiou as mãos em legumes podres pululando de larvas. Atrás de um janelão de vidro matizado, pontinhos pretos com antenas agitadas se agarravam na superfície iluminada. Eram moscas-soldado-negro. Na natureza, suas larvas têm um papel fundamental na decomposição de matéria orgânica morta e na devolução de nutrientes para o solo. As moscas faziam parte de uma demonstração do que alguns veem como o alimento do futuro para humanos e animais: os insetos.

O rei holandês compareceu à abertura solene de uma das maiores fazendas de insetos do mundo. A empresa por trás da operação, a Protix, fez questão de assegurar aos jornalistas que não havia risco de o rei se machucar. "Ele foi destemido", disse o CEO Kees Aarts à Reuters. Aarts disse ainda como "o crescimento dos insetos transmitia uma bela sensação de energia"[2].

O negócio de produzir insetos estava dando o que falar em meio a afirmações de que, se todos não se tornarem veganos, comer insetos é a única maneira de salvar o planeta. Os insetos, porém, já fazem parte da alimentação de 2 bilhões de pessoas, especialmente em regiões tropicais com níveis altos de biodiversidade[3]. Besouros, borboletas, mariposas, grilos, gafanhotos, vespas e formigas estão entre os insetos mais consumidos[4], sendo que a maioria deles é capturada na natureza[5] e depois preparada no vapor, assada, defumada, frita ou cozida.

Muitos ocidentais repudiam a ideia de comer insetos. Na Grã-Bretanha, larvas são usadas como iscas de pesca e larvas de farinha desidratadas e congeladas são dadas para aves em jardins. Poucas pessoas as consideram comida. Mas, a fim de driblar as sensibilidades ocidentais, insetos criados industrialmente são vendidos em pó ou em forma de farinha[6]. Hambúrgueres feitos com vermes de búfalo e soja orgânica estão à venda em restaurantes e supermercados de Bruxelas. Baris Özel, diretor geral da Bugfoundation, a empresa por trás da inovação, disse o seguinte ao *FoodNavigator*: "Nós queremos mudar os hábitos alimentares de um continente inteiro de um modo sustentável"[7].

A ideia de comer insetos se alastrou, assim como sua criação industrial. Na América do Norte e na Europa, os insetos são criados sob condições controladas e depois abatidos por congelamento ou retalhamento[8]. Então são desidratados, congelados, embalados (ou pulverizados) e comidos assim ou usados no preparo de hambúrgueres, salgadinhos, produtos assados ou em barrinhas de cereais.

EFICIENTES?

Sem dúvida, a criação intensiva de insetos demanda menos recursos do que criar animais tradicionais, o que denota o quanto o gado bovino, as galinhas e os porcos são ineficazes para converter grãos em proteína animal. No entanto, insetos criados intensivamente em escala industrial geralmente também são alimentados com cereais e soja. Quando cientistas examinaram a monta de alimentos necessária para grilos de criação e a compararam com o que é necessário para carpas, galinhas, porcos e bois, o "índice de conversão alimentar" (o consumo de alimentos de um animal por determinado período, dividido por seu ganho de peso no mesmo período) dos insetos se mostrou marginalmente melhor do que o das carpas, duas vezes mais eficiente do que o das galinhas e quase 20 vezes melhor do que o dos bois[9]. Mas é importante notar que grilos e outros insetos alimentados com cultivos não são um "almoço grátis"; é bem melhor usar terras agrícolas para alimentar diretamente as pessoas do que para alimentar insetos criados industrialmente.

Moscas-soldado-negro e baratas argentinas estão entre as espécies de insetos mais eficientes, com proporções de conversão alimentar entre 1,4 e 2,7 para 1, porém elas consomem mais alimentos do que os produzem[10]. Portanto, investir na criação de insetos resulta na mesma velha história – um sistema que usa mais alimentos do que de fato os produz. Além disso, o consumo de insetos desperta preocupações, pois comprovadamente eles acumulam pesticidas químicos, metais pesados, patógenos e alérgenos perigosos[11].

POR QUÊ?

Isso suscita a pergunta: qual é a utilidade de criar insetos? Pessoas com interesse nisso afirmam que os insetos podem ajudar a alimentar uma população crescente, um argumento baseado na falsa premissa de que é impossível plantar alimentos suficientes para uma população global projetada em 10 bilhões. Na verdade, nós já produzimos o suficiente para alimentar o dobro da população humana atual. E essa ilusão de "insuficiência" se deve ao desperdício de alimentos e à quantidade astronômica de cereais e soja dada a animais de criação, sejam galinhas, vacas ou grilos.

A pecuária industrial é perdulária e ineficaz, mas a produção de insetos em grande escala também é. A justificativa para a criação industrial de insetos se torna ainda mais implausível quando o propósito é alimentar animais de criação. Cultivos excelentes são dados a insetos, que então alimentam porcos, galinhas e peixes. Phil Brooke, gestor de bem-estar animal e educação na Compassion in World Farming, inclusive escreveu o seguinte: "Insetos criados industrialmente para alimentar porcos e aves criados em escala industrial... gerariam sofrimento em uma escala massiva para os porcos e as galinhas e, potencialmente, em uma escala astronômica para os insetos. Tudo isso para desperdiçar grãos que deveriam alimentar as pessoas famintas"[12].

DEFENSIVOS QUÍMICOS

A produção industrial de animais – sejam insetos ou outros – depende da produção industrial de cereais, o que geralmente implica pulverizar inseticidas na zona rural. Então, para produzir um determinado tipo de inseto, nós eliminamos outros, empobrecendo o ecossistema e deixando as aves canoras e outros seres famintos, pois se alimentam com insetos selvagens. A ironia é que, para nos alimentar com insetos, também entramos em guerra contra eles na zona rural. A pulverização de defensivos químicos mata comunidades de insetos indiscriminadamente e em geral por vários anos, solapando a sustentabilidade dos nossos alimentos.

No entanto, cientistas estão mostrando cada vez mais que reduzir ou eliminar o uso de pesticidas é a medida correta para o amanhã e que isso não limita a produção atual de alimentos. Um estudo francês recente descobriu que o uso menor de pesticidas não era necessariamente uma barreira para altos rendimentos e lucratividade[13].

BEM-ESTAR

É importante questionar se criar insetos é ético pela perspectiva do bem-estar animal, e um ponto óbvio é que geralmente eles gostam de condições que nós detestamos. Eu me lembro de uma colega me contando sobre o cheiro horrível de uma fazenda de larvas que ela visitou. "Mas as condições eram perfeitas para as larvas". Isso me fez pensar que, ao considerar o bem-estar dos insetos, é fundamental mantê-los permitindo seus comportamentos naturais, por mais repulsivos que nos pareçam.

Embora o conhecimento científico sobre o funcionamento interno dos insetos seja limitado, há evidências de que eles têm capacidade de sofrer, pois são dotados de receptores que detectam calor e ferimentos. As abelhas melíferas comprovadamente têm capacidade para sentir otimismo e pessimismo. As formigas ensinam umas às outras aonde ir para achar alimentos, sendo que as professoras têm menos paciência com alunas lerdas. Quando se machucam durante ataques em colônias de cupins, as formigas Matabele são carregadas para o formigueiro e suas feridas são tratadas para evitar infecções. Mas o comportamento mais intrigante das formigas é sua reação ao "teste do espelho". Se um ponto azul for pintado na cabeça de uma formiga, ela o vê em um espelho e tenta apagá-lo. Cientistas dizem que essa reação prova que as formigas conseguem se ver e se reconhecer[14]. Ou seja, é mais uma evidência de que os insetos devem ser tratados com compaixão.

A ZONA RURAL

O *agrogedom* rural iminente está levando ao que alguns descrevem como o "insetagedom". À medida que a agropecuária se intensifica, o sistema ecológico que mantém a humanidade viva está sendo reduzido a uma pálida sombra do que era, existindo em um ambiente tóxico onde nem as reservas naturais podem ajudar. Cientistas na Alemanha descobriram que a biomassa de insetos nas reservas ambientais do país diminuiu mais de três quartos em apenas 27 anos[15], sendo a intensificação agrícola a causa mais provável.

Uma equipe internacional de cientistas relatou que até meio milhão de espécies de insetos foram extintas nos últimos tempos, e mais meio milhão pode ter o mesmo destino nas próximas décadas. Eles atribuem a culpa à perda de *habitats*, ao uso de substâncias perigosas nos cultivos, à mudança climática e à disseminação de espécies invasivas[16]. Alguns cientistas acreditam que o declínio iminente poderá causar a extinção de 40% das espécies de insetos do mundo[17].

FAZENDO AS PAZES

Sem insetos, o mundo seria um lugar bem diferente. Na zona rural, eles são essenciais para a polinização e a decomposição de matéria orgânica no solo, e alimentam a teia da vida da qual todos nós dependemos. Sem abelhas, as prateleiras dos supermercados seriam bem diferentes. Não haveria tomates, pimentas, abobrinhas, mirtilos, framboesas, feijões nem pepinos – a lista não tem fim.

Em relação à sustentabilidade, a questão-chave é se a intensificação nos leva a desperdiçar cultivos para alimentar os insetos ou a criar insetos para alimentar os animais. Na minha análise, é difícil justificar a criação de insetos em grande escala. Se nós estivermos buscando meios eficientes de produzir proteínas, que tal carne cultivada ou plantas? E quanto à ética, é difícil saber o quanto as pessoas diretamente interessadas refletiram sobre o bem-estar dos insetos.

Fazer as pazes com os insetos é um pré-requisito para um futuro sustentável. Nós devemos usar insetos benéficos para combater aqueles que são considerados "pragas", e usar os segredos do ecossistema para manter as coisas em equilíbrio. Há um reconhecimento crescente de que a agropecuária tem de mudar, e um número crescente de produtores rurais já está abrindo espaço para os insetos entre suas colheitas. Eu acho que seus esforços, não a fazenda de insetos mais recente, é que deveriam estar recebendo bastante atenção, pois são eles que estão assegurando uma zona rural com insetos que poderá produzir bem melhor alimentos dignos de um rei.

9

QUANDO OS OCEANOS SECAREM

CRIAÇÃO DE POLVOS – ENCONTRANDO O "ALIENÍGENA INTELIGENTE"

Olhos protuberantes espreitavam de uma massa de carne trêmula, enquanto a criatura rosada estendia os tentáculos guarnecidos com ventosas em volta de um cordão balançando no fundo de um tanque vazio. Outro polvo se pendurava nas laterais de uma piscininha de plástico azul. As condições nessa fazenda-modelo eram mais parecidas com as de um laboratório. Enquanto o filme promocional continuava, a narradora se maravilhava por segurar no colo a cabeça de um polvo como se fosse um bebê. "Vejam essa criatura", disse ela em tom convidativo. "Você é surpreendente"[1].

Segundo o filósofo da ciência e mergulhador Peter Godfrey-Smith, o polvo é "o que há de mais parecido com uma inteligência extraterrestre que podemos encontrar na Terra". Em seu livro *Outras Mentes* (São Paulo: Todavia; 2019), ele os descreve como "uma ilha de complexidade mental no mar dos animais invertebrados". O cérebro de um polvo comum tem 500 milhões de neurônios, o que o torna tão inteligente quanto um cachorro ou uma criança de três anos. Mas, ao contrário dos animais vertebrados, os neurônios do polvo se distribuem pelo corpo inteiro. Esses seres surpreendentes são "repletos de nervosidades" – incluindo nos tentáculos, que atuam como "agentes autônomos" que captam o sabor de tudo que tocam e várias outras informações sensoriais. Segundo Godfrey-Smith, a divisão usual entre corpo e cérebro não se aplica a eles[2].

Seja qual for a medida, os polvos são verdadeiramente notáveis: eles têm oito tentáculos, três corações e sangue azul-esverdeado. Mestres da camuflagem, sua pele é incrustada de células que têm sensibilidade à luz, o que lhes confere um arsenal de truques para enganar os inimigos. Eles imitam as cores e texturas em seu entorno, então podem se aproximar invisíveis do que quiserem. Eles conseguem escapar velozmente se arremetendo para frente com propulsão a jato. E podem jogar tinta para se esconder e confundir os sentidos de um predador. E se perderem um tentáculo, outro nasce em seu lugar[3].

Conforme a famosa etologista Jane Goodall observa, os polvos são "altamente inteligentes" e capazes de fazer coisas extraordinárias. Polvos selvagens foram vistos carregando cascas de coco com dois tentáculos e andando no piso do oceano com os outros seis, então "largaram metade da casca e se enfiaram nela, pois seus corpos são muito flexíveis e cabem em espaços minúsculos. Depois se esticaram e puseram a outra metade sobre eles. Eles fizeram uma casa!"[4].

SOLUCIONADORES DE PROBLEMAS

Membros da família cefalópode dos invertebrados, os polvos são curiosos, exploradores, solucionadores de problemas e têm memórias duradouras. Um estudo descobriu que eles se lembravam de como abrir um jarro com tampa rosqueada por pelo menos cinco meses[5]. Eles também demonstram engenhosidade – espirrando água em pesquisadores que não caem em suas graças. Um polvo mantido em aquário ficou renomado quando a equipe notou que os peixes de um tanque ao lado sumiram da noite para o dia. O circuito fechado de câmeras no local revelou que o polvo levantava a tampa do seu tanque, se esgueirava para pegar os peixes, rastejava de volta para o tanque e relocava a tampa como se nada tivesse acontecido[6].

Há dois milênios os polvos são pescados nos oceanos[7], mas nas últimas décadas os números apanhados quase dobraram, de 180 mil toneladas em 1980 para mais de 350 mil toneladas em 2014[8]. A Ásia perfaz dois terços da pesca global de polvo, e a China pesca mais de um terço. A demanda também está aumentando nos Estados Unidos e na Austrália. Os principais países importadores são Japão, Coreia e países no Norte do Mediterrâneo, como Espanha, Grécia, Portugal e Itália[9].

Como os estoques de peixes mundo afora continuam diminuindo, a demanda por polvos está aumentando e sua sobrevivência está ficando sob pressão. A pesca excessiva, aliada a essa demanda crescente, está elevando os preços, levando a um aumento no interesse em criar polvos[10].

O potencial da criação de polvos está sendo explorado em vários países. Em Portugal e na Grécia, a Nireus Aquaculture financia pesquisas, e na Itália, na Austrália e na América Latina, há tentativas para criar polvos. Foi anunciado que uma fazenda na Península de Yucatán, no México, conseguiu criar o polvo maia. Na China, oito espécies de polvo estão sendo criadas experimentalmente, ao passo que a empresa japonesa de frutos do mar Nissui relatou que ovos de fêmeas de polvo eclodiram bem em cativeiro[11]. Na Austrália, o polvo passou tão rapidamente de um pescado acidental para uma iguaria que a indústria pesqueira não consegue suprir a demanda, o que aponta um holofote para o polvo como um potencial candidato para a aquicultura.

PIONEIROS

Ross e Craig Cammilleri, da Fremantle Octopus Company, estavam interessados em descobrir como criar polvos em cativeiro. Os irmãos queriam parar de pescá-los e começar a "criá-los", colocando os juvenis pescados em tanques terrestres ou em gaiolas ao largo da costa. No entanto, eles descobriram rapidamente que era impossível capturar juvenis em quantidade suficiente para tornar a criação em grande escala comercialmente viável, então recorreram ao Departamento de Pesca da Austrália Ocidental.

Um projeto de quatro anos culminou na montagem de uma fazenda-modelo de polvos com 15 tanques no Norte de Perth. Uma indústria logo se formou, envolvendo pegar polvos novos e criá-los em cativeiro, utilizando os dois terços de seres minúsculos pescados nos oceanos. O plano deu certo, pois os polvos criados em tanques crescem rapidamente, o que os qualifica como potenciais candidatos para a criação intensiva.

Um dos problemas para a indústria era como manter esses seres inteligentes e inventivos confinados em um tanque. Os polvos criaram o hábito de se arremessar dos tanques, e malha pesada de aço nem cercas elétricas os impediam de escalar e sair dos tanques. Revestir a borda dos tanques com malha finalmente os deteve, pois suas ventosas não conseguiam se agarrar no material poroso[12].

Na natureza, os polvos não poupam esforços para defender seu território, um comportamento que limita o número possível de ser criado em um determinado espaço. Em um ambiente controlado, com muitos animais em um tanque estéril, as coisas podem se degenerar rapidamente, resultando em agressividade e canibalismo. Pesquisadores contornaram esse problema dando um tubo de plástico para cada polvo poder se esconder, embora isso limite o número de seres que podem ficar espremidos em um tanque.

CRIANDO INTENSIVAMENTE

Na fazenda-modelo na Austrália Ocidental, os pesquisadores descobriram que a agressividade diminuía quando eles mantinham indivíduos do mesmo tamanho em um tanque, sem necessidade de fornecer os esconderijos de plástico. Isso facilitou a limpeza dos tanques e permitiu manter mais do que o triplo do número de polvos em cada tanque. O pesquisador chefe Sagiv Kolkovski inclusive comentou o seguinte: "Nós pusemos tantos polvos nos tanques que foi preciso instalar chapas de PVC para eles terem mais superfície onde se agarrar, pois as paredes dos tanques ficaram totalmente ocupadas"[13].

A criação intensiva de polvos estava se tornando uma perspectiva mais palpável, mas ainda havia um problema enorme para resolver: ninguém sabia criar polvo em cativeiro após o estágio larval. Sob condições de pesquisa, as fêmeas punham ovos em cativeiro e eles eclodiam bem; pouco tempo depois, pesquisadores na Austrália anunciaram que, pela primeira vez no mundo, larvas de polvo haviam "nascido sem mãe"[14]. No entanto, restava o problema de como prover as condições nutricionais e ambientais corretas para as larvas crescerem.

Houve uma grande comoção em 2019 quando o grupo espanhol Nueva Pescanova anunciou que polvos comuns nascidos em confinamento haviam chegado à idade adulta e que uma fêmea botara ovos. Diante desse progresso, a intenção era começar a vender seus polvos em 2023[15]. A empresa declarou ainda que seu trabalho pioneiro "se devia à alta demanda internacional" nos últimos anos, a qual tem levado à "escassez crescente de polvos selvagens e, portanto, a um problema de sustentabilidade no meio ambiente marinho"[16].

ERROS QUE SE REPETEM

Por conta da pressa de criar esses "alienígenas inteligentes", cresceram os temores de que o provável impacto dessa empreitada sobre o meio ambiente marinho esteja sendo menosprezado. Polvos comem peixes pequenos e outros seres marinhos; sua alimentação na aquicultura provavelmente será à base de farinha de peixes pequenos que são comidos por peixes maiores, aves e mamíferos marinhos. Então, ao invés de proteger os oceanos, a criação de espécies carnívoras, como polvo, salmão e truta, pressionará ainda mais o meio ambiente oceânico.

Quatro cientistas, incluindo Peter Godfrey-Smith, escreveram o seguinte em "*The Case Against Octopus Farming*": "Assim como outras aquiculturas de carnívoros, a criação de polvos só aumentará a pressão sobre os animais aquáticos selvagens. Polvos têm uma taxa de conversão alimentar de pelo menos três para um, de modo que o peso dos alimentos necessários para mantê-los é o triplo do peso deles. Em vista do estado de exaustão de empresas pesqueiras globais e dos desafios de prover nutrição adequada para uma população humana crescente, intensificar a criação de espécies carnívoras como o polvo prejudicará a meta de melhorar a segurança alimentar global"[17].

Os autores argumentam que, mesmo que seja descoberta uma alimentação mais sustentável para os polvos, não é ético capturar seres inteligentes com comportamentos complexos e criá-los em condições inóspitas. Resta observar se a criação intensiva de polvos também terá impactos ambientais como poluição, doenças e o uso excessivo de medicamentos, que são comuns em outras modalidades de aquicultura intensiva.

O que me preocupa é se os humanos estão sendo "humanos" nesse novo empreendimento especulativo e se irão respeitar os polvos como seres dotados de grande sensibilidade e inteligência notável. Diante do quadro atual, a situação angustiante dos polvos criados em cativeiro faz com que eu torça para que nós nunca venhamos a encontrar um "alienígena inteligente" no espaço, para não nos degradar ainda mais.

CRIAÇÃO DE PEIXES – MORTA PELA CURA

Em meados de agosto de 2020 na costa Oeste da Escócia, a Tempestade Ellen estava fustigando janelas e golpeando o litoral, chicoteando o mar com frenesi e obscurecendo as vistas normalmente estupendas da Ilha de Arran. Enquanto isso, no lado Leste da Península de Kintyre, uma calamidade estava fermentando. Uma fazenda de salmão em mar aberto, normalmente ancorada no fundo marinho, estava se movimentando. Uma barcaça de alimentação ficou à deriva no vento e seus cabos de atracação romperam os cabos que mantinham dez cercados circulares no lugar. A fricção cobrou seu preço e a fazenda flutuante se deslocou junto com 500 mil salmões. Esbofeteados pela tempestade, quatro cercados ruíram, redes foram rasgadas e quase 50 mil peixes conquistaram a liberdade[18].

A tempestade causou um revés embaraçoso para uma indústria alardeada como o "novo petróleo" da Escócia. Com as receitas do petróleo do Mar do Norte declinando[19], falava-se muito sobre a "economia azul" da nação, que enfocava o desenvolvimento marinho e costeiro. Há 50 anos havia apenas dois empreendimentos de piscicultura, mas agora há mais de 200 fazendas criando peixes na Escócia, produzindo mais de 200 mil toneladas de salmão avaliadas em mais de £ 1 bilhão por ano[20]. As exportações renderam £ 618 milhões em 2019[21], e a indústria prevê dobrar esse valor em 2030[22].

Quando escapam das fazendas, os salmões têm grande impacto sobre seus primos selvagens, pois competem por alimentos, os infectam com piolhos-do-mar parasitas e cruzam com eles, assim colocando seu futuro em risco. A pesca de salmões selvagens está em crise, e dados do governo mostram que ela atingiu seu nível mais baixo desde que os registros históricos começaram[23]. Entre os que demonstram preocupação com o declínio está o Rei Charles; no lançamento da iniciativa Missing Salmon Alliance voltada à pesca e conservação, ele advertiu que "o próprio futuro de uma espécie que nada em nossos oceanos e mares há mais de 6 milhões de anos estará sob risco… Enquanto vivermos, não podemos permitir que isso aconteça"[24].

É difícil discernir as ramificações da aquicultura industrial, mas no inverno de 2020 um mergulhador enfrentou as águas geladas da Ilha de Skye e das Ilhas Shetland ao largo da costa Oeste da Escócia, para descobrir o lado oculto da criação de salmões. Encomendada pela Compassion in World Farming, a investigação descobriu salmões com piolho-do-mar ao redor de suas cabeças e olhos, em uma infestação óbvia. Esses parasitas se alimentam com o muco, os tecidos e o sangue dos salmões, deixando-os com dolorosas feridas abertas e suscetíveis a doenças. Embora ocorram naturalmente na natureza, os piolhos se disseminam virulentamente sobretudo em fazendas de salmão, onde os peixes ficam aglomerados. Alguns peixes tinham as guelras inchadas e muito afetadas. Um nadava desorientado, pois tinha perdido os olhos e suas órbitas oculares estavam avermelhadas. Alguns não tinham nacos do corpo e apresentavam feridas, ao passo que outros tinham algas crescendo em seus machucados, como se estivessem apodrecendo. O "rei dos peixes" claramente sofrera um baque enorme. Imagens de vídeo investigativas também mostraram peixes-lapa espiniformes inchados em um cercado escuro – eles haviam mordiscado o piolho-do-mar, mas apresentavam sinais de também ter sido atacados pelo parasita. Era uma visão chocante.

Não surpreende que fazendas de salmão registrem regularmente taxas de mortalidade de até 30%, apesar de medidas para manter os peixes vivos como banhá-los com água morna para remover os piolhos-do-mar mediante um choque térmico. Os peixes também podem ser agrupados e pulverizados com jatos de água, na esperança de desalojar os parasitas. Algumas fazendas usam peróxido de hidrogênio, ou seja, banham os peixes com alvejante. Em qualquer outro tipo de criação de animais, essas taxas altas de mortalidade suscitariam muitos questionamentos, mas na criação de salmão, elas são consideradas normais.

As condições nas quais os salmões são mantidos são um dos motivos dessas taxas de mortalidade serem tão altas. Apinhados, com cada peixe tendo só o equivalente a uma banheira de água, esses exploradores naturais dos oceanos são obrigados a nadar em círculos incessantes, assim como os animais frustrados andam sem parar em seus cercados e jaulas nos zoológicos.

Outras espécies também são maltratadas; na verdade, a vida das trutas em cativeiro pode ser até pior. Geralmente criadas em "raias" de água-doce ou em pequenos lagos, elas podem ser mantidas em densidades de 60 quilos de peixes por metro cúbico de água – o equivalente a 27 trutas presas em uma banheira.

A piscicultura se tornou um grande negócio internacionalmente, e os salmões são apenas uma parte dela. Globalmente, mais frutos do mar são criados do que pescados na natureza, e a produção de peixes e frutos do mar quadruplicou nos últimos 50 anos. A população mundial mais que dobrou durante esse período, e hoje em dia uma pessoa comum come quase o dobro de frutos do mar do que há meio século[25]. A Ásia abriu o caminho e responde por mais de quatro quintos da piscicultura no mundo todo[26]. Apesar da percepção comum de que a piscicultura atenua a pressão da pesca predatória nos oceanos, quando se cria uma espécie carnívora, como o salmão e a truta, ocorre o contrário. Uma proporção significativa de sua alimentação é com farinha de peixe feita com peixes selvagens moídos. Produzir um salmão de criação demanda 350 peixes selvagens[27]. Para dar uma ideia melhor de como isso funciona, a piscicultura escocesa alimenta seus salmões com tantos peixes selvagens quanto os comidos por toda a população do Reino Unido[28]. Em termos de tirar a pressão dos oceanos, é o caso de ser morto pela cura.

Em 30 anos escrevendo sobre a criação industrial de peixes, eu achei poucas razões para sugerir que ela vale a pena e muitas para recriminar seu descaso evidente com o bem-estar dos animais.

No entanto, uma novidade recente, pelo menos na Escócia, é a proibição de matar focas em torno de fazendas de piscicultura. Enormes quantidades de peixes em uma fazenda são uma tentação irresistível para as focas, da mesma forma que uma mesa bem fornida para aves em um jardim atrai a vida selvagem local. A reação comum da indústria salmoneira é matar as focas que surgem com a ilusão de obter uma refeição fácil. Há anos, o governo escocês reluta para fazer qualquer coisa que possa perturbar essa indústria tão próspera, mas em fevereiro de 2021 finalmente proibiu os piscicultores de matarem focas. Essa medida não foi motivada pela preocupação com o bem-estar animal, mas pelo desejo de salvar as exportações anuais de salmão de quase £ 200 milhões, devido a uma nova legislação dos Estados Unidos para proteger a vida marinha. Agora, empresas pesqueiras que matam ou machucam mamíferos marinhos estão proibidas de exportar seus produtos para os Estados Unidos. Embora a proibição mereça ser comemorada, não é fácil acompanhar o que acontece em lugares costeiros remotos. Portanto, resta saber até que ponto a proibição será implementada. Uma manchete da indústria salmoneira – "O predador que está matando 500 mil salmões criados na Escócia por ano" – deu a entender que vêm mais problemas por aí[29]. Embora as focas na Escócia agora tenham a lei ao seu lado, o futuro dos peixes criados em escala industrial e da vida selvagem ao seu redor continua incerto.

PEIXES ROUBADOS

As praias agitadas compõem uma cena que evoca uma invasão costeira. Uma flotilha de barcos longos de madeira, cada um com seis ou mais homens, enfrenta as ondas de rebentação. Proas pintadas de branco sobem e descem com a maré entrante. Os gritos das multidões são abafados pelo rugido ensurdecedor do oceano. Mulheres com roupas amarelas, rosa-choque e marrons correm até os bancos de areia com grandes bacias redondas, serpeando entre homens exaustos para ver o resultado da pesca, enquanto crianças empolgadas correm em volta. Algumas mulheres se encontram novamente na praia para comprar peixes que irão defumar e vender nos mercados locais. Outrora só acontecia isso, mas agora há uma novidade na cidade: as fábricas de farinha de peixe, imponentes infraestruturas brancas logo acima da praia. Uma procissão constante de pescadores sai dos barcos e vai para as fábricas, carregando engradados de plástico cinza. É um trabalho pesado e incômodo. Com expressões resignadas, eles seguem pela praia para alimentar a barriga insaciável da fábrica.

Nos últimos anos, cinco fábricas de farinha de peixe se instalaram ao longo da costa da África Ocidental, três delas na Gâmbia, um dos países menores, mais pobres e mais populosos do continente. A maior parte da farinha produzida nessas fábricas é exportada para a China e a Europa. A farinha de peixe está encontrando um mercado crescente como alimento para animais criados industrialmente, sobretudo peixes, aves e porcos. Com a demanda por farinha de peixe e óleo de peixe aumentando, especialmente na China, a África Ocidental se tornou um polo que agora produz 7% do fornecimento mundial[30]. Na Gâmbia, fábricas de farinha de peixe processam um pilar alimentício nacional, o "bonga" – um pequeno peixe pelágico que é importante para a segurança alimentar do país, com 90% do que é pescado sendo consumido localmente[31].

A Compassion in World Farming colaborou com a cineasta Gosia Juszczak na produção de *Stolen Fish* (Direção: Malgorzata (Gosia) Juszczak. Reino Unido, 2021. Color, 30min), um documentário que conta as histórias de pessoas presas na armadilha da pobreza armada pela chegada das fábricas de farinha de peixe no litoral gambiano. Em 2016, a empresa de farinha de peixe Golden Lead foi a primeira a entrar em funcionamento em Gunjur.

Desde então, mais duas fábricas, com controle majoritário chinês, abriram nos vilarejos pesqueiros de Sanyang e Kartong, ao longo de uma faixa de 30 quilômetros no litoral sudoeste[32].

Desde a abertura das fábricas, os pescadores tradicionais lutam para competir com traineiras mais bem equipadas que pescam para as fábricas. Todos vão em busca de bonga e sardinela, peixes que sempre foram abundantes nas águas gambianas. Na cidade de Bakau, perto da foz do rio Gâmbia, um pescador local conta sua história fazendo desenhos na areia. Com porte atlético, *dreadlocks*, colete e um boné vermelho de beisebol, Abou Saine explica que navios pesqueiros comerciais estão coletando peixes que se juntam na foz do rio para se reproduzir durante a migração para seu *habitat* original.

"Esse é o lugar exato aonde as traineiras chinesas vão à noite e roubam os peixes", diz Saine. Com ar magoado e os olhos cansados e avermelhados transparecendo incredulidade, ele fala sobre as luzes dos navios pesqueiros que se juntam todas as noites na foz do rio. A princípio, elas parecem fracas, mas quando os navios se juntam as luzes ficam bem fortes. Eles estão em uma parte do oceano que Saine descreve como "muito ilegal para a pesca". Seu relato é condizente com um estudo que concluiu que a maioria da farinha de peixe vem de empresas pesqueiras em regiões com níveis baixos de governança, onde a pressão sobre os níveis dos peixes pode ser alta, e os impactos ecológicos, extremos[33]. Em 2015, o Greenpeace descobriu que 74 navios pesqueiros chineses estavam operando em águas proibidas ao largo da África Ocidental e falsificando suas tonelagens[34].

"Antes, bastava ficar ali para ver os peixes pulando, mas isso acabou", diz Saine. Ele acredita que os peixes foram capturados por "essas redes imensas da pesca predatória". Os navios comerciais da China podem pescar em um dia o que 30 barcos locais pescariam em um mês. Antes da construção das fábricas de farinha de peixe, Saine pescava em poucas horas o suficiente para se manter; agora, tem de passar uma semana pescando e passa dificuldades para sobreviver. Por isso, ele está pensando em mudar de profissão.

"Eu penso muito em vender meu barco, para pelo menos tentar ganhar a vida em outros lugares como na Europa", diz ele. Ele iria pela "porta dos fundos" – ou seja, viajaria ilegalmente. Com a população crescendo rapidamente, a Gâmbia tem uma das taxas mais altas de pessoas que vão para a Europa dessa maneira[35]. O irmão de Saine mora em Madri há 15 anos. A pobreza aqui separa as famílias. "Eu só quero vê-lo novamente. Abraçá-lo, senti-lo, olhá-lo e conversar."

Alguém que sabe os riscos envolvidos em "ir pela porta dos fundos" é Paul John Kamony, um pescador local que foi em busca de uma vida melhor para si e sua família. "A família espera que você, que é o filho mais velho, a tire da pobreza. Se achar um jeito de ir para a Europa, vou tentar de novo", afirma ele.

Kamony protegeu os olhos do sol e ficou em pé entre seus companheiros, enquanto o barco se movia com o balanço de ondas suaves. Usando um acessório amarelo à prova d'água mantido por tiras grossas sobre as pernas, ele se movimentava com agilidade pelo barco estreito e ajudava a puxar a rede do mar.

Ele iria vender o que pescou para mulheres locais, que então venderiam os peixes no mercado local. Era assim que dois elos vitais na cadeia econômica local sustentavam pessoas que, caso contrário, estariam à beira da pobreza. Havia uns dez pescadores no barco remando para frente e para trás, enquanto tentavam dar uma parada para puxar a pescaria a bordo. O resultado foi que eles pescaram poucos peixes, que pareciam perdidos no piso do barco. Decepcionado, Kamony deu uma tragada no cigarro antes de começar a remendar os buracos em uma rede emaranhada. Em breve, esses homens tentariam a sorte em outros lugares.

A maioria dos homens com quem ele trabalhava há anos havia ido para a Europa, e, certa vez, Kamony tentou ir pela "porta dos fundos". Ele pediu dinheiro a seu pai para começar a jornada em busca de uma vida melhor, mas só conseguiu chegar à Líbia, onde trabalhou em obras de construção e tentou juntar dinheiro suficiente para seguir para a Europa. Ele e um amigo tentaram entrar em um barco que ia para a Itália, mas foram impedidos. Preso durante 18 meses, Kamony conta ter visto 22 prisioneiros espremidos em uma cela de três metros. Crianças, idosos e até mulheres grávidas, todos flagrados tentando ir para a Europa. Ao contrário da farinha de peixe, eles não eram bem-vindos na Europa.

"Vi muitas pessoas morrerem diante dos meus olhos. Algumas ficaram trancadas em um contêiner até sufocarem", relatou Kamony. Quatro amigos dele morreram quando sua balsa afundou a caminho da Itália. "Vi muitas pessoas serem brutalmente espancadas, mas tive sorte, pois só fui torturado uma vez", acrescentou ele.

Muitos barcos na área agora vendem para a fábrica local de farinha de peixe, e um pescador que está colhendo os benefícios de curto prazo do *boom* desse produto é Musa Duboe, de 33 anos de idade. Antes de as fábricas surgirem, ele pescava cioba e barracuda para vender no mercado local, mas sua renda piorou devido às baixas nos estoques. "Agora, o trabalho está bombando novamente, pois vendemos tudo o que pescamos para a fábrica e o pessoal local", disse ele ao *Guardian*. "Nossa rede apanha todos os tipos de peixe. Às vezes, nós suprimos a demanda só com uma pescaria, mas outras vezes precisamos fazer cinco pescarias, sendo que uma pode render até 400 baciadas de peixes. Meu trabalho está bem mais lucrativo e posso sustentar minha família, pois a fábrica compra mais peixes do que eu vendia anteriormente no mercado local"[36].

No entanto, a realidade é que vender peixes para a produção de farinha de peixe enfraquece os mercados locais e priva a população que passa fome, pois os peixes representam metade da proteína animal consumida na Gâmbia[37]. Alguns defensores da farinha de peixe sugerem que os peixes pequenos usados, espécies como anchova, sardinha, cavala e arenque, têm pouco valor como alimento humano, mas um estudo recente sugere que 90% dos peixes que entram na produção de farinha de peixe poderiam ser comidos[38]. Portanto, moer esses peixes para produzir alimento para animais criados em fazendas industriais é uma contravenção que viola as diretrizes da FAO para a pesca sustentável, as quais estipulam que os peixes devem ser usados para alimentar diretamente as pessoas. O código exorta os países a "estimularem o uso de peixes para o consumo humano"[39], e a farinha de peixe claramente não se enquadra nessa diretriz.

Na Gâmbia, as pessoas que outrora comiam peixe diariamente agora têm dificuldade para comprá-lo, ao passo que vastas quantidades de peixe são processadas para alimentar peixes de criação intensiva. Cinco quilos de peixes frescos são necessários para produzir um quilo de farinha de peixe, um produto usado para alimentar peixes (69%), porcos (23%) e galinhas (5%) criados intensivamente, e animais de estimação (3%)[40].

Além de desperdiçar os estoques de peixes já sob muita pressão, as fábricas de farinha de peixe não geram muitos empregos; uma estimativa sugere que o número de empregos gerado por cada fábrica nova não passa de 30[41]. E com três fábricas em um país cuja população ultrapassa 2 milhões, isso é desprezível.

Enquanto os pescadores se apressam para vender tudo o que pescam para as novas fábricas, relatórios expuseram a pesca excessiva a tal ponto que até as fábricas às vezes se recusam a aceitar os peixes, que então são jogados fora[42]. "Nós estamos vendo peixes mortos jogados no mar, causando uma enorme poluição ambiental", disse Sulayman Bojang, um pequeno empreendedor e ativista local ligado ao Gunjur Youth Movement[43]. "Nós queremos deter a exploração por parte das fábricas de farinha de peixe, mas como a Gâmbia é um dos países mais pobres no mundo, nós não temos chance contra as corporações chinesas". O resultado de tudo isso é que a indústria pesqueira está sob pressão, e a FAO está clamando por uma redução na pesca da sardinella, outrora abundante na costa Oeste da África[44].

A vida para aqueles que dependem do mar piorou muito devido às fábricas de farinha de peixe, e isso inclui quem vende peixes no mercado. Processadora de peixes e vendedora no mercado, Mariama Jatta mora no porto de Gunjur com seus oito filhos e ainda cuida de mais duas crianças. Com um vestido longo azul e vermelho e uma viseira rosa para se proteger contra o sol quente, ela era uma figura imponente na praia agitada. Três barcos pesqueiros locais oscilavam apreensivamente além das ondas de rebentação. Outras mulheres, uma delas com um bebê nas costas, se juntaram em torno de grandes bacias redondas. Gaivotas-de-cabeça-cinza tentavam apanhar os peixes que caíam das bacias.

Jatta trabalha no porto há 40 anos e admite que está com dificuldades para sobreviver. Como cuida sozinha da sua família grande, carregava peixes, ajudava a puxar os barcos da água e limpava bagres, pâmpanos-manteiga e bongas. E comprava peixes para defumá-los e vendê-los no mercado local. Segundo ela, os pescadores estão exaustos e pescando pouca coisa. "Desde que a fábrica abriu, a quantidade de peixe que nós podemos comprar para defumar diminuiu de dez para cinco cestos por dia. Os preços subiram em toda a Gâmbia", disse ela com raiva. "Os pescadores suprem primeiro a fábrica. Só quando o estômago da fábrica está cheio é que nós conseguimos um pouco de peixe".

AVES MARINHAS FAMINTAS

Ao pisar pela primeira vez em uma colônia com 1 milhão de aves, senti ondas de alegria. Até agora me lembro de que meus sentidos foram sobrepujados pela intensidade, enquanto eu absorvia uma das grandes maravilhas da vida selvagem no mundo natural.

A colônia era de andorinha-do-mar fuliginosa que haviam voltado para se reproduzir na Bird Island, um recife de coral na ponta Norte do arquipélago de

Seychelles, e elas eram muito sociáveis. O conceito de individualidade se dissolveu enquanto eu tentava focar simultaneamente em uma determinada ave e absorver todo o espetáculo. Elas estavam em todos os lugares: no ar, no chão, bem ao meu lado e até onde eu conseguia enxergar. Foi uma experiência quase espiritual.

Na Bird Island, as andorinhas-do-mar fuliginosas cobrem a planície relvada conhecida como "Sooty Tern Reserve". Menores e mais esguias do que as gaivotas-comuns e parecidas com andorinhas, com bicos pontudos e caudas bifurcadas, elas se movimentavam elegantemente passando pela gente e depois voltavam a se acomodar para nidificar. Acima de tudo, nunca me esquecerei do som. Era uma pulsação elétrica, um ataque ruidoso atingindo os sentidos humanos e vindo de todas as direções. Cada ave tinha um guincho nasal, quase eletrificado, com uma inflexão ascendente: "*Uaiauak*!" Um milhão delas juntas é literalmente ensurdecedor – os níveis de ruído na colônia de andorinhas-do-mar podem chegar a 107 decibéis[45]. Para que se tenha uma ideia do que isso representa, os empregadores são obrigados a fornecer protetores auriculares aos funcionários, se o ambiente de trabalho tiver 85 decibéis. Nos anos 1970, o Deep Purple se tornou a "banda mais barulhenta" do mundo quando tocou em um show a uma altura de 117 decibéis – só um pouco mais alto do que as andorinhas –, o que fez três pessoas na plateia desmaiarem[46]. Ao ficar entre 1 milhão andorinhas guinchando, entendi por que essas pessoas não aguentaram.

Enquanto assistia enlevado o espetáculo, subitamente notei intrusos. Duas pessoas com roupas cáqui haviam claramente ignorado as placas de advertência e os cartazes de "ENTRADA PROIBIDA". Senti meu sangue ferver. Então, quando achei que as coisas não iriam piorar, um deles começou a cutucar com uma vara as aves que estavam no chão. Ergui meus binóculos e apontei para eles, esperando que entendessem isso como uma advertência final. Na ponta da vara havia uma rede contendo uma ave assustada e encolhida. Minha paciência acabou e resolvi enfrentar os intrusos. E foi assim que conheci os cientistas Chris Feare e Christine Larose. Feare vem à ilha desde 1971, quando estava cursando o pós-doutorado e fazendo um estudo sobre a biologia das andorinhas-do-mar fuliginosa. Larose era sua assistente há bastante tempo.

Metade dos ovos das andorinhas é colhida para consumo humano e Feare queria descobrir se isso era sustentável. Pegar alguns ovos para proteger a maior colônia acessível de andorinha-do-mar fuliginosa do mundo parecia uma troca justa, e era isso que o estudo de Feare abordava. Essas andorinhas iam e vinham à vontade, e perder alguns de seus ovos era um preço pequeno a pagar em comparação com a situação angustiante das galinhas nas fazendas comerciais. Seja com galinhas soltas ou confinadas em gaiolas, a produção comercial de ovos significa que um dia após nascerem os pintinhos machos são asfixiados ou macerados. E quando as galinhas ficam exauridas, após serem obrigadas a botar 300 ovos por ano, seu destino é o abate. Essa pode ser a sina para muitas que só têm 18 meses, embora normalmente uma galinha viva por seis a oito anos.

Nos séculos passados, marinheiros invadiam a Bird Island para pegar ovos frescos, pisoteando deliberadamente os ovos restantes na colônia para ter certeza de que aqueles que achassem no dia seguinte eram novos[47]. Além de se preocupar com a coleta de ovos, Feare estava tentando saber mais sobre onde as andorinhas-do-mar fuliginosas se alimentavam quando estavam no mar. Com redes de borboleta, ele pegava as gaivotas em seus ninhos e colocava um rastreador de satélite nas futuras mães.

A Bird Island é um dos exemplos mais antigos do genuíno ecoturismo. Desde que os donos atuais compraram a ilha em 1967, os 18 mil pares iniciais de andorinhas aumentaram para pelo menos 500 mil pares – uma história de êxito na seara da conservação. Embora sejam oficialmente classificadas pela União Internacional para a Conservação da Natureza como uma espécie que desperta "pouca preocupação", a tendência populacional para as andorinhas-do-mar fuliginosas é descrita como "desconhecida" e cientistas começaram a exortar para que seu *status* seja revisto[48]. Para Feare, essas estatísticas escondem o fato de que muitas colônias desapareceram e foram apagadas dos registros históricos[49]. Ele estava pondo rastreadores por satélite nas aves para ver onde elas buscavam alimentos no oceano, a fim de saber como estavam comendo. Elas vivem bastante tempo, então alguns anos podem se passar antes que qualquer coisa que afete seu êxito reprodutivo se torne óbvio. Quando uma queda brusca no êxito reprodutivo afetar os números que frequentam a colônia, isso poderá ser catastrófico.

As andorinhas-do-mar fuliginosas enfrentam muitas ameaças, incluindo ser pegas acidentalmente por equipamentos de pesca, a destruição de seu *habitat* de reprodução e a poluição por plástico[50]. A mudança climática já está começando a afetá-las: variações na temperatura na superfície dos mares dificultam achar peixes e diminuem o êxito reprodutivo das andorinhas[51]. A pesca excessiva também está ameaçando seu futuro; houve reduções significativas de atum, do qual as andorinhas dependem para empurrar suas presas para a superfície[52]. A pesca comercial em torno das ilhas Seychelles é sobretudo de atum (das quase 127 mil toneladas pescadas em 2016, quase 121 mil toneladas eram de atum)[53]. Até 46 barcos pesqueiros da União Europeia, principalmente da Espanha e da França, pescam atum em torno das Seychelles[54].

As andorinhas-do-mar fuliginosa se reproduzem em ilhas na maioria dos oceanos tropicais do mundo e sobrevivem à base de uma ampla variedade de peixes pequenos e lula[55]. Durante sua estada na Bird Island, elas fazem incursões regulares em busca de peixes para alimentar seus filhotes. Anteriormente se acreditava que essas jornadas partindo dos locais de reprodução se limitavam a 100 quilômetros de distância[56]. No entanto, um trabalho recente de Feare com rastreadores de GPS descobriu que as aves adultas saem do ninho e podem voar por até 250 quilômetros. Em um caso extremo, ele descobriu que uma mãe gaivota viajara por mais de 2 mil quilômetros para achar comida, deixando o companheiro sozinho no ninho por até 13 dias. Isso evidencia que está ficando mais difícil achar alimentos[57].

Embora o declínio de peixes predadores como o atum possa explicar parcialmente por que as andorinhas estão em dificuldades, certamente um declínio geral nos números de peixes pequenos também deve ser levado em conta.

Está ficando mais difícil para as aves marinhas acharem alimentos pelo mundo, devido à pesca excessiva e às vastas quantidades de peixes tiradas dos oceanos para ser moídas e virar farinha de peixe. Peixes pequenos são o pilar alimentar que movimenta os ecossistemas oceânicos do mundo, desde peixes predadores como o atum a golfinhos, baleias e aves marinhas. Espécies como anchovas e sardinhas são presas importantes para as andorinhas-do-mar fuliginosas além de manterem grande parte do ecossistema. Elas se alimentam com plâncton e servem de ponte entre formas minúsculas de vida oceânicas e os seres maiores.

Peixes pelágicos pequenos também são outro alvo preferencial da indústria pesqueira. Também conhecidos como peixes "forrageiros" ou peixes "lixo", eles são usados na alimentação animal, em fertilizantes e no óleo industrial. Anchovas e sardinhas são o pilar na farinha de peixe, e números recentes mostram que essas duas espécies formam mais da metade dos peixes forrageiros pescados no mundo. Elas preferem águas ricas em nutrientes como o sistema de afloramento de Benguela ao largo da costa no Sul da África ou a Corrente de Humboldt ao largo da costa do Pacífico no Peru. Nesses lugares, elas se reproduzem em vastos números, mas há muito tempo são pescadas em tamanhas quantidades que seus estoques estão se esgotando. E se não houver mais peixes pequenos por lá, as andorinhas-do-mar fuliginosas e seus filhotes passarão fome.

As andorinhas-do-mar fuliginosas competem por peixes com os barcos pesqueiros. Das 90 milhões de toneladas de peixes pescados a cada ano, 15 milhões de toneladas são destinados à produção de farinha de peixe, e quase três quartos da farinha de peixe no mundo é dada a peixes criados industrialmente. A China é disparadamente a maior importadora de farinha de peixe, comprando mais de 1 milhão de toneladas por ano, seguida pela Noruega, Japão e Alemanha, com cada um importando cerca de 200 mil toneladas por ano. Em comparação, o Reino Unido importa anualmente cerca de 66 mil toneladas[58].

As andorinhas-do-mar fuliginosas são apenas uma das diversas espécies de aves marinhas que dependem de peixes pequenos para sobreviver, e os números de aves marinhas no mundo todo declinaram 70% desde 1950. A pesca comercial é uma causa importante desse declínio, representando uma ameaça que é descrita por cientistas como "substancial e global"[59]. Na Ilha de Ascensão, um território ultramarino do Reino Unido, a pesca excessiva levou a declínios de mais de 80% da andorinhas-do-mar fuliginosas[60]. Pesquisas sugerem que a pesca industrial e a mudança climática se aliaram para privá-las de sua alimentação usual, o que as obriga a comer lulas, caracóis e locustas que relativamente têm poucos nutrientes[61].

As colônias de gaivinas-do-ártico em torno de Shetland e Orkney na Grã-Bretanha foram duramente atingidas na década de 1980, quando os números de galeotas entraram em colapso devido à pesca excessiva[62]. As andorinhas já estão declinando por causa da concorrência por comida com as empresas pesqueiras[63]. A conclusão é que no mundo inteiro empresas de pesca que abastecem as fazendas industrializadas estão exaurindo os oceanos e fazendo as aves marinhas morrerem de fome[64].

O *KRILL* ANTÁRTICO

Certa vez, Albert Einstein disse: "Observe profundamente a natureza e então você entenderá tudo melhor", e isso se aplica perfeitamente às evocativas paisagens da Antártida. Na última imensidão selvagem da Terra, baleias, focas e pinguins dominam as manchetes. Às baleias-azuis, os maiores seres de todos os tempos, se juntam baleias-jubarte, baleias-comuns e baleotes. Há milhões de focas-caranguejeiras e lobos-marinhos-antárticos. Pinguins-de-barbicha, pinguins-de-adélia e pinguins-gentoo são três espécies que vivem e se reproduzem aqui em vastos números. Relativamente poucas espécies florescem em números enormes à beira de um precipício ecológico que está prestes a ruir.

A região selvagem intocada da Antártida tem sido alvo de exploração impiedosa; nos últimos séculos, muitas focas e baleias foram caçadas e ficaram à beira da extinção. Relatos sobre os números enormes de baleias e focas atraem aventureiros para a Antártida desde o início do século XIX, e não demorou para que a humanidade ficasse determinada a esgotá-los. O lobo-marinho-antártico, por exemplo, foi quase ceifado de vez. Em tempos de mais conscientização ecológica, a vida selvagem da Antártida parece estar indo bem, mas apenas as populações de focas e baleias estão se recuperando. E uma nova tempestade está se formando: a pesca de *krill* para abastecer fazendas industriais.

O segredo da abundância de vida selvagem na Antártida é o *krill*, um pequeno crustáceo que mede seis centímetros e é parecido com o camarão. O escritor ambientalista Kenneth Brower disse que ele parece "esculpido delicadamente em um cristal rosado translúcido"[65]. Entre as 85 espécies no mundo todo, o Euphausia superba é o rei dos *krills*; em termos de biomassa, todos eles juntos pesam o dobro do que a humanidade. Eles se comprimem em "enxames" de até 10 mil por metro cúbico fazendo o oceano ficar vermelho-rosado. O minúsculo *krill* está na base da pirâmide alimentar e se alimenta por filtração com o fitoplâncton abundante, assim disponibilizando nutrientes para o restante do ecossistema. A poderosa baleia-azul deve sua existência ao *krill*, e cada baleia chega a comer 4 toneladas de *krill* por dia[66].

À primeira vista, o *krill* parece superabundante a ponto de ser inesgotável. A Comissão para a Conservação da Fauna e da Flora Marinhas da Antártida calcula que a biomassa de *krill* antártico no oceano Glacial Antártico pesa 379 milhões de toneladas[67]. As cotas pesqueiras de *krill* chegam a 3,7 milhões de toneladas[68]. No entanto, metade da população de *krill* é comida pela vida selvagem nativa da Antártida. Focas-caranguejeiras e lobos-marinhos-antárticos dependem do *krill*, assim como pinguins-gentoo, pinguins-de-adélia e pinguins-imperador. Albatrozes, petréis, faisões, pardelas e fulmares se alimentam diretamente com *krill* ou com as coisas que o comem.

O equilíbrio é delicado, mas as forças gêmeas da mudança climática e da pesca industrial parecem dispostas a perturbá-lo para sempre.

Cientistas já alertaram sobre o declínio do *krill* no longo prazo no oceano Austral. Em um estudo liderado por Angus Atkinson, do British Antarctic Survey, e publicado na Nature, dados de amostras coletadas ao longo de 80 anos foram analisados e os resultados mostraram que, desde os anos 1970, os números do *krill* tiveram declínios de 80% nas regiões do oceano Glacial Antártico onde ele é mais abundante[69].

O *krill* depende do gelo do mar no inverno", disse Martin Collins, do British Antarctic Survey, à *National Geographic*. "O *krill* juvenil, em particular, se alimenta sob o gelo no mar, assim como alguns adultos. Declínios no gelo marítimo associados ao aquecimento global significam menos *habitat* para o *krill* e, portanto, em um prazo mais longo, certamente menos *krill*... Eu acho que o trabalho de Atkinson sugere que o declínio já está acontecendo".

Durante o mesmo período, a pesca de *krill* aumentou mais de seis vezes, com a Noruega, a China e a Coreia do Sul perfazendo juntas mais de 90% da pesca total[70]. O *krill* antártico pode ser desidratado, moído ou usado em forma de óleo, sendo que o último é propagandeado como um "ingrediente superior na aquicultura"[71]. Ele também é vendido como suplemento para a saúde humana por ter um alto teor de ácidos graxos de ômega-3[72].

A norueguesa Aker BioMarine é a maior empresa pesqueira de *krill*[73]. Em 2018, após uma campanha do Greenpeace, a Aker foi uma das várias empresas que concordaram em parar de pescar em áreas grandes da Antártida[74]. Embora alguns argumentem que a pesca de *krill* é ínfima, seu impacto sobre a vida selvagem já é sentido. Um estudo recente sobre a Península Antártica mostrou que, além da mudança climática, a pesca intensiva está dificultando a vida dos pinguins.

George Watters, diretor da National Oceanic and Atmospheric Administration (NOAA), liderou uma análise científica de dados coletados por mais de 30 anos sobre o desempenho dos pinguins, e achou evidências de que a pesca de *krill* prejudica tanto os pinguins quanto a mudança climática. "Nossos resultados mostram impactos sobre os pinguins nas áreas menores onde a pesca se concentra", disse Watters, sugerindo que as medidas protetivas para impedir a pesca excessiva não estão surtindo muito efeito[75].

Comentando sobre o estudo, o professor Alex Rogers, especialista em sustentabilidade dos oceanos na Universidade de Oxford, disse: "A mudança climática está tendo um impacto [sobre a população de *krill*], ao mesmo tempo que há uma retomada na pesca de *krill*, com números crescentes de navios pesqueiros e mudanças na tecnologia intensificando essa atividade"[76].

Há algum tempo conservacionistas advertem que há declínios. A União Internacional para a Conservação da Natureza alertou que a pesca de *krill* em grande escala é uma ameaça para as focas-caranguejeiras da Antártida, que estão entre os mamíferos grandes mais numerosos que restam no mundo[77]. Lobos-marinhos-antárticos, que se alimentam basicamente com *krill*, também poderão ser afetados pela expansão de empresas pesqueiras[78], assim como os pinguins-de-adélia e os pinguins-de-barbicha. O *Handbook of the Birds of the World* (Reino Unido: Lynx Edicions, 1996) de Josep Del Hoyo, prevê que a pesca excessiva de *krill* "poderá ter um efeito catastrófico sobre as cadeias alimentares do oceano Glacial Antártico"[79].

Pelo menos por ora, há acordos para minimizar o impacto. A cota de pesca global chega a 1% do volume estimado de *krill*, ao passo que restrições voluntárias visam limitar a pesca em torno de colônias de reprodução de pinguins. Mas certamente é necessário deixar o aviso na parede: à medida que os estoques de peixes de interesse comercial diminuem mundo afora, a tentação de aumentar a pesca do *krill* antártico provavelmente será irresistível.

Segundo as Nações Unidas, 90% dos estoques mundiais de peixes marinhos agora estão totalmente explorados, excessivamente explorados ou esgotados, e subsídios de mais de US$ 20 bilhões por ano que favorecem grandes frotas industriais em detrimento de pequenas empresas pesqueiras contribuem para o problema[80]. Ao mesmo tempo, a FAO sugere que o descompasso inevitável entre a demanda e a oferta pode ser contornado pela piscicultura[81], uma avaliação que despreza o fato de que a criação de espécies carnívoras, como salmão, truta e polvo, na verdade é uma consumidora voraz de peixes. Longe de resolver os problemas da pesca no mundo, a piscicultura simplesmente pode aumentá-los.

À medida que as empresas pesqueiras entram em decadência, a pesca de *krill* para a produção de farinha de peixe provavelmente irá aumentar, e assim os tentáculos longos da pecuária industrial se estenderão ainda mais mundo afora, invadindo sua última região selvagem. Embora a pesca excessiva muitas vezes seja tolerada – afinal de contas, é preciso alimentar as pessoas –, poucas pessoas enxergam o elo entre as empresas pesqueiras e a agricultura industrial. Na Antártida, o ritmo do declínio está acelerando. Se nós quisermos preservar a vida na Terra, deveríamos levar as palavras de Einstein a sério e "observar profundamente a natureza" enquanto ainda podemos.

PARTE 3
INVERNO

Os invernos na parte em que eu moro, no Sul da Inglaterra, são mais úmidos do que brancos. Uma camada de neve é rara e geralmente dura pouco; geadas rigorosas são o mais próximo que temos daquela cena natalina clássica. Hoje havia uma chuva implacável e um vento uivante. Quando o vento amainou, nós saímos com nosso cachorro Duke que saltava animado nas poças d'água espalhadas. Nós passamos pelo covil de texugos. Não distante dali, certa vez eu vi um raro texugo branco desaparecendo no subsolo, o que foi uma cena extraordinária. Frequentemente nós vemos uma família de texugos com listras pretas e brancas brincando nas encostas, mas hoje ela não apareceu. Alguns buracos de entrada de seu covil haviam sido bloqueados, o que é ilegal. O proprietário da área foi evasivo, deixou que os buracos fossem bloqueados e não quis denunciar o fato, então tomei essa providência. Mas até agora não obtive resposta.

Apesar do inverno castigando como uma vingança, a menor ave da Grã-Bretanha teve coragem de cantar, e seus assobios finos evocavam um delicado laço estalando no ar. Ali, pulando de galho em galho, havia uma bela carriça verde, com listras e um topete amarelado. Um bando de tordos-piscos valentes se movimentou em ondas quando nos aproximamos. Fora isso, as coisas estavam serenas e a vida selvagem havia se recolhido.

Com a chuva açoitando, o solo estava se mexendo, e uma água marrom escorria sobre as raízes expostas e descia as encostas. Ao chegar aos milharais ao lado da estrada, ela já era uma lama grossa que entrava na faixa de rodagem.

Por sua vez, o rio Rother estava bem cheio e arrastava galhos quebrados como se fossem gravetos. Salgueiros ao lado da margem que geralmente pendiam bem acima do rio agora estavam afundados na superfície e pareciam uma mão estendida, com os dedos tocando a água. Uma passarela para um bosque de amieiros estava submersa, só com o corrimão visível. Se o rio subisse mais 30 centímetros, as margens seriam rompidas; olhei para o nosso vilarejo com preocupação. O dia estava escurecido por uma manta espessa e sufocante de nuvens. A chuva continuava caindo e o rio continuava subindo, ao passo que as vacas berravam em seu estábulo de inverno.

O rio então rompeu suas margens e deslizou pelos campos como uma maré entrante. Nós vimos isso enquanto íamos para casa; se a situação piorasse, precisaríamos de sacos de areia. Os arcos da ponte de pedra na estrada ao lado do nosso vilarejo estavam submersos. Fluxos escuros de água lamacenta rodopiavam em busca de algum lugar para ir, e o prado relvado ficou inundado. Quando o vento amainou, as coisas ficaram estranhamente belas, mas, na hora do crepúsculo, a chuva voltou. Naquela noite, nós não conseguimos dormir direito devido à ansiedade por não saber o que encontraríamos ao acordar...

10

A ERA DO *DUST BOWL*

O PREÇO ALTO DA PROSPERIDADE

"Riquezas no solo, prosperidade no ar, progresso em todos os lugares"[1], era a promessa de grupos econômicos e especuladores, panfletos e cartazes. Então, muitas pessoas se mudaram para as Grandes Planícies americanas em busca de riqueza, ar puro e um recomeço. Centenas de milhares se radicaram nas pastagens planas sem fim, incitadas pela maior cessão governamental de terras na história dos Estados Unidos[2] – 64,7 hectares por família, seus para sempre se você conseguisse administrar a terra por cinco anos. Eles vieram da Europa e da Costa Leste dos Estados Unidos, atraídos pela promessa de uma vida melhor. Entre eles havia agricultores, ex-escravizados e mulheres solteiras[3]. Para eles, fazer fortuna não era o único atrativo, pois também queriam se libertar da discriminação.

Uma dessas mulheres solteiras era Caroline Henderson, professora e filha de um fazendeiro de Iowa que chegou às planícies do Oklahoma em 1908. Ela se estabeleceu 48 quilômetros ao Leste de Boise City, em um lugarejo chamado Eva. Um ano antes, ela tivera uma difteria quase fatal e, após se recuperar, resolveu batalhar por seu sonho de um futuro em um rancho no

Oeste americano. Seu chamado foi inspirado pelo "sonho jeffersoniano", uma ideia defendida pelo pai fundador dos Estados Unidos, Thomas Jefferson, de que o país devia ser uma nação de pequenos agricultores que tinham sua própria terra. Segundo Jefferson um século antes, a rota para achar as terras que concretizariam essa visão era a expansão para o Oeste[4].

Logo após reivindicar seu lugar nas planícies, Caroline escreveu entusiasticamente para uma velha amiga: "Pois é, aqui estou bem longe, naquela faixa estreita do Oklahoma entre o Kansas e a região de Panhandle no Texas, "controlando um dos lotes mais bonitos na área de Beaver County. Queria muito que você visse essa terra ampla e livre do Oeste, com suas grandes extensões de pradaria quase nivelada e coberta com erva-de-bisonte espessa e curta, suas alvoradas e poentes gloriosos, e a cintilação de seu céu noturno estrelado"[5].

Nascida em 1877 em uma família rica e ligada à terra em Iowa, Caroline se tornou uma das escritoras mais notáveis da história da fronteira, descrevendo suas aventuras no Oeste e as agruras diárias de quem vivia na época mais difícil de todos os tempos, primeiramente em cartas para os amigos e a família e depois em artigos publicados nas revistas *Ladies' World*, *Atlantic Monthly* e *Practical Farmer*.

Caroline tinha 30 anos de idade quando chegou ao Oklahoma e, em poucos meses, começou a lecionar em uma escola local. Enquanto trabalhava, também construía sua primeira casa – pouco mais do que uma choupana – na propriedade onde viveria durante seis décadas. Entre o pessoal que ela contratou para cavar um poço para satisfazer os requisitos do governo estava um homem alto, moreno e de bigode chamado Wilhelmine Eugine Henderson. Seus olhos azuis-esverdeados contrastavam com a pele morena devido aos anos vivendo nas planícies. Ele era gentil, otimista e franco, e os dois se casaram em maio de 1908. Ela se lembrava da data como "um dos dias mais perfeitos". Will se lembrava do poço como o melhor que já cavara. Então, ele decidiu mantê-lo, assim como a professora que encomendara o serviço! Sua primeira e única filha, Sarah Eleanor, nasceu em 1910. O casal compartilhava o amor pela terra, criava perus, galinhas, gado e porcos, arava a terra e plantava trigo. Eles estavam encantados com a terra e eram testados por ela, mas nunca desanimavam.

As Grandes Planícies do Sul onde Caroline se radicou eram consideradas a última fronteira da agricultura; uma vastidão plana e sem árvores, com erva-de-bisonte, vento constante e regime pluviométrico imprevisível. O ímpeto para a povoação pioneira foi dado por um fado manifesto, a crença em disseminar a democracia e o capitalismo a partir do Oeste para todo o país[6]. Muitos colonos tinham a superstição de que a "chuva segue o arado" e não eram os únicos. Políticos, especuladores fundiários e até alguns cientistas acreditavam que colonizar terras e lavrá-las mudaria o clima árido, criando condições melhores para a agricultura. Essas eram pessoas dispostas a esperar "o próximo ano" para se dar bem diante da adversidade e seu futuro dependia das palavras "se chover"[7].

Esperança, ganância e então pobreza marcaram aqueles que se fixaram nas Grandes Planícies, mas isso foi precedido por uma luta entre os pioneiros brancos que foram para o Oeste e os povos indígenas americanos que viviam há muito tempo nessa paisagem vasta e inclemente em busca dos bisões. As sementes de um dos grandes desastres ambientais causados pelo homem no mundo foram plantadas quando milhões de bisões foram substituídos por milhões de cabeças de gado e depois por milhões de hectares de terras agrícolas aradas. O contrato entre os colonos e o solo foi rasgado de uma maneira chocante.

Durante milhões de anos, as raízes das gramíneas perenes das Grandes Planícies se firmaram em uma paisagem frágil. Só no Texas, mais de 470 espécies nativas de pastagem recobriam dois terços do estado[8]. O ecossistema natural era mantido em equilíbrio, com os solos vulneráveis limitados por uma massa disseminada de raízes que era coberta por uma capa densa de brotos. Planícies com gramíneas podem parecer ásperas e mortas durante períodos secos, mas sob a superfície há um sistema de raízes profundas que pode sobreviver a qualquer coisa, inclusive à seca mais prolongada. Diante da adversidade, é isso que o historiador ambiental Donald Worster chamou de uma das "estratégias imbatíveis da natureza"[9]. Essa sinfonia de fotossíntese manteve todas as formas de vida selvagem, inclusive as incríveis manadas de bisões.

HERBÍVOROS SELVAGENS

Em seu auge, entre 30 e 50 milhões de bisões vagavam nas Grandes Planícies dos Estados Unidos, pesando coletivamente quase o mesmo que toda a população humana atual da América do Norte. Vivendo à base de luz solar, chuva e gramíneas, essas manadas imensas eram um exemplo de animais herbívoros que viviam harmoniosamente com seu meio ambiente.

Após a Guerra Civil americana, colonos europeus começaram a se mudar para o Oeste. Novos postos do exército e ferrovias brotaram, e caçadores foram contratados para o negócio lucrativo de fornecer carne de búfalo para soldados e trabalhadores. Caçadores chegaram com rifles potentes e cada um matava até 250 animais em um dia. A matança chegou ao auge nos anos 1870, quando mais de 3 mil toneladas de línguas de bisão foram vendidas em dois anos[10]. À medida que a carnificina saiu de controle, esportistas se espalharam pelas planícies para matar bisões por diversão. As ferrovias começaram a anunciar "caça nos trilhos"; as pessoas pagavam para matar manadas indiscriminadamente e os animais abatidos eram largados e apodreciam[11]. Segundo uma estimativa, 25 milhões de bisões foram abatidos entre os anos de 1872 e 1873.

Durante séculos, os bisões sustentaram as tribos indígenas em termos de comida, vestimenta, ferramentas e abrigo. No prazo de uma década, as culturas indígenas ficaram confinadas a reservas, ao passo que os bisões estavam à beira da extinção. Os colonos se deram bem; as ricas pastagens foram conquistadas para o gado e mudanças rápidas como um rastilho de pólvora varreram as planícies. Mas o clima nas Grandes Planícies sempre foi inclemente e muito árido, com menos de 50,8 centímetros de volume de chuva em um ano comum[12]. Por isso, as planícies ao Leste das Montanhas Rochosas ficaram conhecidas como o "Grande Deserto Americano"[13].

Após alguns anos incomumente chuvosos no início do século XX, os colonos pararam de se preocupar e se arriscaram muito. Estimulados pelos preços altos dos grãos durante a Primeira Guerra Mundial, eles arrancaram milhões de hectares de cobertura vegetal para o plantio de cereais, principalmente de trigo. Nos anos 1920, milhões de hectares de pastagem desapareceram no chamado "grande corte". Tratores foram introduzidos, e os colonos bateram recordes na produção de cultivos e animais. No entanto, a sobra subsequente causou um colapso nos preços.

Surgiram então os "agricultores de maleta" tentando "se dar bem com uma safra". Eles não pretendiam ficar, mas vinham devastar a pastagem, plantar seu cultivo e voltar meses depois para amealhar a colheita[14]. Caroline Henderson disse que eles "apostavam milhares de dólares na *chuva*… na preparação de áreas grandes de terra ao nosso redor que não representavam a ideia de lares, mas apenas partes de uma fábrica em potencial para a produção de trigo a baixo custo – *se chover*"[15].

O solo era tido como inexaurível, uma atitude normalizada pelo Federal Bureau of Soils, que o chamava de "o único bem indestrutível e imutável que a nação possui. Esse é o único recurso que não pode ser exaurido nem esgotado".

Durante os anos 1920, a produção de trigo aumentou 300%[16], e tanto os cultivos quanto os produtos de origem animal tiveram recordes de rendimento. Mas a oferta superou a demanda e os preços despencaram. Na sequência, o Colapso de Wall Street, em 1929, arrastou os Estados Unidos para a Grande Depressão. O cultivo de plantações deu lugar à pecuária industrial, com *holdings* agrícolas se tornando cada vez mais "fábricas" de alimentos. O trigo era especialmente adequado para a nova abordagem industrial da agricultura. E ela era escalável; quanto mais terra fosse dedicada a tal abordagem, mais dinheiro as pessoas ganhariam. Esse era o "modelo de Henry Ford" trazido para a agricultura[17], a aplicação de capital industrial em um cenário rural.

Em 1931, a colheita de trigo bateu todos os recordes e sua produção parecia ilimitada[18]. Caroline Henderson e seu marido também usufruíram a bonança do trigo e, naquele verão, tiveram uma colheita colossal. A safra nacional de trigo foi tão enorme que causou uma abundância desmesurada e os estoques de grãos transbordaram. Quando os preços despencaram, os agricultores se viram em maus lençóis para recuperar o dinheiro que gastaram para plantar. "Nós somos grandes demais para chorar por isso e rir seria um fingimento", escreveu Henderson. Pelo menos, ela e o marido haviam comprado um trator, uma ceifeira-debulhadora e uma casa nova sem se endividar, mas, como Henderson observou, outras pessoas não tiveram a mesma sorte. "E agora o que vai acontecer com as pessoas que pagam aluguel, que estão endividadas e sem poder arcar com as despesas necessárias, que têm gastos com doenças ou famílias maiores para sustentar e educar?"[19].

Os colonos de terras cedidas pelo governo precisavam decidir se diminuíam a produção para elevar os preços ou se produziam mais para compensar os rendimentos em queda; o desespero fez com que escolhessem a segunda opção. Um exército de tratores ceifou as gramíneas dos solos frágeis a uma taxa de 20.234 hectares por dia[20]. Os colonos se fiaram no arado, mudaram o clima das Grandes Planícies para sempre e não previram oito anos longos de seca, mas continuaram arando.

A rica cobertura de gramíneas perenes que outrora protegia a base desse ecossistema frágil – o solo – foi exterminada para dar lugar às plantações. O terreno foi preparado para um desastre ambiental e econômico.

A seca se instalou. Durante o outono de 1931, a falta de chuva impediu o crescimento dos cultivos recém-semeados, deixando o solo exposto[21]. Os campos verdes ficaram ressecados. Apesar da seca, as pessoas continuaram arando devido à crença mítica de que "a chuva segue o arado". Ao golpear o solo, elas achavam que mudariam o clima para melhor[22]. Embora essa aposta fosse altamente arriscada, elas tinham pouca escolha, pois tinham dívidas para saldar. Afinal, haviam comprado tratores novos, ceifeiras-debulhadoras, charruas e terra, sem mencionar os impostos e o custo de vida. Então, produzir mais era a única maneira de compensar os preços em queda. No início dos anos 1930 os preços estavam tão baixos que muitos colonos faliram[23]. E quando os preços caíram ainda mais, os "agricultores de maleta" simplesmente abandonaram seus campos[24].

Milhões de hectares de antigas pastagens agora estavam desnudos e expostos aos ventos que sopravam furiosamente em uma terra seca e empoeirada, fazendo nacos grandes racharem e se quebrarem. "Esse ecossistema muito complexo evoluiu ao longo de milhares de anos", escreveu Timothy Egan. "E em menos de uma geração, tudo foi devastado".

TEMPESTADES DE POEIRA

Em um dia de ventania em janeiro de 1932, uma nuvem de poeira se ergueu fora de Amarillo, Texas, por volta do meio-dia. Nuvens de poeira já haviam surgido anteriormente, mas nenhuma tão grande quanto essa; com 3.048 metros de altura, ela invadiu a cidade, bloqueando a luz solar. O pessoal local teve dificuldade para descrevê-la. Não era uma nuvem de chuva ou de pedra; ela era eriçada como o pelo áspero de um animal, uma nevasca com uma borda que parecia palha de aço. Quando ela chegou, o dia virou noite; não dava para ver a própria mão diante de seu rosto. As ruas ficaram tomadas pela poeira preta que penetrava nas casas. A poeira entrava no cabelo e na garganta das pessoas, queimava seus olhos e as fazia tossir[25].

Amarillo foi atingida pela primeira das "tempestades de poeira", e a partir daí e até o final da década essas tempestades devastadoras se tornaram frequentes. Moldadas como enormes cúmulos-nimbos, elas colavam no solo e rolavam sobre si mesmas da crista para baixo. Mais de dez foram registradas em 1932 e várias outras no ano seguinte. Em 1934, houve um cálculo de que 40.468.564 hectares de terras agrícolas haviam perdido toda ou a maior parte de sua camada superficial para os ventos[26]. O Oeste do Kansas, o Leste do Colorado, o nordeste do Novo México e os enclaves do Oklahoma e do Texas foram os mais atingidos, e a região tornou-se conhecida como *Dust Bowl*[27].

"Eu não sabia o que estava vindo", comentou Lorene Delay White, que era pequena quando uma das primeiras tempestades atingiu sua casa no sudoeste do Kansas. "Ficou mais escuro e eu tive muito medo. Antes de ela nos atingir, os coelhos e as aves fugiram apressados. Nós nunca tínhamos visto algo assim… Então, ela desabou sobre nós e não dava para enxergar coisa alguma"[28].

Para Caroline Henderson, a natureza implacável das tempestades de poeira quase a fez sucumbir. Em certos dias, a poeira era tão espessa que ela não conseguia ver nem as janelas em sua casa por causa do "pretume sólido" da tempestade em fúria. A poeira estava em toda parte – ela descreveu que tinha "pó para comer, pó para respirar e pó para beber". A esperança de ter uma colheita decente foi ceifada pela poeira, obrigando-a a amargar o quarto ano de fracasso. Animais herbívoros não eram mais uma opção, pois as gramíneas nativas estavam encobertas pela poeira[29].

O *Dust Bowl* foi um apocalipse que durou uma década. Sem as raízes das gramíneas nativas que retêm a água, a camada superficial do solo exposto evaporou. "Nevascas pretas" de solo varrido pelo vento bloquearam o sol, encheram o céu e marcharam pela paisagem como tornados a seu lado. A poeira fazia redemoinhos e se juntava em pilhas altas. Em meados dos anos 1930, cientistas calcularam que só as planícies sulistas haviam perdido 850 milhões de toneladas da camada superficial do solo para os ventos[30].

Há inúmeras histórias sobre pessoas que foram mortas pelas tempestades. Um fazendeiro cujo carro ficou desgovernado e saiu da estrada em uma nevasca preta resolveu caminhar 3,2 quilômetros até sua casa, mas nunca chegou lá. No Kansas, um menino de sete anos foi apanhado pela tempestade e depois encontrado morto na terra[31]. Dois carros colidiram de frente enquanto avançavam lentamente às cegas pela poeira, e os dois motoristas morreram[32].

À medida que as coisas iam de mal a pior, muitos cavavam mais fundo sem resultado, ao passo que outros foram em busca de uma vida nova em outros lugares no país. Cerca de 2,5 milhões de pessoas partiram dos estados do *Dust Bowl* durante os anos 1930, a maior migração em massa na história dos Estados Unidos. Um total de 440.000 pessoas atingidas pela pobreza deixaram o Oklahoma na esperança de dias melhores, uma história imortalizada por John Steinbeck em seu romance clássico *As Vinhas da Ira* (Rio de Janeiro: Record; 2022) [33].

Obviamente, as tempestades de poeira também afetaram os animais. Os galinheiros ficaram encobertos pelo pó, ao passo que as galinhas pegas desprevenidas ao ar livre foram atiradas longe[34]. Só em um condado no Texas, a poeira matou 90% das galinhas. As vacas pararam de dar leite e o gado solto ficou cego, sem poder abrir os olhos grudado[35]. Outros morreram de fome ou de "febre do pó", com os estômagos lotados de pó.

Após as tempestades, as lebres famintas enxameavam. "Elas comiam tudo que fosse verde", disse Dorothy Sturdivan Kleffman, uma sobrevivente do *Dust Bowl*. "Os agricultores haviam matado os coiotes e isso desarranjou a ordem natural das coisas. O número de coelhos também explodiu e eles comiam tudo que fosse verde. Devoravam as hortas e jardins". Números enormes de coelhos competiam com as pessoas e o gado por qualquer coisa que a poeira não tivesse destruído. Comunidades agrícolas organizaram "ofensivas contra os coelhos", nas quais os animais desesperados eram conduzidos para um cercado grande e espancados até a morte com tacos e bastões. "Eles gritavam", recorda-se Dale Coen. "Eu ainda ouço o barulho que os coelhos faziam. Eu fui a uma dessas ofensivas e nunca mais quis participar"[36].

No entanto, nem todos viam as lebres e coelhos como inimigos. Caroline Henderson, por exemplo, tinha pena dessas vítimas da tragédia ambiental. Em uma manhã de Páscoa, ela achou um coelho abrigado em sua pilha de pedaços de lenha ao lado da porta da cozinha. Tremendo, faminto e sem um olho, o coelho nem tentou escapar, então ela o apanhou, lavou seu olho e deixou-o se recuperando na companhia de seu porquinho-da-índia de estimação. Ela escreveu sobre seu sentimento de afinidade com os animais em uma coluna para a *Atlantic Monthly*: "Quando esses seres selvagens, em geral tão capazes de se cuidar, precisam buscar proteção, isso indica uma crise cruel para os homens e os animais"[37].

No início dos anos 1930, as tempestades devastadoras nas planícies não eram a única coisa grave ocorrendo nos Estados Unidos; a nação havia mergulhado mais fundo na depressão econômica. Os preços dos cultivos haviam despencado nas planícies, mas a seca deixava pouca coisa para colher. No Kansas, Caroline Henderson descreveu que, embora poucas plantas crescessem, as pessoas não tinham outra opção a não ser seguir vivendo: "Nada do que produzimos aqui tem a menor chance de compensar nossa labuta. Mas continuamos trabalhando – e com mais afinco do que nunca"[38].

UMA NOVA ESPERANÇA

Ao tomar posse em março de 1933, o presidente Franklin D. Roosevelt abordou as realidades sombrias do capitalismo americano[39] e as tempestades escuras nas pradarias. Ele crescera cercado pela natureza no vale do rio Hudson, e isso lhe imprimiu uma mentalidade conservacionista[40]. Por isso, as tempestades e a seca o comoveram profundamente. E posteriormente ele diria: "Eu nunca vou me esquecer dos campos de trigo tão crestados pelo calor que não podiam ser colhidos. Eu nunca vou me esquecer de um campo após o outro com pés de milho mirrados, sem espigas nem folhas, e tudo que o sol poupou foi tomado pelos gafanhotos. Eu vi pastos marrons que não conseguiriam manter uma vaca em 20,2 hectares"[41].

Roosevelt agiu rapidamente para evitar que os fornecedores de alimentos da nação fossem à bancarrota, introduzindo medidas governamentais para absorver os excedentes e estabilizar a renda dos agricultores. O primeiro projeto de lei nesse sentido, a Lei de Ajustes Agrícolas, foi aprovado pelo Congresso dos Estados Unidos em 1933 como parte do New Deal. Em um esforço para restaurar os preços, os agricultores eram pagos para *não* plantar alimentos em parte de suas terras, e o governo comprava os excedentes. Passou a haver apoio estatal para a agricultura, algo que persiste até hoje. Entre os que se inscreveram para receber esse apoio estava Caroline Henderson, que concordou em limitar seu plantio de trigo a 15,7 hectares. "Nós sentimos que o governo realmente está fazendo um esforço sincero", ela escreveu[42]. Os preços das carnes também se estabilizaram graças a um novo programa federal para reduzir o excesso de gado e porcos em todo o país[43].

CONSERVAÇÃO

Para impedir que os solos sumissem, Roosevelt convocou o conservacionista Hugh Bennett para a Casa Branca. Contundente e carismático, Bennett, que viria a ser conhecido como "o pai da conservação do solo ", assumiu o cargo de diretor do recém-criado Serviço contra a Erosão do Solo. Sua primeira tarefa era derrubar o mito de que o solo era "indestrutível"[44].

Em 14 de abril de 1935, a pior "tempestade de poeira" da seca do *Dust Bowl* – o "Domingo Negro" – marcou a virada na crise do solo nas planícies. Até então, as tempestades eram distantes e abstratas, mas dessa vez a poeira chegou à capital, onde a areia fina e porosa fez os deputados e senadores se engasgarem. Bennett estava se apresentando diante de um comitê congressional em Washington, D.C. e, ciente de que a tempestade estava chegando, usou isso para demonstrar a necessidade de conservar o solo. A Lei de Conservação do Solo resultante, de 27 de abril de 1935, criou o Serviço de Conservação do Solo no Departamento de Agricultura dos Estados Unidos[45].

Bennett sabia que a catástrofe do *Dust Bowl* se devia à ação humana – e culpou "políticas públicas equivocadas"[46] e um "sistema agrícola que não podia ser permanente e próspero"[47]. Convencido de que técnicas de conservação poderiam ajudar a recuperar as planícies, ele previu que os agricultores alternariam os cultivos, deixariam a terra descansar, arariam em contornos ou linhas onduladas para evitar que a chuva fizesse a terra escorrer ou abandonariam de vez o arado.

Daí em diante, a conservação do solo se tornou uma prioridade. Quarenta mil agricultores se inscreveram para um pacote de incentivos em troca de adotar práticas que conservassem o solo e, em consequência, a quantidade de solo suscetível a erosões foi reduzida pela metade. O pastejo foi regulado para deter a erosão das pastagens restantes, ao passo que milhões de hectares de terras agrícolas foram comprados pelo governo e transformados em pastos. O Projeto do Cinturão de Abrigo das Grandes Planícies investiu recursos enormes no plantio de mais de 200 milhões de árvores nos estados atingidos pelo *Dust Bowl*, para formar um enorme quebra-vento que deteria os ventos e seu poder destrutivo; até hoje essa iniciativa é considerada um dos maiores êxitos ambientais de todos os tempos[48].

Graças à intervenção de Roosevelt e ao retorno das chuvas, a seca acabou em 1939. Em um discurso em 1940 no Great Smoky Mountains National Park, Roosevelt fez a seguinte reflexão: "Nós derrubamos nossas florestas, usamos nossos solos e estimulamos as inundações a tal ponto... que subitamente temos de encarar o fato de que, se não agirmos já em prol das vidas de nossos filhos e netos, eles não poderão desfrutar o modo de vida americano e sequer viver"[49].

Os Hendersons voltaram a ter colheitas boas. "Nossa colheita de trigo foi boa... O volume maior de chuva nos permitiu ter pastos amplos e o gado foi razoavelmente bem... e tínhamos uma bela horta e mantimentos guardados para a maior parte do inverno"[50]. No entanto, os anos dos "demônios da poeira" fizeram Caroline envelhecer prematuramente. Um jornal local estampou uma fotografia dela ao lado de sua irmã Susie, mas achou que elas eram mãe e filha. Ao contrário da aparência jovial de sua irmã, Caroline estava macérrima, enrugada e esgotada[51]. Ela e Will continuaram trabalhando bem em sua propriedade rural até os anos 1960. Por fim, tiveram de sair de lá devido à saúde debilitada e não demorou para que ambos morressem em um intervalo de poucos meses em 1966. O que sobrou de sua propriedade rural foi posto em fideicomisso, o que significa que ela nunca mais será sujeita ao arado.

A abordagem de Roosevelt para a conservação do solo envolveu encarar e lidar com os fatos, pensando nas necessidades das gerações vindouras. Com o aumento atual das ameaças ambientais, uma pergunta se impõe: aqueles que agora estão no poder seguirão seu exemplo?

11

VILÕES ALIMENTARES CÉLEBRES

COMO A AGRICULTURA INDUSTRIAL MATOU A ZONA RURAL

Levei 25 anos para ter coragem de dizer algo que sempre achei óbvio: que a maneira mais eficiente de manter uma vaca é deixá-la pastar em uma encosta relvada na colina. Mas por grande parte da minha carreira, isso foi descartado por uma linha de pensamento que sugere que as vacas devem ser alimentadas com grãos cultivados em terras agrícolas de primeira linha. No entanto, uma vaca em uma encosta relvada na colina deveria pastar em uma terra inadequada para a produção de cultivos ou talvez deixada para se recuperar após a produção de cultivos. E ao comer gramíneas que as pessoas não podem comer, as vacas e outros animais ruminantes florescem. Dessa maneira, os animais de criação utilizam terra agrícola marginal ou rotativa, enquanto reforçam o celeiro de alimentos. E, para mim, isso é eficiente.

No entanto, dizer isso é uma afronta para a agroindústria moderna e pode até parecer ridículo. Eu me lembro das críticas que recebi no Twitter por ousar sugerir que o lugar das vacas é nos campos. Agricultores que usam métodos intensivos desdenharam desse pensamento. Será que eu não percebia que as vacas seriam muito menos produtivas se fossem mantidas naturalmente? Eu fui trolado impiedosamente e minha família também virou alvo de chacota. Em várias ocasiões, cheguei em casa e encontrei minha mulher chorando, magoada pela enxurrada de abusos. Uma emissora de rádio local soube da história e infelizmente a explorou pela perspectiva do lado obscuro das mídias sociais, esquecendo-se de enfocar a situação angustiante da zona rural.

Naquele momento eu aprendi que falar verdades simples pode incomodar muita gente, especialmente se elas ameaçarem interesses velados. Mas tive a sorte de descobrir a Pasture-Fed Livestock Association (PFLA), que é formada por um grupo de agricultores que sabe que o lugar das vacas é nos campos e que se empenham para alimentar seus animais com gramíneas e outras folhagens. Quando foi fundada, a associação causou sensação nos círculos agropecuários. Quem poderia imaginar que animais herbívoros podem ser criados com gramíneas, ao invés de grãos? Desde então, a associação vem se expandindo, inclui centenas de agricultores e sua mensagem está repercutindo internacionalmente entre guardiões progressistas da zona rural. Eu descobri que há movimentos semelhantes nos Estados Unidos, Itália e Argentina, muitas vezes encapsulados por palavras como "alimentado no pasto", "regenerativo" ou "agroecologia". Seja qual for o rótulo dado, a ideia básica é tratar os animais como seres vivos em uma zona rural da qual nós dependemos para o nosso bem-estar.

Buscar a verdade em relação à produção de alimentos e ao tratamento dado aos animais na zona rural é o que me motiva nesta jornada de 30 anos para desvendar as entranhas da agroindústria. Há uma década minha cruzada ganhou um novo ímpeto. Viajando com a jornalista Isabel Oakeshott, eu estava decidido a ligar os pontos entre a crueldade com os animais e o impacto sobre o meio ambiente e a saúde humana. Dez anos após meu primeiro livro, *Farmageddon: The true cost of cheap meat* (Reino Unido. Bloomsbury Publishing, 2014), há muito mais conscientização, conforme demonstram movimentos inspiradores como o Extinction Rebellion e as greves estudantis de Greta Thunberg pelo clima. No cerne das emergências do clima, da natureza e da saúde está a temerária abordagem industrial na agropecuária.

Efetuar mudanças é duplamente difícil quando poderosos interesses velados estão por trás do *status quo*. Eu resolvi fazer uma jornada nas entranhas da fera que é a pecuária industrial, para examinar esses interesses ocultos que blindam um sistema profundamente danoso.

NAS ENTRANHAS DA FERA

Com certeza, hoje não era o melhor dia para dirigir no Sudoeste da Inglaterra, mas para onde eu estava indo, o tempo não fazia diferença, pois as condições são sempre iguais dentro de um galpão com galinhas em bateria. Após uma longa viagem, eu entrei em uma pista de concreto na intersecção da zona rural com uma propriedade industrial, com escritórios e galpões grandes cercados por campos. Havia um café à minha espera na recepção e meus anfitriões foram hospitaleiros querendo causar uma boa impressão. Eu poderia ver o que quisesse, mas não podia tirar fotos, pois eles não queriam que seu negócio fosse descortinado para o público. Eu estava prestes a ver em primeira mão como a maioria dos ovos é produzida.

Ao entrar em um galpão sem janelas, fiquei atordoado com a visão de uma sucessão de fileiras de gaiolas empilhadas umas sobre as outras. O barulho era ensurdecedor. O lugar era sombrio, mas dava para distinguir as cabeças frenéticas de galinhas entrando e saindo pelas frestas das gaiolas, o único sinal de que ali havia seres vivos. As aves estavam fixadas em grânulos alimentícios entregues por uma correia transportadora, o único ponto de interesse em grande parte de seu dia. Elas estavam tão apertadas que não conseguiam esticar as asas. Havia 100 mil galinhas trancadas em uma massa de tela metálica, e o espaço entre elas era menor do que uma folha de papel A4. Elas ficavam sobre arame desnudo e meio agachadas porque o teto metálico as impedia de ficar em pé.

O convite para ver gaiolas em bateria para galinhas na Grã-Bretanha veio nos anos 1990, após eu ter feito uma matéria sobre a venda de ovos com rótulos tranquilizadores, porém mentirosos, como "frescos", "frescos da fazenda" ou "frescos do campo", em supermercados. O setor aviário estava ansioso para me envolver, a fim de evitar mais problemas.

Reconhecidamente, o clamor que levou à minha visita, seguido por décadas de lutas, fez com que essas gaiolas "áridas" fossem proibidas na Europa em 2012, mas as chamadas gaiolas "enriquecidas" que as substituíram não são muito melhores. Embora deem um poleiro e um espaço a mais do tamanho de um cartão-postal para as galinhas, elas não passam de gaiolas. Houve também algum progresso nos rótulos: na Grã-Bretanha e na Europa, ovos de galinhas criadas em gaiolas "enriquecidas" têm de ser rotulados como "ovos de galinhas engaioladas", embora essa informação geralmente esteja em letras tão miúdas que a indústria aviária se safa muito bem.

Apesar de algumas reformas, a produção industrial de ovos prevalece. A maioria dos ovos produzidos na Europa provêm de galinhas engaioladas, mas a proporção de galinhas engaioladas na Grã-Bretanha caiu para menos da metade, graças ao trabalho da Compassion in World Farming e outras ONGs. Mas ainda precisa haver uma proibição total.

Quando entrei na Compassion in World Farming, em 1990, fiz questão de ver pessoalmente como os animais são de fato mantidos, para que eu pudesse falar convincentemente sobre o que estava acontecendo. Fui com uma equipe investigativa secreta a fazendas industrializadas, e segui lotes de animais vivos saindo das Midlands para Dover e sendo exportados pelo Canal da Mancha para o continente europeu. Eu nunca perdi a gana de ver o que está acontecendo e descobrir a história oculta por trás dessas celebridades do mundo gastronômico: galinhas, ovos e *bacon*.

Esses vilões alimentares célebres são aparentados com os Gêmeos Kray, os famosos criminosos britânicos dos anos 1960. Como Ronnie e Reggie, cujo estilo de vida glamoroso escondia um lado profundamente obscuro, os dois ingredientes clássicos de um típico café da manhã "Full English" – o *bacon* e os ovos – têm histórias pregressas que os marqueteiros fazem de tudo para esconder; e a maioria deles é manufaturada usando o mais cruel dos sistemas. Especialmente no caso da carne, rótulos honestos são uma raridade e a indústria usa malabarismos de *marketing* em uma tentativa desesperada de defender o indefensável. Esquemas para tranquilizar os consumidores, como o logotipo do esquema de padronização alimentar Red Tractor ou a marca British Lion em ovos no Reino Unido, na verdade cumprem apenas os requisitos legais mínimos para o bem-estar animal.

Nos últimos anos, eu renovei meu ímpeto para ver ao vivo as realidades da pecuária industrial mundo afora e convenci Isabel a me acompanhar. Em 2011, ela estava mais preocupada em cuidar de seu bebê, mas eu queria mostrar-lhe o que realmente estava acontecendo por trás do véu opaco de rótulos como "fresco", "direto da fazenda" e "direto do campo" em alimentos.

Nós começamos na Califórnia o berço espiritual do tipo de megafazenda alardeada na época como o futuro da agropecuária na Grã-Bretanha e na Europa. Isabel ficou chateada, mas nós desviamos das luzes brilhantes de Hollywood e fomos para o Central Valley, onde a agropecuária tinha uma escala e intensidade que eu nunca vira antes. Havia campos imensos com cultivos e enormes plantações de amêndoas e frutas. Parecia que os cultivos eram pulverizados incessantemente com pesticidas por helicópteros ou veículos *high-tech* dirigidos por pessoas usando máscaras. As abelhas selvagens haviam desaparecido. Por conta disso, 40 bilhões de abelhas eram trazidas para o estado a cada ano por milhares de caminhões, para fazer o que a natureza sempre soube realizar: polinizar as plantações. Quando voamos em um pequeno avião para ter uma visão panorâmica, a mera escala dessa vasta colcha de retalhos era de cair o queixo. Havia enormes campos contínuos com cultivos específicos, sem cercas vivas nem matas. De vez em quando, víamos o que parecia uma cicatriz viciosa na paisagem. Eram as megafazendas leiteiras, cada uma com até 12 mil vacas em um único cercado empoeirado e sem uma folha de relva à vista. Quando eu disse que algumas pessoas viam isso como o futuro da agropecuária, Isabel ficou horrorizada e disse: "Isso mais parece o *agrogedom*".

Ao tirar o véu desse cenário, nós descobrimos que não são os agricultores que estão ganhando dinheiro com isso, mas a "Big Ag". Por trás do verniz dado pelo *marketing* e da suposta "eficiência", as empresas que produzem e vendem alimentos para animais, os produtos químicos necessários para que cresçam, os equipamentos para manter os animais confinados e os medicamentos veterinários para protelar doenças inevitáveis movimentam bateladas de dinheiro. Empresas multinacionais brotaram de repente para fornecer aos agricultores os aparatos da agricultura "moderna".

Em seu cerne, a pecuária industrial depende de um fornecimento confiável de grãos abundantes e baratos. Cultivos destinados à alimentação de animais criados intensivamente tendem a ser plantados intensivamente, o que cria um grande mercado para pesticidas e fertilizantes artificiais.

A ascensão da criação de animais como um grande mercado para as safras de grãos teve origem há quase um século, com o *Dust Bowl* e o Colapso de Wall Street de 1929 nos Estados Unidos. Quando os preços dos produtos agrícolas despencaram, os agricultores intensificaram a produção, o que fez os preços caírem ainda mais. Os grãos ficaram tão abundantes e baratos que passaram a ser usados como alimento para os animais. O Farm Bill, um pacote colossal de subsídios do governo americano para ajudar os agricultores em dificuldades devido à Grande Depressão, só piorou a situação.

Atualmente, a legislação agrícola dos Estados Unidos descreve seus principais subsídios como uma cobertura para "riscos agrícolas" e "queda nos preços"[1], mas seu efeito é deixar os agricultores menos atentos às necessidades do mercado e do clima. Conforme diz um relatório do Environmental Working Group baseado em Washington, a legislação agrícola "premia os agricultores por não ligarem para a mudança climática e, na verdade, os estimula a plantarem os mesmos cultivos da mesma maneira todos os anos, fingindo que colheitas ruins não acontecem e repetindo os erros dos anos 1930"[2].

Na Europa, a Política Agrícola Comum (CAP) introduziu subsídios para proteger os agricultores europeus da concorrência internacional e da flutuação de preços[3], mas distorceu o mercado. Os agricultores passaram a produzir mais do que era necessário, resultando nas notórias montanhas de manteiga e carne e nos lagos de vinho dos anos 1980. Os pagamentos da CAP incentivaram a produção arável em grande escala, levando à ascensão dos "barões da cevada" – produtores de cereais que enriqueceram com os subsídios.

Há muito tempo a CAP é criticada por promover uma mudança no sentido da intensificação. A própria Comissão Europeia admite que estimulou os agricultores a "usarem maquinário moderno e novas técnicas, incluindo fertilizantes e outros produtos químicos, para proteger as plantas"[4], o que é um eufemismo para pesticidas. Mais recentemente, os subsídios foram em grande parte desacoplados da produção e passaram a se basear mais na área cultivada, mas isso incentivou as fazendas a ficarem ainda maiores.

Durante a década passada, a União Europeia estava gastando € 50 bilhões em pagamentos da CAP a cada ano, o que perfazia 40% do orçamento inteiro do bloco europeu[5]. A Grã-Bretanha introduziu um esquema de subsídios com a Agriculture Act em 1947, mas ele foi substituído pela CAP quando ela entrou no Mercado Comum Europeu, em 1973. Antes do Brexit, os agricultores britânicos recebiam mais de £ 3 bilhões de subsídios por ano.

Além de um *boom* nos subsídios para a agricultura, tem havido uma queda nos preços recebidos pelos agricultores e uma alta no preço dos insumos – fertilizantes, pesticidas, maquinário etc. Portanto, grande parte dos subsídios vai para a Big Ag. Assim como aconteceu na era do *Dust Bowl* nos Estados

Unidos, as fazendas ficam presas em uma esteira desenfreada, tendo de pedalar mais rápido para produzir mais a um custo menor. Elas se especializam em produzir um número limitado de produtos, pois a escala se torna o ponto primordial, de modo que a agricultura intensiva à base de produtos químicos passa a dominar.

Para aumentar as vendas, os produtores de cereais precisam de uma base de consumidores que se expanda globalmente, e é aí que entra a criação industrial de animais. Se você plantar cereais para alimentar as pessoas, suas vendas serão limitadas pelo tamanho da população. Mas se vender trigo ou milho para alimentar animais, você conseguirá vender mais seu produto para o mesmo número de pessoas. São necessárias quantidades bem maiores de trigo, milho ou soja para prover o equivalente em carne; na melhor das hipóteses, para cada 100 calorias de trigo, milho ou soja dadas aos animais de criação, nós recebemos apenas 30 calorias de volta em forma de carne e de produtos derivados do leite. Quando se trata de proteínas, a perda na conversão é igualmente decepcionante. Para cada 100 gramas de proteína de grãos dados aos animais, nós só aproveitamos 35 calorias nos ovos, 40 nas galinhas, dez nos porcos ou cinco na carne bovina[6].

Desperdiçar grãos como alimento para animais é um grande negócio. A renda das 11 maiores empresas internacionais que produzem carne e grãos para alimentar animais é da ordem de US$ 250 bilhões por ano. Uma das maiores é o CP Food Group, da Tailândia, cuja receita é de US$ 18 bilhões com a produção pecuária e as vendas de alimento para animais e comidas processadas[7]. A maior empresa ocidental é a Cargill, que tem um faturamento de US$ 113,5 bilhões e opera globalmente com alimentos para animais, ingredientes culinários e produção pecuária[8]. A Tyson Foods do Arkansas é uma grande produtora de carne de frango, bovina e suína, cuja receita de vendas foi de US$ 42,4 bilhões em 2019[9]. A enorme empresa brasileira JBS opera no mundo inteiro e pode abater até 14 milhões de galinhas por dia[10]. Sua renda operacional líquida é equivalente a US$ 40 bilhões[11].

Como diretor executivo de uma ONG global que luta para acabar com a agropecuária industrial tendo orçamentos para campanhas comparativamente minúsculos, não tenho ilusões sobre a escala da tarefa de pressionar por reformas. E nossa tarefa é ainda mais difícil devido à retórica falsa de que a agropecuária industrial de certa forma é "eficiente", quando a realidade é que alimentar animais com grãos desperdiça a grande maioria do valor alimentício das safras. Em contraste, vacas e ovelhas que pastam em encostas relvadas ou em pastos rotativos convertem o que não podemos comer – gramíneas – em algo que podemos. Galinhas e porcos que se alimentam nas beiras de matas ou com restos de comida apropriados fazem a mesma coisa.

Para a Big Ag, a "eficiência" consiste em vender alimentos, produtos químicos e medicamentos para os agricultores. As vendas combinadas anuais de fertilizantes artificiais de apenas três empresas – Nutrien[12], Yara International[13] e Mosaic Company[14] – rendem US$ 42 bilhões[15]. A Corteva Agriscience registrou vendas no mundo todo de US$ 14,3 bilhões em 2019[16]. A divisão de "Crop Science" da Bayer (que adquiriu a empresa agroquímica Monsanto, produtora do herbicida Roundup e de cultivos geneticamente modificados e resistentes a herbicidas) teve vendas anuais de € 14,3 bilhões[17]. A Syngenta, que é uma das diversas empresas pertencentes à ChemChina, fatura US$ 13,6 bilhões[18]. Completando a lista, a renda da BASF é de cerca de € 7,8 bilhões[19].

De volta à fazenda industrial, a presença de tantos animais em estreita proximidade cria um ambiente para doenças, dando à Big Ag a oportunidade de vender antibióticos e outros produtos farmacêuticos para os agricultores. Não por acaso, 73% do estoque de antibióticos do mundo se destina a animais de criação, largamente para evitar doenças associadas à agricultura intensiva[20]. As seis maiores empresas farmacêuticas dependem do setor pecuário para amealhar US$ 9 bilhões em vendas a cada ano[21]. Esses números enormes mostram como a Big Ag floresce, enquanto os animais e a zona rural sofrem, e os agricultores comuns ficam encurralados.

SEM PENA DO POBRE NEGOCIANTE DE GRÃOS

Se não fosse pelo cajado de pastor em sua mão e o gado se movimentando à sua frente, Neil Heseltine poderia ser confundido como um adepto de longas caminhadas que estava apreciando o cenário estupendo do Yorkshire Dales National Park. Musculoso, com cabelos castanhos-aloirados revoltos, calças cáqui folgadas e uma jaqueta impermeável azul, ele estava encaminhando suas vacas para uma encosta relvada na colina. Fazendeiro da quarta geração, Heseltine tem 485,6 hectares de planaltos escarpados de calcário em

Malham, em North Yorkshire, um destino popular para caminhantes que estão atravessando os Peninos. Sua fazenda é um lugar de pastagens e muros de alvenaria insossa nas colinas ondulantes. Na área mais baixa, o acesso ao estábulo peculiar é por velhas sendas de pedra usadas por monges, tropeiros e agricultores há milênios.

Heseltine faz parte de uma nova raça de fazendeiros que rejeita as ofertas do mercador de comida em favor do capim sob seus pés. Ele tem 400 ovelhas e 150 cabeças de gado Belted Galloway – animais de aparência fantástica com pelagem preta em tufos e uma ampla faixa branca ao redor da cintura. Seu gado fica o ano todo nas colinas e só se alimenta do pasto. Os animais nunca comeram grãos. Já o rebanho de ovelhas há muito tempo é criado "convencionalmente", ou seja, alimentado com muitos grãos em forma de "concentrados".

Em 2012, Heseltine percebeu que era mais lucrativo manter seu gado pastando nas encostas do que alimentar suas ovelhas Swaledale com grãos. Na melhor das hipóteses, o custo de mantê-las empatava com o lucro. Quando ele eliminou os grãos e diminuiu o rebanho pela metade, os benefícios ambientais e financeiros foram enormes. Em 2012, ele só ganhou £ 478 com suas 400 ovelhas. Quatro anos depois e com apenas 200 ovelhas, seu rebanho estava rendendo mais de £ 17 mil por ano[22]. Como isso foi possível? Como os gastos com alimentação e medicamentos veterinários diminuíram muito, as ovelhas puderam crescer mais naturalmente, deixar o pasto se recuperar e flores silvestres desabrocharem. O rebanho se tornou mais saudável e menos dependente de tratamentos rotineiros com medicamentos. Heseltine se afastou da criação "convencional", cortando o cordão umbilical que mantinha o dinheiro fluindo para as empresas farmacêuticas e de alimentação animal. E passou a seguir um caminho ecológico também chamado de "agroecologia".

Fazer algo diferente significou deixar para trás anos de conselhos da indústria e de pressão dos seus pares. Livrar-se das convenções significou atrair a ira daqueles em seu entorno, cuja reação, conforme Heseltine notou, geralmente era "de repúdio"[23]. Sua decisão de ir contra as normas foi fortalecida quando ele encontrou um grupo de pares na Pasture-Fed Livestock Association, que naquela época era uma associação recente criada por agricultores que queriam estimular a criação de animais ruminantes no pasto e deter o "dreno dos grãos".

O dr. John Meadley, fundador e presidente da PFLA, me falou sobre as motivações do grupo. "Não é fácil opor-se a uma tendência, especialmente quando muitas empresas se beneficiam vendendo alimentos, fertilizantes e outros produtos químicos para agricultores. Compreensivelmente, elas se sentem ameaçadas por uma abordagem que prega a alimentação só no pasto e não precisa mais delas. Mas é inevitável adotar uma abordagem que busca promover a natureza, ao invés de controlá-la, e nós já estamos vendo isso acontecer".

Os grandes negócios e a pressão das convenções fazem com que a agropecuária industrial relute em responder à altura ao *agrogedom* iminente. "Pressões econômicas estimulam os agricultores a alimentarem cada vez mais seus animais com *commodities* como cereais e soja importada que consomem muita energia, para que eles cresçam mais rápido, e a manterem as vacas confinadas para que não 'gastem' energia indo para os campos, circulando por lá e voltando", disse Meadley. "Mas nós mostramos que criar gado e ovelhas só no pasto pode gerar benefícios para os animais, para o meio ambiente e até para os negócios".

O exemplo de Heseltine – assim como o de tantos outros – comprova que separar a agricultura e a pecuária do agronegócio pode gerar benefícios tangíveis. Os animais vivem melhor e os agricultores têm meios melhores de subsistência. Embora o cultivo ecológico possa não dar lucros no curto prazo, é vital assegurar que o dinheiro vá para as pessoas certas. Na batalha pela zona rural, eu aprendi que não devemos ter pena do "pobre" negociante de grãos.

FIGURÕES

No setor agrícola, o poder está em poucas mãos; as paisagens econômicas e políticas que criaram o sistema alimentar atual são reforçadas por interesses gigantescos com grande influência política.

Para se ter uma ideia de como o poder é exercido, eu falei com Dominic Dyer, ex-CEO da Crop Protection Association, um influente grupo de *lobby* da indústria química[24]. Tendo trabalhado anteriormente para o Ministério da Agricultura e a Food and Drink Federation, Dyer, que está perto dos 50 anos de idade, é um grande defensor do bem-estar animal.

Dyer entrou no grupo de *lobby* da indústria agroquímica em 2008, representando empresas como a BASF, a Bayer, a Monsanto e a Syngenta[25]. Eles queriam alguém com conhecimento e experiência na indústria alimentícia para examinar o uso de agroquímicos na cadeia alimentar. Ele assumiu a função quando a economia estava em dificuldades e os preços dos alimentos estavam disparando, gerando um debate sobre a produção global de alimentos.

"Subitamente, houve uma oportunidade para o setor agroquímico dizer 'nossa tecnologia está permitindo cultivar e criar mais', e esse era o tipo de mensagem que eu estava propagando", admitiu Dyer. Embora fosse competente para propagar a mensagem, com o passar do tempo ele começou a questionar a integridade de seu roteiro que insistia na necessidade de "alimentar o mundo" e que produtos agroquímicos ajudam a fazer isso e a manter os preços baixos.

Ele se lembra de uma época em que o Parlamento Europeu estava a fim de restringir o uso de produtos agroquímicos, o que faria grandes empresas perderem muito dinheiro. Dyer então convocou as várias entidades do agronegócio para advertirem sobre as consequências terríveis para os preços dos alimentos, e os formuladores e gestores de políticas públicas recuaram.

"Eu reuni todas essas entidades em um lugar para dizerem ao governo 'é isso que vai acontecer…', então eles [o Parlamento Europeu] recuaram", disse Dyer. "Fazendo um retrospecto, alguns desses produtos químicos provavelmente deveriam ter sido retirados da lista aprovada naquela época, mas continuaram válidos devido ao que nós fizemos. Isso mostra o quanto o governo pode ser influenciado pela indústria".

Segundo seu relato, as 25 empresas reunidas em uma sala "praticamente representavam a cadeia alimentar. Isso me mostrou que o poder da grande indústria está nas mãos de relativamente poucas pessoas".

No mesmo dia em que encontrei Dyer, fui um dos cerca de 100 convidados nos Kew Gardens para o canto do cisne de Michael Gove como secretário de Estado para o Meio Ambiente, Alimentação e Assuntos Rurais. Em uma grandiosa estufa de plantas em um dos oásis de Londres em um dia refrescante em julho de 2019, Gove citou a "intensificação agrícola", a mudança climática e o desmatamento como os motores da derrocada da natureza. Foi um discurso extraordinário, imbuído de urgência e clareza – um toque de clarim para ações em massa que fez muitos ativistas parecerem mansos.

"O tempo está se esgotando para fazermos a diferença necessária, para consertar os danos que nossa espécie fez para o planeta que espoliamos. Em todos os lugares a natureza está retrocedendo – a catastrófica perda de biodiversidade em todo o globo é um resultado das ações humanas", disse Gove. Ele também afirmou que os agricultores britânicos seriam recompensados por cuidar da zona rural após o Brexit, algo que os subsídios agrícolas da União Europeia desestimulavam largamente.

Globalmente, o dinheiro público está provendo US$ 700 bilhões por ano em subsídios rurais, mais de US$ 1 milhão por minuto, e grande parte dessa soma está impulsionando a crise climática e destruindo a vida selvagem. Um relatório detalhado da Food and Land Use Coalition em 2019 mostrou que apenas 1% dos subsídios dado aos agricultores é usado para beneficiar o meio ambiente[26]. O relatório advertiu que, sem a reforma desses subsídios, a humanidade está em risco[27].

A necessidade de haver mudanças não é nova. Uma década atrás, 400 cientistas contribuíram para o relatório seminal *Agriculture at a Crossroads*, que exortava pelo estabelecimento de sistemas agrícolas ecológica e socialmente sustentáveis para substituir os subsídios que estimulam a agricultura industrial. O relatório, encomendado pelo Banco Mundial e seis agências da ONU com o endosso de 59 países, mostrou o impacto perigoso da agricultura intensiva sobre os mais pobres; apesar dos suprimentos maiores de alimentos no mundo, a pobreza na África Subsaariana, por exemplo, continua igual. O relatório clamou por uma abordagem agroecológica para alimentar o mundo[28].

Em 2019, eu tive o privilégio de dividir o palco com um dos principais autores do relatório, o professor Hans Herren, no Festival Literário de Oxford. Fazendeiro e entomologista suíço, Herren foi para a Nigéria no início de sua carreira, onde criou o maior programa mundial de controle de pragas agrícolas sem o uso de produtos químicos. O foco do projeto era combater a cochonilha que ataca a mandioca e é o flagelo dos cultivos de alimentos de primeira necessidade na África. Para combatê-la, ele usou um inimigo natural – uma vespa parasita Sul-americana – e evitou uma das maiores crises alimentares do mundo, salvando 20 milhões de vidas[29].

Herren se dedica de corpo e alma ao desenvolvimento sustentável e à produção de alimentos. Uma década após o relatório, perguntei a ele se a agricultura industrial de fato estava ajudando a alimentar o mundo. "Nós produzimos demais e desperdiçamos demais" foi sua resposta. "E isso fez o mundo ultrapassar as fronteiras planetárias. Nós estamos em um planeta com recursos limitados, então é inviável usar sempre mais", complementou ele.

Herren e seus colegas se rebelaram contra o *status quo*, a narrativa promovida pela agricultura industrial de que é preciso produzir mais alimentos para alimentar mais pessoas. Essa narrativa de "alimentar o mundo" se tornou o jargão da Big Ag, mas Herren a repudia. "Nós produzimos o dobro dos alimentos necessários", afirmou ele. "Isso significa que, mesmo que haja um acréscimo populacional de dois bilhões aos sete e meio bilhões atuais, ainda haverá muita comida. Portanto, essa argumentação de que precisamos de mais alimentos, a qual é sempre repetida pela indústria química, pelo agronegócio e outros interessados, é basicamente errada".

Embora a Big Ag insufle temores de que, sem a intensificação, todos nós morreríamos de fome, as evidências pintam um quadro diferente: uma análise científica de abrangência global mostrou que a agricultura orgânica de fato aumenta os rendimentos em países em desenvolvimento, onde são mais necessários. Em comparação com a agricultura não orgânica (intensiva), os rendimentos de alimentos de origem animal e vegetal foram em média 80% mais altos. Os cientistas concluíram que "países em desenvolvimento podem aumentar sua segurança alimentar com a agricultura orgânica". E em países desenvolvidos, onde tantas coisas são produzidas que vastas quantidades são dadas para animais de criação ou jogadas fora, os rendimentos eram em média de apenas 8%. Ou seja, dificilmente o colapso total da indústria química nos meteria medo[30].

Diante de um mundo com intensificação agrícola crescente, Herren teme pelo futuro. A intensificação "fez nosso sistema agrícola ter pouquíssima resiliência. Nós não conseguimos dominar as secas nem as inundações. E por quê? Porque nossos solos não são mais como deveriam ser: uma esponja que absorve a água em excesso e a libera quando é preciso", explicou ele. Seu relatório mencionou um "ciclo vicioso"; as práticas agrícolas atuais degradam o meio ambiente, fazendo os agricultores irem para terras marginais. Uma década depois, a FAO apontou a existência de "uma espiral descendente viciosa" ao descrever os efeitos da produção agrícola em escala industrial sobre o solo; em última instância, disse a FAO, a produção de alimentos é "gravemente afetada"[31].

"Nós precisamos optar por um caminho diferente", Herren me disse, "plantando e criando em harmonia com o meio ambiente". Diante do acúmulo evidente de emergências relativas ao clima, à natureza e à saúde, sendo que os alimentos pesam muito em todas elas, eu perguntei a ele por que as coisas não estão mudando com mais rapidez. "Porque as grandes empresas detêm um poder enorme e são elas que realmente mandam nas políticas agrícolas" foi sua resposta.

LINHAS DA BATALHA

Em Nairóbi, os portões de segurança retiniram quando entrei no epicentro da batalha pelo planeta. Eu estava na sede africana das Nações Unidas, onde o saguão de entrada com um forte aparato de segurança se abria para uma vastidão de gramados, prédios para reuniões e escritórios. Uma estatueta em tamanho natural de um elefante ficava de tocaia à sombra mosqueada das árvores ao redor. Como sempre, eu estava com minha câmera, mas essa foi a cena mais próxima de um safári durante minha estada.

Em uma manhã quente de março no Quênia, segui por uma avenida cheia de curvas com quase 200 bandeiras tremulando, uma para cada país-membro da ONU. Como protetor dos animais, eu estava lá não para representar um país, mas para hastear a bandeira em prol da alimentação humana. Nas Assembleias da ONU para o Meio Ambiente, os problemas da mudança climática, dos combustíveis fósseis e do plástico sempre estavam na agenda, mas a alimentação mal era registrada. No gramado, a réplica de um iate grande e bem colorido flutuava em um "mar" de garrafas de plástico. Fascinada pela montagem, uma menininha se agachou ao lado para vê-la melhor, então seu pai a ergueu e a colocou no barco. Isso me fez pensar que quando a menininha tiver a idade de seu pai, talvez sejam os alimentos, e não o plástico, que estejam sacudindo o barco planetário.

Com a participação de quase 5 mil chefes de Estado, ministros, líderes empresariais, autoridades da ONU e representantes da sociedade civil, a Assembleia das Nações Unidas para o Meio Ambiente foi um redemoinho de reuniões e apresentações visando o combate às nossas crises ambientais e direcionar a interação da humanidade com o planeta para a segurança. Isso dava a sensação de um momento revolucionário.

Eu tive o privilégio de participar em uma sessão sobre comida saudável para um planeta sustentável, ao lado de várias partes interessadas em discutir como podemos propiciar um futuro decente para a próxima geração. Não por acaso, eu me vi ladeado por representantes da Big Ag que fizeram a defesa dos fertilizantes químicos, dos pesticidas, dos organismos geneticamente modificados e da edição genética.

Eu ouvi o representante da Croplife International falar sobre um esquema brasileiro para reciclar os barris de plástico que acondicionam os pesticidas. A ideia claramente era desfazer a onda de preocupação com os plásticos, embora o que mais incomode não sejam os barris de plástico, mas os produtos químicos que eles contêm. Afinal de contas, o uso excessivo de pesticidas químicos intoxica uma pessoa a cada 90 minutos no Brasil.

Eu usei meu discurso programático para fazer uma advertência rematada sobre as consequências ambientais do nosso sistema alimentar atual, delineando o cenário de *agrogedom* que está nos encaminhando para uma enorme crise planetária. Eu disse que, no cerne de todas essas ameaças, está a agricultura industrial: o uso de pesticidas, fertilizantes, gaiolas e cultivos de monoculturas para produzir carne e leite "baratos". Eu falei que é preciso haver uma visão sustentável para os alimentos, a agropecuária e a natureza. Eu implorei que houvesse um consenso entre líderes nos governos e nos negócios, um acordo global em prol de um sistema alimentar regenerativo, sem pecuária industrial nem consumo excessivo de carne.

Eu não estava sozinho; outros oradores falaram sobre a importância de reduzir a produção de carne e derivados do leite, a fim de estabilizar o clima e salvar a natureza.

Eu fiquei animado com o nível de apoio que recebi, mas um incidente durante a sessão de *feedback* no plenário para os governos mundiais sublinhou a escala dos desafios pela frente. O plenário da ONU já havia ouvido embaixadores mirins, representando a voz dos jovens, que elencaram os pontos que achavam mais importantes: os plásticos, a perda de vida selvagem e os alimentos. A mensagem era potente: já que não conseguiram proteger o planeta, os adultos tinham de parar de arengar como crianças e arregaçar as mangas para fazer as mudanças necessárias.

Quando chegou a vez dos moderadores dos *workshops* para adultos se reportarem às autoridades da ONU e dos governos, o representante do setor de fertilizantes tomou a palavra para resumir "minha" sessão; eu fiquei chocado ao constatar que minha mensagem programática, assim como as de outros que também viam a necessidade de transformar o sistema alimentar, havia sido descaradamente ignorada. E a visão passada para os governos enfocava o papel dos fertilizantes e da edição genética para entregar alimentos para o futuro. Minha exortação para reduzir o consumo de carne e sair da armadilha da Big Ag foi abafada. O que os líderes mundiais ouviram foi que algumas comunidades em regiões em desenvolvimento precisavam comer mais carne. Eu fiquei atônito ao ver como esse *feedback* distorceu nossas intervenções. O veterano ambientalista e ex-diretor de políticas da WWF Duncan Williamson concordou comigo. Conforme ele disse, "parece que o roteiro foi escrito antes do evento e que o que realmente aconteceu hoje não tem a menor relevância".

As autoridades da ONU e dos governos receberam um quadro incompleto e errôneo para basear suas decisões que afetam o futuro do nosso planeta. Por ora, parecia que os benefícios da agricultura regenerativa e das dietas balanceadas continuariam ocultos por mais algum tempo, mas as linhas da batalha foram traçadas: a Big Ag não ia abrir mão de seu domínio sem lutar.

12
PANDEMIA EM NOSSO PRATO

PROTEGER AS PESSOAS TAMBÉM
SIGNIFICA PROTEGER OS ANIMAIS

Parecia que o mundo estava em guerra. As populações da maioria dos países ficaram confinadas em casa para sua própria segurança. Governos tomaram medidas rígidas contra um inimigo invisível: a covid-19. No prazo de dez semanas em 2020, uma eclosão viral na remota cidade chinesa de Wuhan teve um efeito profundo sobre as vidas das pessoas no mundo inteiro. Em janeiro, imagens granuladas na televisão mostravam a China tomando medidas desesperadas para conter o vírus. Ruas, edifícios e hospitais eram desinfetados por pessoas usando roupas e equipamentos de proteção individual, enquanto os médicos altamente sobrecarregados estavam à beira da exaustão. O mundo assistia a tudo com incredulidade.

Como uma avalanche ganhando ímpeto e destruindo tudo à sua frente, essa nova variante genética do coronavírus se espalhou pelo planeta. Ajudado pela nossa sociedade móvel com muitas viagens internacionais e pelo comércio global, o epicentro da eclosão rapidamente se mudou da China para a Europa. A Itália e a Espanha foram as primeiras impactadas. O Parlamento

Europeu fechou e, nos Estados Unidos, o presidente Trump advertiu sobre o início de tempos "dolorosos"[1].

Os países lidaram com o coronavírus de maneiras diferentes. Na Colômbia, as pessoas podiam sair de casa em dias específicos conforme seu número de RG. Na Sérvia, foi instituída uma hora por dia para as pessoas saírem com seus cachorros. Na República de Belarus, o presidente recomendou vodca e saunas para evitar a infecção. Mais comumente, os governos anunciaram regras estritas de isolamento social e restringiram viagens que não fossem essenciais[2]. À medida que um país após o outro entrou em *lockdown*, a vida normal ficou paralisada. Locais esportivos, teatros, cinemas e lojas fecharam, e até parques e reservas ambientais de repente ficaram inacessíveis. À medida que os países fechavam suas fronteiras, muitos voos foram cancelados, os carros ficavam nas garagens e as ruas e estradas estavam tão vazias quanto no dia de Natal.

Os governos tentavam evitar que os serviços de saúde ficassem sobrecarregados e homenageavam os heróis na linha de frente – médicos, enfermeiros e outros trabalhadores-chave que se esforçavam desesperadamente para manter todos bem. Em abril de 2020, com metade da população mundial em *lockdown* e o número global de mortos atingindo 30 mil, o secretário-geral da ONU, António Guterres, disse que essa era a pior crise da humanidade desde a Segunda Guerra Mundial. A covid-19, declarou ele, "representa uma ameaça para todos no mundo e… um impacto econômico que trará uma recessão que provavelmente não tem paralelo no passado recente"[3].

Líderes mundiais falaram que estávamos em "pé de guerra"[4], ao passo que o secretário de Saúde do Reino Unido, Matt Hancock, descreveu a situação como uma "guerra contra um assassino invisível"[5]. No prazo de um mês, a Grã-Bretanha foi tranquilizada pelo prefeito de Londres de que "não havia risco" de contrair o coronavírus no metrô da cidade[6] e chegou à situação na qual a polícia ganhou poder para dissolver aglomerações de mais de duas pessoas. No mesmo mês, Hancock e o primeiro-ministro Boris Johnson testaram positivo para a covid-19[7].

Como em tempos de guerra, os governos se armaram com poderes emergenciais e tomaram medidas rápidas e extraordinárias, tentando derrotar o inimigo invisível. Negócios "não essenciais" fecharam e a vida efetivamente entrou em compasso de espera. Em consequência, as economias tiveram uma queda brusca, os mercados de ações despencaram e os centros das cidades ficaram silenciosos. Os líderes se debatiam enquanto a situação fugia do controle.

As pessoas nos países em desenvolvimento foram as mais atingidas, e havia cenas de desespero e inquietação. Na Tunísia, centenas de pessoas protestaram contra um *lockdown* que penalizava desproporcionalmente os pobres: "Que se dane o coronavírus, pois vamos morrer de qualquer jeito! Deixem a gente trabalhar!", gritou um manifestante em uma passeata nos arredores de Túnis. A maior cidade da África, Lagos, na Nigéria, teve o desafio árduo de impor um *lockdown* a milhões de pessoas miseráveis que vivem em uma das maiores favelas do mundo[8].

PANDEMIA EM UM PRATO

Apesar de o surgimento da covid-19 ter sido ligado ao consumo humano de animais selvagens, a pandemia resultante tem muito a dizer sobre o futuro da alimentação e da agropecuária. Primeiramente, a eclosão foi ligada a um mercado em Wuhan[9] que vendia frutos do mar e animais vivos, incluindo filhotes de lobos, ratos-de-bambu, esquilos, raposas e civetas[10]. Embora acredite-se que morcegos tenham sido a fonte original, cientistas suspeitam que o vírus pode ter saltado para os humanos por um intermediário, possivelmente um pangolim, um animal escamoso que, ao que consta, é o mamífero mais traficado no mundo. Em 2019, houve um cálculo de que 195 mil pangolins foram traficados por suas escamas.

Há muito tempo cientistas advertem sobre os perigos acarretados pelo comércio ilegal de animais selvagens. Após a eclosão da SARS – síndrome respiratória aguda grave – em 2002/2003, cientistas chineses fizeram uma pesquisa sobre os riscos de comercializar e comer carne de animais selvagens. Membro do Instituto de Zoologia na Academia Chinesa de Ciências, Zhang Jinshuo participou nas investigações sobre a fonte da SARS e disse: "Posteriormente nós publicamos muitos trabalhos e artigos científicos mais acessíveis, conclamando que todos parassem de comer animais selvagens e que não tivessem contato muito próximo com eles. Somente a saúde dos animais selvagens e a saúde dos ecossistemas podem assegurar a saúde humana"[11].

É desagradável ler relatos sobre as condições nas quais os animais são mantidos nesses mercados de vida selvagem. Na esteira do coronavírus, a China se apressou para encerrar o comércio ilegal de animais selvagens, e quase 20 mil fazendas que criavam espécies, como pavões, civetas, porcos-espinho, avestruzes, gansos e javalis selvagens, foram fechadas em todo o país. Alguns anos antes, a criação intensiva de animais selvagens era promovida por agências do governo para que as pessoas na zona rural chinesa enriquecessem. E poucas semanas antes da eclosão do coronavírus, a Administração Estatal de Florestas e Pastagens da China estava estimulando abertamente os cidadãos a criarem animais selvagens como as civetas, uma espécie identificada como vetor da SARS.

A covid-19 gerou uma reflexão massiva. "A epidemia de coronavírus está obrigando a China a reavaliar rapidamente sua relação com a vida selvagem", disse Steve Blake, representante da WildAid em Pequim, ao *Guardian*: "A partir dessa escala de operações de reprodução, há um nível alto de risco para a saúde humana e impactos comprovados sobre as populações desses animais na natureza"[12].

Havia uma preocupação crescente de que os temores em relação às origens do novo coronavírus poderiam causar uma perseguição contra os animais na natureza e uma nova onda de ecofobia, o medo da natureza. Houve sugestões sobre a "necessidade" de haver uma "matança ecológica" de animais selvagens que são vetores de doenças, como pangolins, ouriços, morcegos, cobras e alguns insetos, então algumas autoridades propuseram examinar cuidadosamente os animais selvagens[13]. No entanto, à medida que o mundo passou a perceber que o comércio de animais selvagens podia ter desencadeado a pandemia, nós também começamos a entender que a agricultura influi muito na perspectiva de futuras eclosões de doenças.

FORTES PARALELOS

Embora sua origem seja amplamente atribuída à vida selvagem, a covid-19 tem paralelos com outros vírus oriundos da criação industrial de animais. Há décadas, cientistas preveem que uma pandemia se originaria de animais de criação. Acredita-se que a gripe suína e cepas altamente patogênicas da gripe aviária, que se originaram de porcos e galinhas, resultam da manutenção de seres sencientes engaiolados, aglomerados e confinados, o que forma o cenário perfeito para o surgimento de novas variantes genéticas das doenças.

O vírus H5N1, uma cepa altamente patogênica da gripe aviária, surgiu quando o setor aviário estava se expandindo muito no Extremo Oriente. Ele foi identificado pela primeira vez nos mercados de aves vivas de Hong Kong e em fazendas de avicultura em 1997, onde causou a morte de seis pessoas. A partir de 2003 espalhou-se pelo Leste Asiático, justamente quando a produção de aves estava ficando mais intensiva. A China criou o triplo de galinhas em 2005, quando a gripe aviária estava desenfreada como em 1990[14]. O vírus H5N1 então se disseminou pela Ásia, Oriente Médio, Europa e África, e foi encontrado em fazendas de galinhas, gansos e perus, assim como em aves selvagens, sobretudo em cisnes e gansos. Em agosto de 2011, houve a confirmação de que 564 pessoas foram infectadas, das quais 330 morreram – uma taxa de fatalidade de quase 59%[15].

O H5N1 não é facilmente transmitido entre pessoas, mas cientistas sugerem que poucas mutações permitiriam que ele se tornasse tão infeccioso como uma gripe sazonal. Um editorial na *New Scientist* afirmou que o risco de uma pandemia é "um fato, não ficção"[16]. O fato de que o vírus da gripe pode se espalhar entre porcos, humanos e aves recentemente causou uma pandemia mortífera e aponta para a perspectiva desoladora de que outras virão.

Eu estava em La Gloria, uma comunidade com pouco mais de 2 mil pessoas que tinha a reputação nada invejável de ser o "marco zero" da gripe suína (H1N1), a doença respiratória que se alastrou pelo planeta em 2009 e 2010[17]. O primeiro caso reportado foi identificado por lá em meados de fevereiro de 2009[18]. Esse vírus novo e altamente contagioso continha material genético de uma mescla de gripe suína, aviária e humana, algo até então inédito. Esse tipo novo de vírus da gripe, que compartilhava material genético relacionado a porcos norte-americanos e europeus[19], se espalhou rapidamente entre os países, e poucas pessoas eram imunes a ele[20].

Eu cheguei ao México um ano após a pandemia. Há muito tempo os holofotes da mídia tinham se desviado de lá, deixando os habitantes de La Gloria sozinhos para lutar contra uma rede de fazendas industriais de suinocultura pertencentes às Granjas Carroll de Mexico, o maior produtor de porcos do país[21]. Suas instalações se espalham por uma planície plana e árida de pastagens secas e repletas de cactos. Ainda lembro da dor aguda que senti quando tropecei em um cacto e, mesmo estando de botas, seus espinhos furaram meus pés como agulhas. Eu andei por campos com sulcos bem-feitos e pilhas de milho dispostas em pirâmides. De longe, elas pareciam uma multidão coreografada olhando a cadeia de montanhas que margeava o vale. O perfil metálico da fazenda com suinocultura industrial era visível em meio a essas pirâmides de milho e às filas de galpões desolados rentes ao chão. Não havia sinal de porcos; eles eram mantidos lá dentro, e sua presença só era delatada pelos guinchos abafados e pelo mau cheiro de fezes líquidas que exalava de lagunas do tamanho de uma piscina. Até o comentarista mais imaginativo teria dificuldade para descrever um lugar desse como uma fazenda. Ela se parecia mais com instalações militares, com cada edifício retangular ladeado por um silo faiscante com o formato de um lançador de foguetes. Nenhum intruso conseguiria invadi-la, pois o perímetro era protegido por cercas impenetráveis. E não havia saída para os habitantes de quatro patas.

O pessoal local usava chapéus de *cowboy* ou bonés coloridos de beisebol, mas a gripe suína havia deixado uma marca indelével neles, assim como as fazendas de suinocultura. Eu conheci pessoas que estavam preocupadas com seus filhos, seus meios de subsistência e seu estilo de vida, e as fazendas de suinocultura que se espalharam pelo vale eram o alvo de sua ira. Eu ouvi que as promessas de empregos não foram cumpridas e que as fazendas de suinocultura só trouxeram moscas, mau cheiro e poluição. Guadalupe Gaspar, uma agricultora de 68 anos de idade, que é líder dos protestos locais contra essas fazendas, estava com muita raiva. "Nós estamos vivendo em uma bomba-relógio", ela me disse. "E sem saber quando outra coisa ruim vai acontecer. O governo precisa se livrar das fazendas, pois, enquanto elas estiverem por aqui, a poluição vai continuar e certamente outras doenças novas vão aparecer".

Independentemente de a gripe suína ter se originado ou não nas fazendas de suinocultura locais, minha visita a La Gloria deixou claro que o resto do mundo tinha seguido em frente e que a lição salutar sobre os riscos acarretados por fazendas industrializadas havia sido esquecida. Segundo os Centros para Controle de Doenças dos Estados Unidos, em um ano a gripe suína foi responsável pelas mortes de mais de 12 mil pessoas no México e entre 151.700 e 575.400 mortes globalmente[22]. Isso foi uma advertência para o mundo. Mas assim que o pânico inicial passou, a maioria das pessoas parou de se preocupar em pegar a gripe suína, do mesmo modo que parou de se preocupar com a gripe aviária.

Em relação à covid-19, a perspectiva de não termos aprendido as lições da pandemia atual é uma grande preocupação. Na esteira de eclosões anteriores de doenças, fomos rápidos para esquecer. Há também a tendência de se agarrar a soluções falsas. Diante de uma doença que envolve animais de criação, a reação da indústria é trancar os animais. Afinal de contas, se eles ficarem confinados em unidades "biosseguras", certamente estarão protegidos. No entanto, essa lógica menospreza o fato de que esses edifícios de criação intensiva são os locais perfeitos para variantes genéticas novas e mais perigosas de doenças. Manter animais em grande quantidade em um espaço exíguo, geralmente no escuro, na sujeira e excessivamente aglomerados, cria as condições necessárias para um vírus como o da gripe aviária se espalhar rapidamente. À medida que se alastra pelo rebanho e se reproduz selvagemente, pode haver mutações no DNA do vírus, o que pode gerar o surgimento de novas linhagens – potencialmente mais mortíferas. Ao contrário do que a agroindústria quer que acreditemos, manter animais de criação em espaços fechados *aumenta* o risco de doenças.

CISNE NEGRO[23]

Ao contrário da pandemia de gripe suína, acredita-se que as raízes da covid-19 estão na vida selvagem. Há centenas de coronavírus, a maioria dos quais circula entre animais, incluindo porcos, camelos e gatos. Morcegos são outro vetor comum, mas é improvável que tenham transmitido o vírus diretamente para os humanos. A exemplo da maioria dos vírus semelhantes, como o da SARS (síndrome respiratória aguda grave) e o da MERS (síndrome respiratória do Oriente Médio), é mais provável que um animal intermediário tenha sido o responsável[24]. Houve a suposição de que civetas foram as intermediárias para a SARS e que camelos serviram de ponte para a MERS passar dos animais para os humanos. Foi sugerido que os pangolins foram os intermediários da covid-19; a legislação chinesa pune qualquer um que for pego vendendo pangolins a dez anos de prisão, mas eles continuam sendo vítimas de um comércio massivo do tráfico ilegal[25].

Quando a SARS surgiu em 2002, mais de 8 mil pessoas adoeceram e 774 morreram mundo afora, mas, em dois meses, a covid-19 ultrapassou esses números[26]. Enquanto a pandemia de coronavírus de 2020 enviava ondas de choque ao mundo inteiro, alguns começaram a reconhecer que o problema de longo prazo por trás da crise atual era o colapso da natureza. Com a Europa afundada na pandemia, a ministra do Meio Ambiente da Alemanha, Svenja Schulze, deu a seguinte declaração: "A ciência nos diz que a destruição dos ecossistemas aumenta a probabilidade de eclosões de doenças, inclusive de pandemias. Isso indica que a destruição da natureza é a crise subjacente à crise do coronavírus. Inversamente, isso significa que boas políticas para a conservação da natureza que protejam nossos diversos ecossistemas são uma medida sanitária preventiva vital contra novas doenças"[27].

Eclosões novas e devastadoras de doenças são eventos do tipo "cisne negro"[28]. Será que as raízes desta, ou da próxima, estarão na derrocada do mundo natural causada pela agricultura industrial?

ABUSANDO DA NATUREZA

Enquanto a humanidade continua destruindo o mundo natural, derrubando florestas tropicais e acabando com *habitats* intactos, nós entramos em contato com novas espécies de vida, incluindo vírus, aumentando o risco de novos eventos do tipo cisne negro.

Conforme escreveu David Quammen, autor de *Spillover: Animal Infections and the Next Pandemic* (EUA. Vintage, 2013), "nós invadimos florestas tropicais e outras zonas selvagens que abrigam inúmeras espécies de animais e plantas –, e nesses seres há inúmeros vírus desconhecidos. Nós cortamos as árvores; nós matamos os animais ou os prendemos e os enviamos a mercados. Nós perturbamos ecossistemas e fazemos os vírus saírem de seus hospedeiros naturais. Quando isso acontece, eles precisam de um novo hospedeiro, que geralmente somos nós"[29]. Um grande motivo para abusarmos da natureza é nosso desejo por carne barata. Tirando os desertos, as calotas polares e as montanhas – ou seja, terras imprestáveis em termos alimentares –, quase metade do que resta é usado para cultivar alimentos. Quatro quintos disso são para a produção de carne e derivados do leite. A alta na demanda por proteína animal impulsionou a expansão agrícola, que se embrenha cada vez mais fundo em terras marginais e áreas selvagens.

Grande parte das terras aráveis do mundo agora é partilhada com animais criados industrialmente, com 40% ou mais das safras de grãos destinados para alimentar animais engaiolados ou confinados. Globalmente, trata-se de uma área de terra agrícola equivalente à toda a União Europeia ou à metade dos Estados Unidos. Plantar alimentos aplicando muitos fertilizantes e pesticidas químicos significa eliminar a natureza.

As pessoas tendem a associar o desmatamento com a extração madeireira ou com a derrubada de árvores para dar espaço para alojamentos e cultivos para o consumo humano; na verdade, o real motor é a plantação de cultivos de grãos, como soja e milho. Conforme eu descobri durante viagens ao Brasil e à Argentina, áreas vastas de floresta tropical e cerrado são entregues para essas indústrias. Os animais de pastejo, especialmente os bovinos, levam a culpa pela destruição da floresta tropical, mas eu vi no Brasil que a verdadeira culpada é a demanda global por carne "barata". Pastos antigos para o gado nas planícies do cerrado do país, estão sendo arados para o plantio de grãos. A demanda eleva os preços das terras, levando os criadores de gado a comprarem terras que adentram as matas nativas, acelerando, assim, a destruição da floresta tropical devido ao chamado "efeito cascata do uso da terra".

Uma vez que grande parte das safras do mundo é desperdiçada dessa maneira, nós destruímos mais florestas, o que nos põe em contato com novas variedades de animais selvagens, plantas e vírus. Assim, corremos o risco de enfrentar uma pandemia nova diariamente e também praticamos autossabotagem ao tirar vantagem da sustentabilidade. Nós estamos literalmente usurpando nosso próprio futuro.

Soja, milho e palma são as principais causas do desmatamento e da perda de *habitats* mundo afora. Portanto, dois dos maiores problemas com a pecuária industrial ficam aparentes. O primeiro é o fato de que os animais de criação são mantidos em condições que formam o ambiente perfeito para novos vírus. O segundo é a pegada maior da indústria de alimentos para animais, que invade florestas, desagrega comunidades de vida selvagem e potencialmente põe as pessoas em contato com novos "inimigos virais invisíveis".

"Os patógenos nunca haviam tido tantas oportunidades como agora para passar dos animais selvagens e domésticos para as pessoas", disse Inger Andersen, diretora executiva do Programa da ONU para o Meio Ambiente. "Há um excesso de pressões simultâneas sobre nossos sistemas naturais e algo tem de ceder. Queiramos ou não, nós somos intimamente interconectados com a natureza. Se não cuidarmos dela, não conseguiremos cuidar de nós mesmos. E à medida que este planeta se encaminha para ter uma população de 10 bilhões, nós precisamos entrar nesse futuro tendo a natureza como nossa aliada mais forte"[30].

ROLETA RUSSA

A pandemia de coronavírus e a gripe suína na década anterior mostraram que tratar animais – sejam domesticados ou selvagens – como *commodities* é como jogar roleta russa com a saúde das pessoas. Eu passei a entender que demonstrar mais humanidade hoje com os animais é fundamental para reduzir o risco de doenças devastadoras amanhã. Respeitar a senciência dos animais – sua capacidade para sentir dor, sofrer e ter alegria – está no cerne das estratégias para controlar doenças vindouras. Formuladores e gestores de políticas públicas estão usando cada vez mais a expressão "One Health", pois reconhecem que a saúde das pessoas depende do bem-estar dos animais e de um meio ambiente florescente. Quando desrespeitamos o bem-estar animal e agredimos a natureza, nós solapamos nossa própria saúde e viabilidade.

A epidemia de coronavírus não foi só uma advertência, mas uma demonstração do que está errado e de como a vida poderia ser. Nosso estilo de vida global, antes, parecia invencível, mas subitamente se revelou frágil. Isso suscita a seguinte pergunta: será que nosso estilo de vida consumista é nosso calcanhar de Aquiles?

LIÇÕES AMBIENTAIS

Os *lockdowns* nacionais durante a pandemia de coronavírus resultaram em diminuições rápidas na poluição do ar, dando tempo para o meio ambiente respirar. Em questão de semanas, a poluição no ar de cidades grandes no Reino Unido como Londres, Birmingham e Cardiff caiu até pela metade[31], e o mesmo fenômeno ocorreu mundo afora. No que foi descrito como "o maior experimento em grande escala de todos os tempos" em termos de emissões industriais, imagens de satélite da Agência Espacial Europeia mostraram reduções drásticas na China e na Itália. Os níveis de dióxido de nitrogênio caíram por haver menos carros nas estradas e menos emissões de usinas elétricas industriais. As mudanças na atmosfera no Norte da Itália foram especialmente extraordinárias. A fumaça de um agrupamento denso de fábricas tende a ficar presa contra os Alpes na ponta do Vale do Pó, mas com 15 dias de *lockdown*, os níveis de dióxido de nitrogênio em Milão e em outras partes no Norte da Itália caíram 40%[32].

O tráfego aéreo, que é uma grande fonte de emissões de gases de efeito estufa, diminuiu drasticamente na esteira de coronavírus. No prazo de três meses, quando os primeiros casos foram registrados, foi calculado que as companhias aéreas iriam perder mais de US$ 100 bilhões em vendas[33]. O impacto para os negócios foi catastrófico, mas o benefício ambiental foi evidente. A covid-19 estava capitaneando o tipo de reduções nas emissões que os governos e a indústria não estavam dispostos a concretizar. Conforme Paul Monks, professor de Química Atmosférica e de Ciência de Observação da Terra na Universidade de Leicester, disse ao *Guardian*, "agora, mesmo sem querer, nós estamos conduzindo o maior experimento em grande escala de todos os tempos. Nós estamos olhando como o futuro poderá ser se nós mudarmos para uma economia de baixo carbono? Sem minimizar a perda de vidas, este episódio terrível pode nos dar alguma esperança e nos fazer enxergar o que pode ser alcançado"[34].

Embora ninguém quisesse uma pandemia tão terrível que ceifou tantas vidas e devastou inúmeras outras, essa nuvem escura pode conter um raio de esperança e nos poupar de coisas piores depois. Passar por uma experiência inimaginável de adversidade global pode dar o *insight* necessário para que as pessoas e os formuladores e gestores de políticas públicas reavaliem como combater os problemas que se acumulam. Se tais problemas não forem resolvidos, as futuras gerações viverão em um planeta menor e bem mais conturbado.

CONTRASTES AGUDOS

As ações governamentais em relação à covid-19 contrastam agudamente com os esforços para combater a pecuária industrial, a mudança climática e o colapso da natureza. As evidências científicas mostram claramente que o nível de ameaça causado por práticas agrícolas insustentáveis e pela mudança climática podem mergulhar o mundo em uma crise inimaginável, mas poucos líderes estão dispostos a fazer o que é preciso para evitá-la. Conforme Jean-Claude Juncker, presidente da União Europeia, disse sobre a mudança climática, "todos nós sabemos o que fazer, mas não como nos reeleger após ter feito o que era preciso"[35]. Empresas que se concentram em dar lucros para os acionistas não estão a fim de virar seu mundo de ponta-cabeça, então ficamos presos em círculo de raciocínio de curto prazo. Tudo que não seja mudança incremental parece radical e irrealista.

Mas a pandemia mostrou que, para ter um amanhã decente, é necessário tomar medidas drásticas imediatamente. Se não agirmos urgentemente para endireitar o sistema alimentar, o clima e o colapso da natureza, vamos ter de enfrentar novamente um inimigo que criamos em uma guerra sem fim.

Conforme Karl Falkenberg, ex-diretor-geral da Comissão Europeia para o Meio Ambiente, apontou, a sociedade raramente faz grandes mudanças se não tomar um susto. Discorrendo sobre alimentação, clima e meio ambiente em uma conferência em Londres, Falkenberg disse: "Por que, com todo o conhecimento que temos, ainda não conseguimos tomar as decisões certas de governança? Por que fazemos continuamente coisas que sabemos que são erradas até o desastre seguinte nos atingir? Nós realmente precisamos ficar com os narizes sangrando antes de começar a modificar coletivamente os sistemas"[36]. E a covid-19 foi um golpe duro que nos atingiu em cheio.

Ainda há tempo para resolver a crise climática e o declínio da natureza. Embora as coisas já estejam ruins, ainda não atingimos o ponto crítico que afetaria o cerne da sociedade. Quanto aos oceanos do mundo, a probabilidade é que os peixes de interesse comercial só durem por mais algumas décadas, e o desaparecimento dos solos do mundo pode ocorrer daqui a uma geração. No entanto, conforme diz Falkenberg, "coletivamente, nós estamos vivendo além da capacidade real deste planeta azul, mesmo sabendo que este é o único planeta que temos. Isso é uma contradição fundamental, um imediatismo na pior forma imaginável".

Do ponto de vista dos políticos eleitos para governar por um mandato de quatro ou cinco anos, os grandes problemas podem ser resolvidos por outras pessoas. E, para os negócios, o futuro depende dos resultados do próximo trimestre, então há a tendência de deixar os consumidores decidirem o que querem comprar. No entanto, devido a decisões de precificação que barateiam coisas "ruins" e encarecem coisas boas, e rótulos que dificultam decifrar os componentes dos produtos, os consumidores ficam basicamente às cegas. Na Europa, cerca de 80% dos cidadãos dizem querer comprar alimentos orgânicos produzidos de modo sustentável e envolvidos na cadeia de comércio justo, mas somente 5 a 6% realmente fazem isso.

O "ataque" inesperado da covid-19 levou líderes políticos a fazerem coisas pelo bem comum que até então seriam inimagináveis. A devastação causada por essa doença não era algo que eles poderiam adiar para outro dia ou delegar para seus sucessores. Não, esse problema era *deles*, e *seus* cargos dependiam de como agissem. A única opção que restou para as empresas foi acatar as novas regras. Os eleitorados estavam sob ameaça grave, então os eleitos foram obrigados a agir.

Talvez a reação à covid-19 estabeleça uma nova maneira de enxergar as ameaças além do horizonte imediato. A partir de agora, tomara que nossa sociedade leve o futuro a sério. A reação à covid-19 serviu de modelo para o que poderá ser feito para afastar outras ameaças à sociedade. E embora essa pandemia tenha sido ligada à vida selvagem em um mercado sujo, a próxima poderá vir de um porco ou galinha encarcerado, de animais criados como *commodities* e alimentados às custas das cinzas do desmatamento. Seja como for, as fazendas industrializadas poderão vitimar todos nós. Nunca tinha havido um exemplo tão potente do quanto a saúde dos animais e a saúde das pessoas são tão estreitamente interligadas. Na guerra contra os inimigos invisíveis, proteger as pessoas também significa proteger os animais.

13
NEGÓCIOS COM LIMITES

AS CORPORAÇÕES IRÃO SE ADAPTAR OU MORRER

Apesar de nossa dependência deles para ter meios de subsistência, pensões e a infraestrutura social, frequentemente os negócios levam a culpa pela crise ambiental. Há muito tempo o foco da comunidade corporativa nos lucros a coloca em desacordo com o bem-estar animal e os ambientalistas; usar os recursos da Terra para gerar produtos ou serviços geralmente tem o intuito de obter rendimentos no curto prazo em detrimento da sustentabilidade a longo prazo.

Se a covid-19 nos ensinou alguma coisa é que os negócios dependem do nosso planeta estar estável – afinal de contas, há certas coisas que o dinheiro não pode comprar. Conforme o ex-diretor do Bank of England argumentou, a sociedade está em perigo por seguir o velho aforisma de Oscar Wilde: "Saber o preço de tudo, mas o valor de nada".

Na segunda década do século XXI, o mundo dos negócios está começando a acordar para o fato de que a economia tem de funcionar dentro das fronteiras planetárias; a ilusão do crescimento infinito em um mundo com recursos finitos está começando a se desgastar. Para continuar funcionando e sobreviver, o mundo dos negócios terá de se adaptar.

A médica norueguesa Gunhild Stordalen está na vanguarda daqueles que estão conscientizando o mundo corporativo sobre as limitações do nosso planeta. Antes de se separar de seu marido, o empresário bilionário Petter A. Stordalen, o casal era conhecido como "o Bill e a Melinda Gates da Noruega" por combinar negócios e filantropia[1]. Stordalen é a fundadora e diretora executiva da EAT Foundation, uma plataforma global que liga questões climáticas, sanitárias e de sustentabilidade para transformar o sistema alimentar global. Após dividir o palco com ela em uma conferência sobre sustentabilidade em Londres organizada pelo *Financial Times*, eu lhe perguntei qual seria o papel dos negócios para nos tirar da confusão em que nos metemos.

"As empresas só serão bem-sucedidas se oferecerem produtos e serviços que os consumidores queiram, e se demonstrarem que seus produtos e serviços têm impactos positivos sobre as pessoas e o planeta", respondeu Stordalen. Ela acha que os negócios vão mudar rapidamente nas próximas décadas para a produção regenerativa e neutra em termos climáticos e para modelos de negócios circulares. Essa visão tem muito a ver com meus pensamentos de que é preciso mudar nosso sistema alimentar.

A produção regenerativa é baseada em desenvolver recursos renováveis usando métodos agrícolas que dispensem insumos como fertilizantes e pesticidas químicos, e aproveitando os ciclos naturais para plantar alimentos, assim recuperando o solo, a qualidade da água e serviços naturais como a polinização feita pelos insetos. O consumo circular reduz o desperdício, assim diminuindo drasticamente o uso dos recursos. E a economia circular envolve substituir o modelo atual de "pegar os recursos, fazer alguma coisa com eles e jogar fora" pela transição para fontes de energia renováveis, reciclagem e eliminação do desperdício.

"Os inovadores, aqueles que enxergam as oportunidades em modelos de negócios regenerativos, ecológicos, saudáveis e socialmente conscientes, têm mais probabilidade de ser os mais bem-sucedidos. Nós já estamos vendo isso na Europa, assim como em partes da Ásia, da África e das Américas", disse Stordalen.

Tendo trabalhado estreitamente com o professor Johan Rockström, da Universidade de Estocolmo, que criou o conceito de "um espaço operacional seguro para a humanidade", ela está bem ciente de que nós estamos começando a atingir os limites das fronteiras planetárias. Sua fundação foi corresponsável pela chamada "dieta da saúde planetária da EAT-Lancet", um relatório com revisão de pares envolvendo muitos cientistas que exortam pela redução em nosso consumo de carne e de outros alimentos de origem animal para evitar o derretimento global. O relatório recomenda um "consumo per capita de no máximo 300 gramas de carne vermelha e aves e 200 gramas de peixes por semana, o que é uma dieta saudável e ambientalmente sustentável"[2, 3]. Isso significa cortar pela metade o consumo global de carne, com o Reino Unido e a União Europeia fazendo um corte de dois terços ou mais, e os Estados Unidos cortando quatro quintos, para não ultrapassar as fronteiras planetárias.

A equipe de cientistas de Rockström no Centro de Resiliência de Estocolmo identificou nove processos com fronteiras planetárias, incluindo a biodiversidade, o clima, os fluxos de nitrogênio e fósforo, a acidificação dos oceanos e a conversão de *habitats* em terras selvagens para uso humano[4]. Segundo sua análise, a humanidade já ultrapassou os limites da biodiversidade e dos fluxos de nitrogênio, com os da mudança climática e de uso da terra não ficando muito atrás[5]. A agricultura industrial e o consumo crescente de carne contribuem muito para todos esses fatores perigosos. Converter terras selvagens em campos para alimentar animais criados industrialmente ou arar pastos e levar o gado mais fundo nas florestas estão dizimando a vida selvagem no mundo.

Um efeito da agricultura industrial que muitas vezes passa desapercebido é a poluição de nitrogênio oriunda dos fertilizantes artificiais e do chorume. O nitrogênio e o fósforo são essenciais para as plantas crescerem, e no cultivo ecológico são providos pelo estrume de animais soltos. Mas, na agricultura industrial, produzir e aplicar fertilizantes artificiais causam muita poluição. Eu vejo isso em muitos lugares, inclusive no Centro-Oeste dos Estados Unidos, onde o milho plantado recebe fertilizante feito em fábricas químicas tão grandes quanto instalações industriais, cujos dejetos escorrem para os canais que se alimentam no Mississippi. Isso acaba indo para o Golfo do México, onde uma das maiores "zonas marinhas mortas" no mundo está se formando. Já há centenas de áreas assim pelo mundo, e o número está dobrando a cada década.

A alimentação é um grande motivo da humanidade para ultrapassar seu "espaço operacional seguro". No Fórum sobre Alimentação da EAT de Stordalen em Estocolmo em 2019, apregoada como a principal plataforma do mundo para a transformação alimentar global, Rockström declarou que nós estamos "fracassando" no combate aos problemas da humanidade e que nosso sistema alimentar é simultaneamente o acusado e a vítima.

Relatórios intergovernamentais recentes sobre o clima e a biodiversidade fazem uma advertência clara sobre o que significa romper os limites planetários. Conforme Rockström disse, "evidências científicas apontam a existência de uma emergência planetária"[6]. E avisou que, se continuarmos como estamos, isso nos levará "irreversivelmente para um mundo que não poderá mais manter a humanidade e os sistemas alimentares".

O impacto humano sobre o meio ambiente está atingindo uma escala planetária a ponto de cientistas falarem sobre uma nova era, o Antropoceno: os humanos agora são o fator mais importante na mudança ambiental, uma força que ficará permanentemente impressa nos registros geológicos. É contra esse pano de fundo que Stordalen aponta a necessidade urgente de os negócios reagirem. "Para os negócios, as fronteiras planetárias representam uma medida sólida e quantificável, e nós deveríamos estar fazendo tudo que for possível para assegurar que as atividades econômicas fiquem abaixo desses limites e que se tornem forças positivas na regeneração e recuperação dos processos envolvidos no sistema da terra", disse ela.

O governo será crucial para envolver os negócios nessa cruzada. Eu perguntei ao jornalista George Monbiot como os dois lados poderão interagir. "Bem, isso depende muito de o governo estar preparado e disposto para regular os negócios" foi sua resposta.

Monbiot vê dois caminhos possíveis. Um é que o governo continue procrastinando e deixando a rédea solta, "então, os negócios atuarão como de costume até todos nós irmos para o inferno em um carrinho de mão. E infelizmente devo dizer que esse é um cenário bem realista. A outra possibilidade é que, subitamente, devido às greves juvenis e pessoas se dando conta de que precisam mudar seus governos e exigir que eles nos protejam do desastre, haja um ambiente regulador totalmente novo no qual os negócios não poderão ter licença para funcionar a menos que respeitem as restrições ecológicas".

Monbiot sugere que os negócios terão um papel importante para impulsionar inovações tecnológicas como proteínas de fontes alternativas sem origem animal, a exemplo da carne cultivada, e para mudar o que o mundo entende como crescimento econômico. Como ele diz, "nós também vamos precisar mudar para uma economia sem crescimento porque, mesmo com a substituição, um nível de atividade econômica além de um certo ponto será desastroso. Especialmente se ele ultrapassar as fronteiras planetárias".

No setor de energia, o desafio da mudança climática tem levado líderes empresariais e governos a se unirem para capitanear a "transição energética global", a fim de neutralizar ao máximo as emissões até meados deste século[7]. Sem essa ação coordenada, as metas de emissões estabelecidas pelo Acordo de Paris serão inviáveis. A energia responde por dois terços das emissões globais. O ano de 2020 deveria ser um ponto de inflexão na transição, mas a pandemia de covid-19 acabou adiando muitas ações nesse sentido. No entanto, ela também mostrou que o mundo pode fazer as coisas de outro jeito diante de uma ameaça existencial. Os céus em algumas das áreas mais poluídas do mundo clarearam, assim como os elos entre uma transição energética bem-sucedida e a prosperidade econômica a longo prazo[8].

Sem reforma, os alimentos, que emitem mais de um quarto dos gases de efeito estufa[9], também poderão inviabilizar as metas do Acordo de Paris. A carne e os derivados do leite de origem industrial causam os maiores danos ao clima, à natureza e à saúde humana, e é por isso que eu clamo por um acordo global semelhante para estancar a agricultura industrial e dietas com muita carne.

O impacto da indústria alimentícia sobre a futura sustentabilidade fez uma economista do Fundo Monetário Internacional, Nicoletta Batini, exortar por uma "Grande Transformação Alimentar". As implicações climáticas dos combustíveis fósseis recebem muita atenção, mas uma pesquisa recente feita pelo Painel Intergovernamental sobre as Mudanças Climáticas da ONU mostra que aquilo que comemos, como produzimos alimentos e como eles chegam até nós exercem um impacto ainda maior sobre o meio ambiente global e na saúde pública.

Em um artigo na revista do FMI, "*Finance and Development*", Batini argumentou que a produção ecológica de alimentos e a gestão da demanda são cruciais para cumprir a Agenda para o Desenvolvimento Sustentável da ONU até 2030 e a ambição ambiental por trás do Acordo de Paris[10].

Economista italiana baseada em Washington, D.C., Batini se destaca por pensar de modo inovador sobre política monetária e é apaixonada por comida. Ela quer deixar um planeta decente para suas filhas gêmeas e prega o respeito por todas as formas de vida[11]. Ela se tornou reconhecida como a especialista do FMI em sistemas alimentares e sustentabilidade, construindo uma rede de alto nível de pessoas que exigem uma transição para a produção e consumo sustentável de alimentos.

Conversando com Batini e lendo seus textos, eu constatei que ela acredita na mudança por meio de políticas econômicas, financeiras e de comércio específicas, e de reformas estruturais. "Atualmente, grandes somas de dinheiro dos contribuintes em muitos países são gastas em subsídios que estimulam a produção não lucrativa e insustentável de carne e derivados do leite, baseada no tratamento desumano sistemático dado aos animais de criação. Outra distorção são os subsídios para monoculturas de *commodities* destinadas à alimentação dos animais", ela escreveu. "Esses subsídios devem ser redirecionados para fazendas sustentáveis que produzem proteínas à base de plantas para consumo humano e para incentivos à inovação em proteínas alternativas e tecnologias agrícolas inteligentes".

Batini acha que, durante a mudança, é essencial dar ajuda financeira a boas práticas agrícolas e alimentares. "Substituir os subsídios para produção por pagamentos ecológicos para agricultores sustentáveis poderia reorientar a agricultura industrial, contribuir para a mitigação climática e reduzir os impactos negativos sobre a renda agrícola".

As medidas para fomentar a "conservação agressiva" podem incluir a legislação sobre a posse de terra e incentivos financeiros que estimulem os latifundiários a protegerem os ecossistemas, especialmente nas regiões que abrigam as florestas tropicais do planeta. Em nível internacional, ela defende a criação de um fundo para compensar países que deixem de comercializar *commodities* cuja produção ameaça ecossistemas cruciais.

O sistema tributário também poderia ajudar a impulsionar a transição que deixará de lado dietas com muita carne produzida industrialmente. Assim como há impostos para reduzir a pegada de carbono do setor de energia, poderia haver impostos para alimentos "insustentáveis" e "insalubres" para alinhar o consumo com as recomendações nutricionais.

"Em média, o preço no varejo de um Big Mac nos Estados Unidos, por exemplo, é US$ 5,60. Mas levando em conta todas as despesas ocultas da produção de carne (incluindo planos de saúde, subsídios e perdas ambientais), esse sanduíche deveria custar US$ 12 – e se esse preço fosse cobrado, poderia reduzir em mais da metade a demanda americana por hambúrgueres", escreveu Batini, citando *Meatonomics*, de David Robinson Simon. A arrecadação fiscal poderia ser usada para compensar o custo de alimentos sustentáveis saudáveis, transformando a agricultura, endireitando o sistema alimentar e provendo comida saudável e acessível para todos. Em um tom semelhante, Olivier De Schutter, ex-relator especial da ONU sobre o direito à alimentação, enfatiza que "qualquer sociedade na qual uma dieta saudável seja mais cara do que uma dieta insalubre é uma sociedade que precisa corrigir seu sistema de precificação"[12].

Batini acredita que os benefícios planetários obtidos com a agricultura e os alimentos ecológicos são inegáveis. E vê claramente a interconectividade entre os alimentos, o bem-estar humano e animal e a natureza. "Se conseguirmos agir a contento antes que seja tarde demais, poderemos ter comida nutritiva, economias florescentes e um planeta habitável"[13].

Quando perguntei como a economia precisa evoluir, ela me contou sobre uma conversa organizada pelo FMI com Sir David Attenborough, na qual ele argumentou que a humanidade não pode esperar manter a vida sem cuidar da natureza. Um resumo da conversa descreveu a interligação entre prosperidade sustentável e a natureza, usando uma comparação com o mundo financeiro: "Nós não dilapidamos o capital até ele se esgotar, pois isso causaria nossa ruína financeira. Mas fazemos isso o tempo todo no mundo natural, dilapidando os estoques de peixes, as florestas e vários outros recursos – em alguns casos até dizimá-los. Nós devemos tratar o mundo natural da mesma forma que lidamos com o mundo econômico – protegendo o capital natural para que ele continue dando benefícios até em um futuro distante"[14].

Essa interconectividade é descrita por algumas pessoas como um "*donut*" das fronteiras societais e planetárias. Nosso modelo econômico atual enfoca o crescimento e o produto interno bruto, mas só pensar no custo monetário de tudo ignora a necessidade de haver um crescimento que evite danificar os recursos naturais. Esse modelo também não leva em conta se o crescimento econômico sem fim realmente está suprindo as necessidades das pessoas. O crescimento continua, mas mais de 820 milhões de pessoas continuam passando fome no mundo inteiro.

A "economia *donut*" mensura o desempenho de uma economia pelo grau em que as necessidades das pessoas são supridas, sem danificar o planeta. Publicado originalmente em 2012 em um relatório de Kate Raworth para a Oxfam, o conceito rapidamente ganhou reconhecimento internacional, inclusive na Assembleia Geral da ONU[15].

Mas seja no modelo econômico existente ou em um novo, muitas pessoas agora estão reconhecendo a exortação justa de Batini por uma "Grande Transformação Alimentar".

Eu acho que a chave para a transformação está em um acordo global no nível da ONU para que a agricultura industrial seja detida em prol de dietas saudáveis para as pessoas e o planeta, algo que envolve três pontos principais:

1. Abandonar a agricultura industrial e adotar a produção regenerativa; todos sairiam ganhando com o fim dos cultivos de monoculturas, a libertação dos animais confinados e a adoção de práticas agrícolas ecológicas. Os animais de criação teriam vidas melhores e a zona rural poderia voltar a respirar. A vida selvagem seria restaurada, e as práticas regenerativas para o solo ajudariam a combater a mudança climática. Usar métodos de rotação de culturas, plantar coberturas vegetais e perenes, e eliminar as monoculturas também prenderiam 60 toneladas de carbono por 0,404 hectare no solo, reduzindo o dióxido de carbono na atmosfera. Rattan Lal, destacado especialista em solos, calculou que "um aumento de apenas 2% no teor de carbono nos solos do planeta poderia compensar 100% de todas as emissões de gases de efeito estufa"[16]

2. Reduzir no mínimo pela metade a produção global de carne e de derivados nos próximos 30 anos, sendo que as partes mais consumistas do mundo precisam reduzir ainda mais o consumo e com mais rapidez: a União Europeia e o Reino Unido precisam fazer um corte de dois terços ou mais, e os Estados Unidos, um corte de quatro quintos. As reduções deveriam ser focadas no setor intensivo: carne bovina de animais confinados e de galinhas, porcos e peixes criados industrialmente. Nós devemos evitar o impulso excessivamente simplista de não comer a carne vermelha de animais que pastam em favor de galinhas e porcos, pois isso só serviria para condenar mais animais a vidas sofridas em fazendas industrializadas. Nós devemos promover um modelo de consumo circular no qual o desperdício de alimentos seja mínimo e devidamente tratado, antes de ser reciclado para alimentar porcos e aves.

3. Restaurar a natureza por meio de estratégias melhores para o uso da terra, incluindo assilvestramento, plantação de florestas e fim do desmatamento. Nós devemos proteger os pulmões da Terra e revitalizar o mundo natural, que é o sistema que mantém a vida da humanidade. Os animais herbívoros devem ficar em pastos permanentes e integrados com cultivos em fazendas mistas. Nós devemos evitar criar animais no lugar errado, como na Floresta Amazônica ou em planaltos que deveriam estar cobertos por árvores.

Um futuro sustentável depende cada vez mais de uma transição alimentar global. Governos, corporações, a sociedade civil e a ONU precisam trabalhar juntos para efetuar mudanças suficientemente abrangentes para salvar o planeta e todos os seres vivos.

14

NOSSA SALVAÇÃO

DA EXTINÇÃO À RESTAURAÇÃO

Entre as encostas revestidas de floresta das Montanhas Virunga, em Ruanda, o jovem David Attenborough estava criando uma cena que se tornaria uma das mais icônicas na história da vida selvagem, quando encontrou uma família de gorilas das montanhas sob risco de extinção. Cercado pela vegetação densa, ele se deitou entre vários gorilas e sua alegria era palpável. Parecendo arrumadinho demais, esse típico cavalheiro inglês perdeu a compostura quando um filhote travesso chamado Poppy tentou tirar os cadarços dos seus sapatos. "Há mais sentido e compreensão mútua na troca de olhares com um gorila do que com qualquer outro animal que eu conheço", disse ele calmamente para a câmera. Esse era um momento agridoce: à medida que os dois seres – homem e gorila – fizeram uma conexão brincalhona, Attenborough reconheceu que podia estar vendo um dos últimos exemplares daquela espécie.

Os gorilas naquela área estavam à beira da extinção, com seu *habitat* na floresta sendo rapidamente convertido em campos agrícolas. Mas essa história acabou bem. O governo ruandês, conservacionistas e comunidades locais atuaram juntos para preservar o *habitat* dos gorilas e Poppy cresceu e teve muitos filhotes. "Isso mostra o que podemos conseguir quando resolvemos fazer algo para valer", disse Attenborough[1].

As aventuras de Attenborough tiveram um efeito profundo sobre mim quando era criança, e desde então esse célebre naturalista tem sido uma fonte constante de inspiração e assombro. Descrito como o "homem mais confiável na Terra"[2], seus programas de TV interessantíssimos trouxeram a natureza para as salas de estar de várias gerações.

Agora nonagenário, mas longe de desacelerar seu ritmo de vida, nos últimos anos Sir David tem feito alguns de seus trabalhos mais importantes. Seu documentário *Nosso Planeta* (Direção: David Attenborough. Produção: Silverback Films. Reino Unido: Netflix, 2020), e o livro homônimo (*Nosso Planeta: O alerta do maior ecologista do nosso tempo*. Brasil: Editora Globo, 2022) não são apenas uma série de recordações de uma vida extraordinária, mas um clamor sincero contra a emergência climática e ecológica que ameaça o planeta. "O mundo natural está se esvaindo", escreve ele. "As evidências estão para todo lado e vêm se multiplicando durante toda minha vida. Eu vejo isso com meus próprios olhos e o resultado será nossa destruição"[3].

As palavras de Attenborough me fizeram refletir sobre o que mudou durante minha própria vida e sobre a ascensão de agricultura industrial, que hoje é o elemento principal da ameaça ao mundo natural.

1965

Eu nasci em 1965, uma época de otimismo. O mundo havia se recuperado da Segunda Guerra Mundial, a tecnologia estava facilitando muito nossas vidas e a Corrida Espacial estava a pleno vapor. A nave especial Mariner[4], da NASA, havia passado por Marte, dando-nos a primeira visão de relance de outro planeta. Nós, da Geração X, nascemos em um mundo sob crescimento, com a liberdade de festejar. A sociedade estava prosperando e nos sentíamos imparáveis, embora houvesse também tensões crescentes. A Guerra do Vietnã estava se intensificando e havia temores crescentes em relação à ameaça representada pelas armas nucleares.

Eu cresci na cidade mercantil inglesa de Leighton Buzzard, em Bedfordshire, e desde criança tinha fascínio pela zona rural e os animais que vivem nela. Meus pais tinham o senso de responsabilidade social. Meu pai dirigia um centro de assistência diurna para idosos e pessoas com deficiências físicas, tinha um cargo importante na organização beneficente St John's Ambulance, era juiz de paz na corte dos magistrados locais e lendário por organizar clubes para jovens. Mas sua maior paixão era a igreja e posteriormente se tornou o reverendo Peter Lymbery, um título que considerou sua máxima glória. Minha mãe era seu maior apoio. Desde escrever os discursos dele e fazer descrições minuciosas após eventos, mamãe era quem, nos bastidores, fazia o trabalho árduo. Ela também era amante da natureza, cuidava dos texugos que ficavam atrás do centro de assistência diurna e ensinava aos filhos que deviam respeitar a natureza.

Minha mãe e o vovô alimentavam com prazer as aves em nosso jardim. Entre minhas lembranças da primeira infância estão um bando de estorninhos descendo no jardim para comer migalhas de pão. Eu me lembro de um inverno especialmente frio em que vi uma ave linda em nosso jardim – um pintassilgo –, que identifiquei usando *The Observer's Book of Birds* (EUA: Warne, 1960) de Vere Benson, que ganhara de minha mãe para me distrair quando tive varicela. Daí em diante, fiquei fisgado. Eu via gaivotas e imaginava que elas eram papagaios-do-mar. Eu observava os corvos acima da Câmara Municipal e sonhava que eram águias. Ficava fascinado com documentários sobre a natureza e logo me tornei um grande admirador de David Attenborough.

Mamãe também me ensinou a ter compaixão pelas abelhas e joaninhas; afinal de contas, "elas não fazem mal a ninguém", dizia ela. Naquela época, elas existiam em profusão, assim como todos os tipos de insetos. Sempre que saíamos no Hillman Super Minx do papai, o para-brisa ficava coberto de insetos. O fato de que isso não acontece mais hoje em dia é um sinal revelador sobre o declínio agudo dos insetos.

Naquela época, eu passava muitas horas andando por matas, margens de rios e canais em busca de animais selvagens, e sempre havia muitos animais de criação nos campos. Meus anos de formação me deram o conhecimento necessário para trabalhar como líder de expedições enfocando a vida selvagem; e passei uma década levando entusiastas da natureza a alguns dos lugares mais belos no planeta. Eu nunca me cansava de ver a emoção em seus rostos quando eles viam um novo tipo de ave ou mamífero pela primeira vez. Aqueles anos também me prepararam para uma carreira ligada à proteção dos animais. Em 1990, eu já estava trabalhando na Compassion in World Farming, divulgando os perigos da pecuária industrial. Quando aprendi que as práticas da pecuária que infligiam crueldade aos animais de criação também estavam ligadas à derrocada da vida selvagem, isso me atingiu como uma tijolada.

Em 1965, quando eu nasci, o mundo parecia bem diferente e a população era de apenas 3,3 bilhões de pessoas[4]. Não se falava muito sobre a mudança climática, embora o carbono na atmosfera – correlacionado com a elevação das temperaturas – já houvesse passado de 320 partes por 1 milhão, mais do que nos 2,5 milhões de anos anteriores[5]. A agropecuária industrial fora exposta pela primeira vez no ano anterior, com a publicação de *Animal Machines* (EUA: CABI, 2013), o livro explosivo de Ruth Harrison. A Compassion in World Farming ainda não existia e seu fundador, Peter Roberts, ainda estava criando vacas leiteiras no pasto.

Naquela época, 10 bilhões de animais de criação eram produzidos globalmente a cada ano para o consumo humano, e as pessoas comiam bem menos carne do que agora. Aliás, quando minha mãe começou a comprar frango para o almoço de domingo no início da década de 1970, ele era considerado uma iguaria. Embora as coisas estivessem mudando rapidamente, a maioria da carne era de animais mantidos mais naturalmente. A carne também era nutricionalmente diferente; em comparação com um frango nos anos 1970, as aves criadas industrialmente hoje em dia têm quase o triplo de gordura e um terço menos de proteína[6]. Antigamente, elas viviam por mais tempo e de maneira mais natural; agora, ficam espremidas em barracões enormes e têm pouco espaço para se movimentar. Alimentadas com cereais concentrados e forçadas a crescer o mais rapidamente possível, elas viraram paródias grotescas dos seres que deveriam ser.

2020

Em 2020, a população mundial atingiu 7,8 bilhões e o carbono na atmosfera chegou a 415 partes por 1 milhão[7]. O mundo estava na rota para uma elevação na temperatura de cerca de três graus Celsius em 2100 ou ainda mais alta se os governos não mantivessem os compromissos do Acordo de Paris para combater o aquecimento global[8].

Nosso apetite por carne aumentou tanto que 80 bilhões de animais terrestres estavam sendo criados e abatidos a cada ano, um número que só estava aumentando. Para cada pessoa no planeta, dez animais de criação eram produzidos por ano: uma proporção que aumentou com a tendência de comer mais carne. A pecuária industrial era a sala de máquinas por trás do nosso apetite por carne barata, com dois terços dos animais de criação do mundo passando a vida inteira em confinamento.

Ver pessoalmente a realidade da pecuária industrial me fez chorar. Hoje em dia, não consigo pensar nas fazendas industrializadas sem me lembrar do que poderá acontecer se a inteligência artificial perder o controle e os robôs dominarem o mundo. Para se ter ideia de como essas máquinas inteligentes e altamente poderosas podem *nos* tratar, basta darmos uma olhada nas fazendas industrializadas atuais.

Em 2020, as terras selvagens do mundo estavam diminuindo. Outrora elas cobriam 60% do planeta, mas agora ocupam pouco mais de um terço[9]. Em questão de meio século, os números de mamíferos, aves, peixes, anfíbios e répteis diminuíram em média mais de dois terços[10], e não davam sinais de desaceleração. Nos mares, a pesca excessiva – incluindo de números enormes dos peixes necessários para alimentar fazendas industrializadas – devastou a vida marinha. Na terra, as principais causas do declínio eram a agricultura intensiva, o desmatamento e a conversão de áreas selvagens em mais terras agrícolas[11].

Em uma pulsação evolucionária, o que antes era selvagem se tornou doméstico. Metade das terras férteis no planeta agora é cultivada para alimentar humanos e animais criados industrialmente, o que perfaz 96% de todos os mamíferos na Terra. Os demais, desde elefantes e bisões-americanos a texugos e ratos, perfazem apenas 4%. Por sua vez, as aves domésticas perfazem 70% de todas as aves[12]. Conforme diz David Attenborough, "nosso planeta agora é dirigido pela espécie humana para a espécie humana e sobra pouco para o resto do mundo vivo"[13].

A mudança em nossa maneira de comer – desde um lanche ocasional às refeições cotidianas – literalmente mudou a natureza. O que foi durante milênios um sistema finamente equilibrado de apoio à vida agora está à beira do colapso, e a maior razão para o desaparecimento da natureza é a grande explosão populacional de animais de criação.

RUMO A 2050

Para se ter ideia de como os animais de criação podem definir nosso futuro, basta pensar no que 1 bilhão de pessoas significa. Imagine abrir o jornal de manhã e ler a manchete "Governo irá construir 100 cidades novas do tamanho de Londres".

Um bilhão de pessoas é o equivalente a 100 novas Londres e mais 30 cidades do tamanho de Los Angeles. Tendo passado de 3 para 8 bilhões de pessoas em meio século, o planeta terá outros 2 bilhões a mais em 2050. Os números são desconcertantes. Com mais da metade das pessoas do mundo vivendo agora em cidades, a pressão da urbanização frequentemente é citada como um grande problema ambiental[14]. Mas um problema bem maior são as vastas zonas rurais usadas para alimentar as cidades.

Cidades são como uma gema minúscula de um ovo frito, com a vasta área de terra requerida para cultivar alimentos para elas representando a clara do ovo. Na Grã-Bretanha, um décimo das terras é urbano[15], ao passo que 70% são ocupadas pela agricultura[16]. A situação na União Europeia é semelhante; as áreas urbanas perfazem menos de 7% do uso das terras, ao passo que a agricultura cobre 40%[17]. Nos Estados Unidos, as cidades cobrem menos 3% das terras, ao passo que a agricultura ocupa 44%[18]. E, para culminar, há os alimentos importados de outros continentes. Por exemplo, apesar de ter uma das maiores pegadas de terras agrícolas do mundo, a Grã-Bretanha ainda é menos de dois terços autossuficiente em alimentos[19].

A pressão sobre a terra tem se exacerbado devido à explosão populacional de animais terrestres de criação. Portanto, 1 bilhão de pessoas a mais significa 10 bilhões a mais de animais de criação todos os anos, junto com o impacto decorrente sobre a terra, a água e o solo. Além disso, segundo uma comparação de estatísticas da ONU sobre a população humana com números da base de dados da Organização das Nações Unidas para a Alimentação e a Agricultura (FAOSTAT) sobre animais de criação abatidos, essa proporção tem probabilidade de aumentar. Previsões sobre o consumo de carne[20] comparadas com os aumentos populacionais projetados sugerem que o consumo pode chegar a mais de 13 animais por pessoa em 2050.

À medida que a população de animais criados industrialmente aumenta, aumenta também a necessidade de haver terra cultivada – especialmente quando a maioria desses animais é criada em fazendas industrializadas que dependem de cultivos aráveis de alimentos. Em 2050, as terras agrícolas globais devem se expandir em mais de um quarto, o que terá um impacto devastador sobre as terras selvagens restantes[21]. Bilhões de animais de criação a mais precisarão de muitos milhões de hectares a mais para se alimentar. Só o milho poderá requerer novas terras agrícolas equivalentes a quase o dobro do tamanho de Alemanha. Ao mesmo tempo, a seca e a desertificação podem inutilizar totalmente um quarto das terras agrícolas do mundo[22]. E, como se o declínio nas terras aráveis não fosse suficiente, o aquecimento global poderá diminuir os rendimentos das plantações, frustrando as tentativas para limitar a expansão agrícola e forçando a elevação dos preços dos alimentos[23].

À medida que a pressão de números maiores de animais de criação e de pessoas aumenta, alguns acham que mais intensificação é um jeito de obter mais de menos terra. Mas as últimas décadas mostraram que a intensificação "sustentável" não passa de um oxímoro. Tentar obter mais da mesma quantidade de terra agrícola corrói seus recursos e prejudica gravemente as perspectivas para a produção de alimentos no futuro, resultando no que a FAO descreveu como uma "espiral descendente viciosa"[24]. Conforme diz David Attenborough, "a verdade é que não podemos esperar deter a perda da biodiversidade e operar sustentavelmente na Terra enquanto não colocarmos um ponto final na expansão industrial das nossas terras agrícolas"[25].

À medida que a pegada da humanidade cresce, a usurpação da terra agrícola e a industrialização da agricultura causam danos irreversíveis à biodiversidade, às florestas, aos solos e à água. Haverá mais extinções da vida selvagem. A natureza está extenuada e, à medida que recua, para de prestar serviços essenciais como a polinização, o reabastecimento do solo e o sequestro de carbono.

EXTINÇÃO

Ao longo da história da humanidade, o *Homo sapiens* sobrepujou todos os seus concorrentes. Desde os magníficos bisões que outrora vagavam nas planícies americanas aos bandos de pombos-correio que voavam como grandes rios no céu, derrotamos qualquer coisa que se interpusesse em nosso caminho. Os cientistas dizem que entramos em uma nova era geológica, o Antropoceno, e agora somos a maior força que molda o planeta. Mas estamos começando a admitir que podemos estar entre as maiores vítimas do Antropoceno.

Nos últimos 500 milhões de anos houve cinco episódios de perda súbita e drástica da biodiversidade, e agora estamos rumando velozmente para o sexto.

Os dinossauros surgiram após um dos maiores eventos de extinção em massa, há 250 milhões de anos, e desapareceram há 66 milhões de anos. Embora as causas exatas das extinções em massa anteriores ainda sejam um mistério, erupções vulcânicas e a queda de um meteoro na Terra são duas fortes suspeitas. As nuvens de poeira resultantes provavelmente bloquearam a luz solar durante meses ou até anos, causando a morte das plantas e dos seres que as comiam. Gases que retêm calor desencadearam o aquecimento global desenfreado.

A Terra se recuperou dessas extinções em massa; embora a última recuperação tenha demandado 30 milhões de anos[26], o planeta se curou e formou a rica biodiversidade que desfrutamos hoje. E para a vida florescer em nosso planeta, uma biodiversidade imensa é essencial. Bilhões de diferentes formas de vida, cada qual com seu nicho ecológico, compõem a teia da vida da qual nós dependemos; basta tirar algumas partes para o todo ficar prejudicado. A interconectividade de inúmeras espécies de plantas e animais contribui para o que David Attenborough descreve como uma situação na qual "quanto maior a biodiversidade, mais seguras estarão as formas de vida na Terra, inclusive nós"[27].

Essa profusão de vida embalou nossa própria espécie quando emergimos das florestas da África há 200 mil anos. Nós éramos caçadores-coletores entrelaçados com a natureza, uma parte totalmente funcional do mesmo ecossistema que nos mantinha. Então, há dez milênios viramos agricultores sedentários e nosso futuro ficou dependente da natureza enquanto trabalhávamos para garantir as futuras colheitas. Nós prosperamos a um grau inédito e tínhamos tempo para nos dedicar à cultura e à sociedade. No entanto, gradualmente, ao invés de nos vermos como parte da natureza, passamos a nos sentirmos limitados por ela; à medida que fomos nos impondo inexoravelmente, o mundo natural passou a recuar. Nossos líderes políticos refletem essa visão antropocêntrica do mundo, focando na economia, na tecnologia e nos negócios, ao invés de buscar entender o mundo natural. Não por acaso, eles não têm preparo para reconhecer o declínio do sistema que mantém nossa vida e menos ainda para saber o que fazer a esse respeito. Mas agora estamos diante de uma emergência ecológica maior do que em qualquer outra época na história da humanidade, e liderança é algo desesperadamente necessário.

Desde que existe, o planeta deixou de ser um farto Jardim do Éden e virou um mundo em declínio. No centro desse declínio está a industrialização da agricultura e nosso consumo excessivo de carne. Cientistas advertem que restam apenas alguns anos para resolvermos a mudança climática, mas a produção industrial de carne está aumentando, sendo que a criação de animais é responsável por quase um sexto das emissões de gases de efeito estufa. A pulverização de produtos químicos causou um declínio dos insetos polinizadores. Os antibióticos, cuja grande maioria é dada a animais criados em escala industrial, podem parar de fazer efeito em breve. E há também a advertência da ONU de que os solos podem se exaurir no prazo de 60 anos. O que mais importa não é a precisão das previsões, mas a indiscutível tendência para o declínio.

Em um mundo mais quente, com mais pessoas e mais animais de criação, e os sistemas ecológicos que mantêm nossa vida falhando, os negócios como de costume não são uma opção. A mudança climática ameaça jogar nosso planeta no caos. Florestas inteiras poderão desaparecer. A Floresta Amazônica pode se transformar em uma savana ou até em um deserto. O mundo poderá ser atingido com mais frequência por tempestades, secas, inundações violentas e quebras de safras[28]. Regiões cerealíferas das quais dependemos podem ter quebras simultâneas de safras, causando uma interrupção na cadeia de fornecimento de alimentos[29]. Cidades e regiões em baixa altitude poderão ficar submersas pela elevação nos níveis dos mares, incluindo centenas nos Estados Unidos[30]. Bangladesh está sob risco de desaparecer.

Em tais circunstâncias, o clima extremo, quebras de safras ou conflitos devidos a recursos cada vez mais escassos obrigarão milhões de pessoas a abandonarem suas casas e se tornarem "refugiados climáticos". E, à medida que o mundo entrar em parafuso, dá para imaginar que os antigos caçadores-coletores que viraram agricultores podem recorrer a armas nucleares. Caso isso aconteça, esse dia poderá trazer um inverno nuclear, algo que não se via desde que a queda do meteoro acabou com os dinossauros.

Atualmente, nós estamos à beira de um precipício e o que fazemos agora é de extrema importância.

"Se nós continuarmos vivendo como atualmente, eu temo por aqueles que estarão aqui nos próximos 90 anos", escreveu David Attenborough. Com o mundo natural em vias de entrar em colapso, os serviços ambientais que ele presta poderão vacilar ou falhar. Caso isso aconteça, "a qualidade de vida de todos que estão por aqui e das gerações vindouras será irreversivelmente prejudicada"[31].

RESTAURAÇÃO

Já que o planeta é tão afetado pelo que comemos, nunca houve motivo maior para transformar nosso sistema alimentar. Isso implica consertar os dois lados do problema: a produção e o consumo. A produção de alimentos deve se desviar da agricultura industrial e adotar métodos agroecológicos regenerativos que restaurem os solos e a biodiversidade. Nosso consumo precisa abrir mão de dietas à base de produtos de origem animal. A natureza deve ser uma parte inerente das nossas fazendas e, sempre que possível, estimulada mediante o assilvestramento, inclusive do solo. É preciso dar mais ênfase e prioridade a soluções éticas positivas em prol da vida para aliviar a pressão sobre um mundo com recursos limitados. E diminuir a pobreza e empoderar as mulheres e meninas são meios para lidar melhor com a pressão populacional e construir uma sociedade ética e decente. Tais medidas e o respeito pelos animais e o mundo natural dão esperança de um futuro melhor.

Embora o tempo esteja se esgotando, ainda podemos deixar um planeta saudável para as futuras gerações. Para isso, é fundamental enxergar a interconectividade dos desafios para a humanidade. Assim como David Attenborough, eu vejo uma multiplicidade de soluções se combinando para criar um futuro genuinamente sustentável. Ele diz que "a agricultura regenerativa é uma abordagem barata para reavivar os solos exauridos da maioria dos campos"[32]. Em relação ao consumo, ele vê um futuro no qual "teremos de adotar uma alimentação principalmente baseada em plantas e com muito menos carne"[33]. O próprio Attenborough parou gradualmente de comer carne. "Não vou fingir que foi totalmente de propósito nem que me sinto virtuoso por isso, mas fiquei surpreso ao perceber que não sinto falta de carne"[34]. Ele também prevê que a carne cultivada a partir de células-tronco terá um papel importante, assim como as proteínas feitas de micróbios por meio de fermentação e os cultivos em fazendas verticais. Esses métodos de produção de alimentos serão abordados nos próximos capítulos.

Uma coisa é certa: a questão não é uma contenda entre as pessoas, os animais e o planeta, pois todos nós estamos juntos nessa grande encrenca. Conforme Attenborough diz, "não se trata de salvar o planeta – e sim de nos salvarmos"[35].

PARTE 4
PRIMAVERA

A primeira luz despontou no domingo de Páscoa e o coro da alvorada estava a pleno vapor. Em torno do nosso vilarejo, as aves estavam ocupadas defendendo seu território de nidificação. Um macho de coruja-do-mato piou no final de uma caçada noturna. O novo dia revigorou os melros, enquanto as carriças cantavam com mais potência do que aves bem maiores do que elas. O trinado argênteo de um tordo resplandeceu na manhã. Enquanto a luz se firmava, um esquilo correu ao longo do cabo de telégrafo em minha direção, depois pensou melhor e deu marcha a ré.

Na alvorada, o céu estava quase branco e com sulcos abertos por um bando de nuvens. Essa arte aérea refulgia em um tom de vermelho, então se dissolveu. O sol subiu no horizonte. Os narcisos haviam murchado e os flocos de neve ficaram só na lembrança. Hoje veríamos um grande show: flores brotando nas cerejeiras e tapetes de campainhas nos bosques.

O rio Rother estava calmo enquanto fluía pelos arcos de calcário da ponte onde Duke e eu observávamos patos-mandarins, alvéolas-cinzentas e guarda-rios. Os carvalhos desnudos ao longo da margem do rio estavam com rebentos promissores, enquanto a névoa da manhã pairava delicadamente sobre os pastos ao lado. O calor era um incentivo para as gramíneas começarem a crescer, de início lentamente. Por ora, as 40 vacas que ficam atrás de nossa casa ainda estavam no estábulo onde passaram o inverno.

Daqui a um mês, o pasto voltará a ser frequentado pelas vacas dos nossos vizinhos, e as quatro galinhas que chegaram em casa ontem explorarão nosso jardim. Até lá, estamos mantendo-as em uma capoeira até elas se acostumarem com sua nova morada.

Daqui a um mês, os campos arados atrás do nosso vilarejo estarão tingidos de verde com os brotos da colheita deste ano.

Daqui a um mês, as aves migrantes estarão de volta da África; embora eu ainda não soubesse, a primavera havia chegado antes para algumas. À medida que o sol esquentava o dia, abelhas solitárias procuravam buracos e frinchas, dançando acima das fendas antes de desaparecer por um momento com um lampejo do abdômen peludo. As primeiras andorinhas-dos-beirais voltaram da África, e seus rabos brancos se destacavam enquanto elas rodopiavam no ar, ao passo que outras andorinhas voavam baixo nas pastagens com tufos.

De repente, a paz do dia foi perturbada pelo som da discórdia. Um par de águias-de-asa-redonda que estavam nidificando rodavam nos céus acima do nosso vilarejo perseguindo ferozmente um intruso. Este era um falcão grande semelhante às águias-de-asa-redonda, porém mais claro e com asas mais finas e longas. A cabeça e o corpo do falcão eram brancos, exceto por uma máscara escura de Cavaleiro Solitário: na verdade, eu estava vendo uma águia-pesqueira em migração. Ela havia voltado após passar o inverno na área subsaariana em busca de um lugar para nidificar. Quando eu era um aspirante a naturalista nos anos 1970, as águias-pesqueiras eram a imagem rematada da conservação bem-sucedida, pois quase foram extintas, mas se recuperaram, primeiramente na Escócia e depois mais longe.

Eu mal podia acreditar: aqui, pela primeira vez acima da minha casa, estava uma ave que há muito tempo eu relacionava mentalmente a paisagens que reviveram. Eu fiquei exultante. Esse momento me encheu de empolgação e renovou meu otimismo com a perspectiva de um renascimento na primavera, no qual o mundo em meu entorno poderá recuperar sua glória perdida.

15
REGENERAÇÃO

DEVOLVENDO A SUJEIRA PARA O SOLO

Na Dakota do Norte, um rebanho de gado está espalhado por vastas pradarias com gramíneas altas revestindo planícies planas e colinas baixas onduladas. O gado é preto ou castanho-claro, sem tonalidades intermediárias, e se movimenta junto devorando gramíneas e plantas com flores pelo caminho. Alguns se separam para beber em um pequeno lago fazendo a superfície da água se encrespar. Olhando mais de perto, dá para ver cercas de arame que não chegam a perturbar a cena, mas mantêm o gado se movimentando de modo ordeiro. Um portão em um *timer* automático logo se abre e o rebanho vai para pastos novos.

Foi a conversa de regenerar solos que despertou meu interesse nesse lugar, mas o solo era a única coisa difícil de ver por aqui; conforme aprendi com o homem que administra esse cenário extraordinário, a melhor maneira de cuidar do solo é mantê-lo coberto. E, ao contrário do hino que cantávamos na escola paroquial – "nós aramos os campos e espalhamos as boas sementes na terra" –, a última coisa que alguém iria achar nesse rancho é um arado. Para ver o solo aqui, é preciso cavar até chegar a um mundo oculto, que é demarcado por sistemas complexos de raízes que conectam essa paisagem viva e a mantêm firme. Quando alguém quebra um torrão de terra, as minhocas se contorcem em protesto.

O jeito de Gabe Brown fazer as coisas está causando sensação mundo afora; o Brown's Ranch, a Leste de Bismarck, está na vanguarda de uma nova onda de agricultura regenerativa. Em um mundo com mais pessoas e menos recursos, uma abordagem que preserva os elementos essenciais da vida – o solo, a água e a luz solar – tem uma importância incomensurável.

Embora pareça remoto, o rancho de 2.428 hectares de Brown fica perto de Bismarck. Essa cidade agitada foi fundada em 1872 quando a região era habitada por povos indígenas americanos e bisões; a Northern Pacific Railway foi construída logo depois para trazer colonos e os interessados na corrida do ouro nas Black Hills por perto. Durante milhares de anos, culturas sucessivas de povos indígenas viveram em harmonia com o meio ambiente e os bisões que viviam por lá. Com a chegada dos colonos europeus, os bisões foram ceifados rapidamente por caçadas e doenças transmitidas pelo gado. Hoje, restam pequenos rebanhos no Theodore Roosevelt National Park e na Cross Ranch Nature Preserve.

Brown está tentando ver as coisas pelo ponto de vista do solo e usa seu rancho para mostrar que a agricultura só sobreviverá se voltar a se conectar com a natureza. Ele sabe tudo sobre o mundo hostil acima do solo, que tem vento, chuva e o risco de exposição aos elementos. Mas ele tem fascínio pelo que acontece no subsolo, e a chave para cuidar do solo está no que é feito acima de sua superfície.

Seu rancho fica no meio das Grandes Planícies, onde as estações são bem demarcadas. Os invernos são frios e nevados, e os verões, quentes e úmidos. A primavera e o verão podem trazer enormes tempestades com trovoadas. Nesse estado pouco povoado, as ameaças de seca, inundações, tornados e nevascas fazem parte da paisagem, de modo que muitos agricultores dependem da ajuda do governo[1]. Talvez a variabilidade climática seja uma das razões da tenacidade de Brown para achar maneiras de proteger o solo. Quando lida com dificuldades, ele se pergunta "eu estou resolvendo o problema ou apenas tratando um sintoma?"[2].

Brown comprou o rancho dos pais de sua mulher, Shelley, em 1991 e agora o administra com seu filho Paul. Quando eles assumiram as rédeas, ficou claro que o solo estava gravemente exaurido. A matéria orgânica diminuíra de 7% antes da chegada dos colonos europeus para menos de 2%[3]. Nessa época, os

Browns eram agricultores "convencionais" que plantavam grãos, criavam gado, aravam muito e usavam muitos fertilizantes e pesticidas artificiais. Uma aula de agricultura vocacional levou Gabe a entrar na Future Farmers of America, onde aprendeu sobre fertilizantes sintéticos, pesticidas, inseminação artificial, criação de animais em confinamento e tudo mais que fosse relacionado à agricultura industrial. Como tantos agricultores, ele fazia o que sabia. No entanto, logo após assumir o rancho, houve quatro anos sucessivos de quebras de safras. O clima da Dakota do Norte os atingiu em cheio, gerando graves problemas financeiros, mas Brown manteve a fé e ampliou seu conhecimento.

As circunstâncias adversas e a sede por conhecimento estimularam Brown a fazer as coisas de outro jeito. Em seu livro *Dirt to Soil*, ele conta que teve uma iluminação quando o fazendeiro canadense Don Campbell disse: "Se você quiser fazer pequenas mudanças, mude seu jeito de *fazer* as coisas; se você quiser fazer grandes mudanças, mude seu jeito de *ver* as coisas"[4]. Até então, ele fazia pequenos ajustes no rancho e rezava para ter grandes resultados. Para sair do atoleiro e manter seu negócio, ele precisava olhar as coisas de um modo totalmente diferente. Os quatro anos de quebra da safra acabaram sendo a melhor coisa que poderia ter acontecido. "Eles nos obrigaram a pensar fora da caixa, a não ter medo de fracassar e a trabalhar com a natureza, não contra ela. Esses anos ruins me encaminharam para esta jornada na agricultura regenerativa", escreveu ele[5].

O primeiro sinal do êxito de Brown em regenerar o ecossistema de sua fazenda foi o aparecimento de minhocas. "Eu costumava brincar que nunca íamos pescar por falta de minhocas"[6]. Durante os anos de quebra da safra, ele deixou o solo coberto e, por falta de dinheiro, diminuiu o uso de fertilizantes e pesticidas artificiais. Os resultados foram transformadores. Quando ele enfiou sua pá no solo, havia minhocas e a terra estava mais escura, mais rica e com uma estrutura melhor – parecia até um bolo de chocolate. Ela tinha mais matéria orgânica e água –, pois estava viva. "Graças às quebras de safras, eu mudei o jeito de tratar nossa terra. Infelizmente, o bom Deus teve de me sacudir quatro vezes até eu acordar!", disse ele.

Desde então, Brown não olhou para trás. A saúde do solo e a diversidade se tornaram suas prioridades. Sua terra não é arada desde 1993. Arar "destrói a estrutura do solo, que é a casa para a biologia do solo", comentou ele[7]. Aqui, a diversidade de cultivos e de animais impera. Ele parou de usar fertilizantes sintéticos e pesticidas em geral, e embora admita que usa um pouco de herbicida, está muito empenhado em eliminá-lo. E no Brown's Ranch não há organismos geneticamente modificados nem glifosato.

Brown pulou fora da esteira desenfreada da agricultura intensiva, mas eu estava interessado em saber por que ele achava que outros agricultores continuavam nela. "Agricultores e pecuaristas são assediados diariamente por negociantes de fertilizantes, de produtos químicos e de implementos, e por políticas do governo", disse ele. "Eles são desinformados em relação à biodiversidade e à regeneração, e não sabem como a biologia do solo realmente funciona para fornecer nutrientes."

Para Brown, uma pastagem saudável requer mais de 100 espécies de gramíneas, ervas e arbustos, e é por isso que, ao contrário da agricultura intensiva, suas terras agrícolas abrigam diversas plantas e cultivos. Essa diversidade é que alimenta a vida no solo que, por sua vez, fornece nutrientes aos cultivos. "Alguém já viu uma monocultura na natureza?", indaga ele.

Outra chave para um solo saudável é mantê-lo o tempo todo coberto usando coberturas vegetais e resíduos das colheitas. "As coberturas blindam o solo contra a erosão causada pelo vento e a água", ele me disse. Os solos não ficam expostos aos elementos entre os cultivos principais, e as coberturas vegetais mantêm o intercâmbio de nutrientes entre as raízes e os micróbios no solo, mantendo a teia de alimentação do solo viva. Elas também ajudam a integrar os cultivos com os animais de criação, e o gado pasta essas coberturas variadas durante o inverno. Deixar o gado ao ar livre ajuda a mantê-lo mais saudável e ele deposita estrume enquanto se movimenta, enriquecendo o solo e fornecendo nutrientes para os cultivos seguintes. Isso facilita as coisas para Brown e sua família. "Nós não temos que tirar estrume dos currais e levá-lo para os campos", explicou ele. "É uma situação muito vantajosa"[8].

Uns 350 pares de vacas e bezerros vagam neste rancho, junto com 600 bezerros com um ano de idade. Os bezerros pastam com suas mães durante o inverno, aprendendo quais plantas podem comer e como usar neve para obter água potável. Na primavera, eles são desmamados e separados das mães por uma cerca, mas conseguem vê-las e encostar os focinhos. Muito mais consentâneo com o bem-estar animal, isso evita a ansiedade pela separação que ocorre no desmame forçado, quando os bezerros são tirados das suas mães e levados para outros lugares[9].

O gado é integrado com cultivos e ovelhas Katahdin, e aves fazem parte da mescla desde 2011. Há também porcos Tamworth e Berkshire no rancho, e os filhotes dos porcos obtêm metade de sua alimentação nos pastos perenes. Sua busca por alimentos estimula a germinação das gramíneas, das ervas e de outras plantas, o que cria um ecossistema mais saudável[10]. O gado e as ovelhas de Brown só são alimentados com gramíneas e outras forragens – conforme o desígnio da natureza. Refletindo sobre suas práticas passadas, ele se perguntou por que dava grãos aos animais, já que isso não lhes fazia bem. Então, interrompeu a prática e agora colhe os benefícios. "Quando esses animais são alimentados só com forragens, conforme manda a natureza, o produto final é muito mais saudável para o consumidor"[11].

Gado e ovelhas integram a mistura florescente de espécies na fazenda, pastando um "relvado diverso" – que no dialeto dos fazendeiros significa uma dieta de pasto que contém uma variedade de gramíneas e ervas. E ao se movimentar pela paisagem, eles ajudam a regenerar os solos.

Brown diz que a agricultura industrial cometeu uma "falha trágica" ao tirar os animais de criação da terra[12]. Nos Estados Unidos, é possível dirigir por centenas de quilômetros sem ver sequer um animal nos campos, pois os animais ficam trancados em galpões e comendo grãos que deveriam estar alimentando as pessoas. Isso é bem diferente do ecossistema natural das Grandes Planícies.

"A natureza não funciona sem animais", resume Brown em *Dirt to Soil*. Ele explica que os animais herbívoros têm uma relação simbiótica com seu meio ambiente. Enquanto eles se alimentam, as plantas liberam carbono por suas raízes atraindo os micróbios no solo que, por sua vez, fornecem nutrientes para mais crescimento[13]. Estudos comprovaram o papel benéfico do pastejo rotativo para a regeneração do solo, incluindo o armazenamento de carbono[14]. Conforme diz o professor David Montgomery, "reintegrar a criação de animais em fazendas é uma ferramenta poderosa para a agricultura regenerativa"[15].

Deixar os animais de criação pastarem acelera a regeneração do solo. Adicionando a isso uma miríade de insetos, aves e outros animais selvagens, o resultado é o que Brown descreve como um "ecossistema muito saudável que funciona perfeitamente"[16]. Para ele, os animais herbívoros são o "acelerador" para a recuperação da saúde do solo – "eles elevam o solo para outro patamar. Ao morder as plantas vivas, elas e suas raízes transpiram, a fim de atrair mais microbiologia para voltar a crescer". Além disso, as patas dos animais esmagam o material orgânico no solo junto com seu estrume e urina. "É esse intercâmbio biológico que estimula o ciclo dos nutrientes."

Brown se lembra de que os bisões nessas planícies antigamente eram seguidos por vários outros animais, incluindo aves. Hoje, ele tenta emular essa relação natural com as galinhas em seu rancho. Suas 1.500 galinhas poedeiras seguem o gado no pasto três dias depois, ciscando à vontade durante o dia, se empoleirando e botando ovos em *"eggmobiles"* portáteis. Elas passam seus dias apanhando coisas com os bicos em pastos cheios de estrume, catando insetos, revirando minhocas e sementes, e procurando aranhas e moscas. Sua alimentação natural é complementada por resíduos dos cultivos de grãos do rancho, junto com sementes de ervas daninhas que podem ter sido colhidas com os grãos[17].

Ao contrário do gado e das ovelhas, as galinhas gostam de comer grãos, mas a quantidade que consomem é temperada pelo que elas acham quando estão vagando. Brown usa os restos de grãos de seus cultivos para alimentar suas galinhas, zerando o desperdício. A longevidade das galinhas comprova o quanto sua vida é boa no rancho; uma ave criada industrialmente raramente completa mais de 18 meses de vida antes de ir para o abate, ao passo que algumas galinhas de Brown vivem sete anos[18].

Brown também tem 1.000 galinhas de uma raça diferente para a produção de carne, as quais também ficam soltas e são transferidas diariamente em gaiolas portáteis. Brown diz que "a maior parte da alimentação delas é composta pelo que acham no pasto" e complementada com um pouco de grãos. Ele deixa as vacas serem vacas e as galinhas serem galinhas – pois acha importante que os animais em seu rancho sigam seus instintos. "Seja o gado se movimentando junto pela pradaria ou uma galinha correndo atrás daquele gafanhoto saboroso, nossos animais são criados em um ambiente enriquecedor e sem estresse"[19].

Brown não aplica hormônios de crescimento nos animais e acha os antibióticos desnecessários, pois o bem-estar dos animais é assegurado pelo jeito com que são mantidos. "Quando os animais de criação e os humanos coexistem em um ambiente sem estresse, todos têm mais qualidade de vida. E isso se reflete em nossos produtos"[20].

Como cuida do solo, Brown está mais apto a cuidar dos recursos hídricos e a maximizar o uso da luz solar em seu rancho. Com menos de 2% de matéria orgânica em 1991, o solo agora contém até 7,9%, o que ele atribui à diversidade de cultivos, animais e micróbios atuando juntos[21]. Meio hectare de seu solo continha 151.416 litros de água quando ele assumiu o rancho, mas a regeneração da matéria orgânica fez a água aumentar para 378.541 litros.

Soltar os animais de criação na terra e usar coberturas vegetais aceleraram essa recuperação notável[22]. E quanto ao futuro? "Um futuro sustentável não só para nós, mas também para as futuras gerações, passa pela regeneração das paisagens", respondeu ele[23].

COMO UM PORCO COMENDO TREVO

"Em algum lugar por aqui há alguns porcos", disse meu anfitrião abrindo o portão para um relvado vazio. Seguimos a bordo de seu Land Rover e logo vimos 14 porcos Tamworth deitados em meio a trevos em uma ribanceira. Após comer durante toda a manhã, eles estavam descansando no calor vespertino só mexendo uma orelha ou a cauda de vez em quando. Eles não tinham argolas nos focinhos, um dispositivo cruel que rasga seus focinhos sensíveis e os impede de arrancar o que acharem no solo. Sua pelagem era curta e castanha, e as orelhas pontudas não tinham presilhas. À vontade nesse ambiente, os porcos estavam fazendo o que é natural para eles: comendo.

Eu estava prestes a aprender o que os porcos realmente gostam de comer e o quanto é errado usar a expressão "como um porco chafurdando na imundície". A maioria dos porcos atuais vive em fazendas industrializadas e confinada em lajes de concreto ou ripas sujas, então eu achava que eles queriam ficar na imundície. Sim, eles gostam de chafurdar, assim como nós gostamos de tomar banho, mas o que eles realmente querem é ser livres para comer trevo – sua iguaria favorita – à vontade. Portanto, a expressão idiomática inglesa "como um porco comendo trevo" significa estar verdadeiramente contente.

Menosprezar a verdadeira natureza dos porcos causa um dos problemas mais complexos para quem quer sair da agricultura industrial – como evitar que eles se empanturrem com grãos. Em geral, os porcos criados comercialmente são mantidos de forma intensiva; por sua vez, aqueles que vivem ao ar livre em lugares de suinocultura têm mais bem-estar, mas essa não é a solução integrada de uma fazenda regenerativa. Seja como for, frequentemente eles são alimentados com vastas quantidades de cereais, soja e farinha de peixe. Quando são deixados por conta própria, eles circulam em pequenos grupos, fazendo ninhos para seus leitões nas beiras das matas e comem qualquer coisa. Porcos são recicladores da natureza e foram domesticados há muito tempo devido à sua capacidade para sobreviver com restos de comida. Então, como integrá-los bem em uma fazenda regenerativa foi a pergunta respondida em uma visita a uma fazenda em Wiltshire: porcos no pasto.

Na Horton House Farm, no Vale de Pewsey, entre Salisbury Plain e Marlborough Downs, Jonny Rider e sua família criam 100 porcos à base de gramíneas, trevos, ervas e flores silvestres. A família de Rider trabalha aqui desde 1954, e Jonny assumiu o lugar de seu pai em 1999, logo após voltar da Faculdade de Agronomia em Wye. Agora ele trabalha com sua mulher Rachael, e os quatro filhos do casal querem voltar para trabalhar na fazenda.

Calmo, informal e com cabelo crespo bem curto, Rider, de 49 anos de idade, me levou para um giro em sua fazenda de 400 hectares, onde o gado, as ovelhas, as galinhas, as cabras e os porcos se movimentam pelos blocos de pasto em rotação. Entusiasta assumido da raça suína Tamworth, ele mantém seus porcos de uma maneira inovadora, pois respeita profundamente a natureza, o solo e o bem-estar animal. Rider deixa seus porcos mamarem nas mães durante cinco a seis meses – seis vezes mais tempo do que seus primos criados intensivamente, os quais são separados das porcas um mês após seu nascimento. Os porcos de Rider também vivem pelo dobro do tempo; já os porcos sob criação intensiva são forçados a crescer a uma velocidade desumana e são abatidos quando completam seis meses de vida.

Durante os meses de pastejo, os porcos na Horton House se nutrem no pasto. Eu aprendi com Rider que os porcos comem até cardos antes de ir para outro pasto e se regalar com a variedade de trevos, gramíneas e flores herbáceas. Quando as gramíneas param de crescer, os porcos e as vacas são levados para os alojamentos de inverno, onde os leitões se deliciam deitando-se na palha ao lado das vacas e até comem estrume. Durante o inverno, a alimentação dos porcos é complementada com sobras de leite das vacas, e Rider não usa grãos nem outros concentrados para aumentar o rendimento leiteiro. Além de tomar leite que seria jogado fora, os porcos passam o inverno à base de aveia e alfafa cultivadas na fazenda.

Rider calcula que seus porcos obterão três quartos de sua alimentação no pasto enquanto viverem. A economia obtida com porcos mais longevos e mantidos com gramíneas é maior, pois o pasto é muito mais barato do que forragens à base de cereais e soja comerciais. "As gramíneas pastadas custam um décimo do preço da forragem orgânica", explicou, então ele não tem de fazer os porcos crescerem velozmente para garantir a própria sobrevivência.

Os porcos e as vacas pastam nos mesmos campos, onde ajudam a livrar o pasto de potenciais parasitas, assim mantendo a fazenda saudável. "Eles higienizam o pasto... e distribuem o estrume por lá", disse Rider. Isso contribui para a fertilidade natural do solo e é bem diferente do que ocorre em fazendas industriais, onde a maioria dos porcos nunca vê a luz do dia e aqueles que a veem geralmente ficam aglomerados no solo nu.

Em comparação com as fazendas de suinocultura em escala industrial, a de Rider é pequena e produz uma modesta centena de porcos por ano. No entanto, a maioria das fazendas de suinocultura também não tem gado, ovelhas, cabras e galinhas. Ao invés de cultivar uma monocultura, ele faz diversos produtos em harmonia com a natureza. E não está sozinho, pois um número crescente de agricultores agora mantém os porcos no pasto.

O agropecuarista Fred Price administrava uma fazenda convencional na região de Somerset antes de adotar a agricultura regenerativa e manter 30 porcos Tamworth para reprodução, sendo que quatro quintos da alimentação deles é no pasto. A fazenda regenerativa de gado de Simon Cutter em Ross-on-Wye também mantém os porcos no pasto e com restos de comida[24].

Rachael, a mulher de Rider, explicou por que eles trabalham assim: é "porque nós queremos que as crianças cresçam em um meio ambiente bonito e seguro e se alimentem com comida bem saudável"[25]. Minha viagem ao Vale do Pewsey mostrou que o segredo para criar porcos de maneira regenerativa é mantê-los literalmente contentes como porcos comendo trevo.

BICHINHOS NO SUBSOLO

"Agricultura regenerativa" se tornou um termo da moda para práticas que aumentam a fertilidade do solo, o sequestro de carbono, a biodiversidade e a conservação hídrica, mas ela sempre requer animais de criação? Há muitos exemplos de solos degradados sendo revitalizados pela introdução de animais nos terrenos, o que melhora o bem-estar dos bichos que, de outra forma, estariam confinados em fazendas industrializadas, e ao mesmo tempo que restaura a saúde do solo. Mas, sem a presença de animais de criação, a lavoura ainda seria regenerativa?

A busca de uma resposta para essa pergunta me direcionou para Ohio, onde David e Kendra Brandt trabalham regenerativamente em uma fazenda de 485,6 hectares perto de Carroll[26]. Eu queria ir lá pessoalmente, mas a covid-19 me impediu. O motivo do meu interesse é que eles descobriram um modo bom para o solo de plantar *commodities* comuns – milho, soja e trigo de inverno –, que geralmente são cultivados mediante o uso do arado e de fertilizantes artificiais e pesticidas químicos. Mas a terra deles não via um arado desde 1971.

Ao aposentar o arado, alternar as coisas na fazenda e manter o solo revestido com coberturas vegetais, David Brandt pôde abrir mão do fertilizante sintético. Segundo o paladino da agricultura regenerativa Gabe Brown, os solos de Brandt são surpreendentes. "Se você enfiar uma pá em qualquer campo de Brandt, irão aparecer mais de 45,7 centímetros de camada superficial do solo que parecem um bolo de chocolate", escreveu Brown. "Se for a uma propriedade vizinha cuja terra foi cultivada convencionalmente e enfiar uma pá, você verá barro amarelo duro. O contraste é estarrecedor"[27].

Durante a primavera e o verão, os campos de Brandt parecem iguais aos de seus vizinhos industriais, mas no outono, quando os campos adjacentes estão desnudos, os dele estão repletos de coberturas vegetais. Durante a baixa temporada, ele cultiva plantas como girassóis e rabanetes, misturadas com várias gramíneas que formam uma camada vegetal sobre seu solo, assim como a natureza faria. "Estamos tentando fazer o que a Mãe Natureza faz", disse ele à revista *Farm and Dairy*[28].

Em 1978, Brandt começou a plantar coberturas vegetais para controlar a erosão do solo. Afinal de contas, a pior coisa para o solo é ficar exposto ao vento e à chuva, então as coberturas vegetais o protegem. Segundo um relato, ele usa dez tipos de plantas em suas comunidades de cobertura vegetal, um "coquetel" formado por legumes e outras plantas de diversas alturas e padrões de raízes que fixam o nitrogênio. No entanto, essa prática só é usada em 1% das terras agrícolas nos Estados Unidos[29].

Nem sempre Brandt esteve envolvido com a agricultura regenerativa, e seu experimento com plantio direto se deu mais por necessidade do que por escolha. Ele cresceu ajudando na fazenda da família, ordenhando vacas, cuidando de porcos e plantando batatas. Casou-se com Kendra em 1966 e foi enviado ao Vietnã por dois anos como sargento nos fuzileiros navais. Enquanto estava fora, seu pai morreu em um acidente de trator. A família então teve de vender a fazenda, mas a ambição de Brandt continuou impávida. Ele arrendou uma fazenda, mas não podia arcar com um arado, então partiu para o plantio direto, o que foi um grande acerto em sua vida[30].

Agora com 75 anos[31] e tratado como um astro de rock em círculos ligados à agricultura regenerativa, Brandt é reconhecido como um pioneiro na conservação do solo[32]. Segundo o relato de cientistas na *International Soil and Water Conservation Research*, estudos sobre sua fazenda "demonstram convincentemente" que o sistema de plantio direto com rotações e coberturas vegetais "aumenta significativamente o sequestro de carbono, melhora a saúde do solo, aumenta o rendimento das colheitas e intensifica os serviços para o ecossistema". O trabalho conclui que "a agricultura conservacionista, incluindo o plantio direto, a rotação de culturas e a diversidade de plantas no solo, é um movimento global que está transformando a produção de alimentos e melhorando o manejo da ecologia em paisagens agrícolas. E está provando ser a melhor abordagem para uma agricultura sustentável global"[33].

Ao contrário da maioria das fazendas regenerativas, vacas, ovelhas e galinhas não vagam pelos campos de Brandt –, mas isso não o impede de sair de seu veículo utilitário com uma pá para inspecionar seus "bichinhos no subsolo"[34]. É assim que ele se refere às minhocas, larvas de insetos e bactérias que fervilham sob a superfície, catando matéria orgânica morta dos cultivos e depositando-a como nutrientes e carbono no solo.

Nos anos 1970, o teor de carbono nos campos de Brandt era abaixo de 0,5%, assim como nas fazendas ao redor. Décadas após ele começar a usar coberturas vegetais e a trabalhar regenerativamente, esse teor aumentou para 8,5%, ou seja, 2% a mais do que nos solos nativos não cultivados por perto. Ele atribui essa melhora aos rabanetes em sua cobertura vegetal, pois suas raízes profundas aumentam os níveis de fósforo e ajudam a afofar o solo. E quando se decompõem, eles liberam nitrogênio e outros nutrientes[35].

O carbono no solo não alimenta diretamente as plantas, mas estudos mostram uma relação estreita entre a matéria orgânica no solo e os rendimentos das plantações – aumentar a quantidade de carbono orgânico no solo permite que os rendimentos das plantações sejam mantidos com menos fertilizante artificial. Um estudo sobre a produção de trigo, arroz e milho em países em desenvolvimento concluiu que mais carbono no solo pode incrementar os rendimentos e sequestrar carbono da atmosfera, ajudando a manter a segurança alimentar e a mitigar a mudança climática[36].

Embora ainda não seja orgânico, Brandt economiza muito dinheiro com a diminuição de insumos químicos em sua fazenda. Em comparação com seus vizinhos que plantam convencionalmente, ele usa menos da metade da monta de herbicidas, um quinto do diesel e um décimo do fertilizante artificial, mas sempre obtém rendimentos melhores[37]. Ele e sua família demonstram que, ao adotar o sistema de plantio direto, usar coberturas vegetais e diversos cultivos alternados, a agricultura regenerativa pode funcionar sem a presença de animais. Como diz o destacado paladino do solo David Montgomery, "aposente o arado, cubra o solo e promova a diversidade"[38]. Com ou sem animais de criação, o cultivo ecológico nunca foi tão necessário e urgente.

Durante a era do *Dust Bowl* nos Estados Unidos, William Albrecht, professor de Solos na Universidade de Missouri, escreveu: "A nação deveria ficar ciente da rapidez com que a matéria orgânica no solo está se exaurindo... A manutenção da matéria orgânica no solo deveria ser considerada uma responsabilidade nacional"[39]. Setenta e cinco anos depois, Montgomery, que é professor na Universidade de Washington, escreveu: "Nós precisamos considerar o carbono no solo como uma conta de investimento societal – o pecúlio planetário da humanidade. Se nós o recuperarmos agora, nossos descendentes poderão colher dividendos perpétuos. Infelizmente, nós ainda estamos deixando que ele escape"[40].

Já que os efeitos do planeta se aquecendo se somam, e o colapso da natureza e o declínio de nossos solos soam um alarme cada vez mais urgente, nunca houve uma época mais propícia para nós prestarmos atenção aos "bichinhos no subsolo".

GROWING UNDERGROUND

Sob as ruas agitadas em torno do parque Clapham Common, no Sul de Londres, está ocorrendo uma nova revolução alimentar. Bem abaixo da superfície, túneis originalmente construídos como abrigos contra ataques aéreos durante a Segunda Guerra Mundial estão produzindo a colheita mais extraordinária de ervas, brotos e verduras. Os túneis que comportam até 8 mil londrinos, agora abrigam bandejas empilhadas com brotos de ervilha, rúcula, mostarda vermelha, rabanete, cebolinhas, funcho e coentro, que são fornecidos para mercados e atacadistas em todas as partes de Londres.

Um hectare de túneis sombrios foi transformado em espaços de cultivo bem organizados com iluminação rosada de LED, os quais são vistos com a primeira fazenda subterrânea do mundo[41]. Nesse ambiente futurista, as fileiras de bandejas do chão ao teto contêm as sementes de mudas que depois serão colhidas.

O segredo para cultivar alimentos sem solo ou luz solar é a técnica denominada hidroponia, na qual a água leva nutrientes para as raízes. No fundo desses túneis, as ervilhas ficam em uma espécie de esteira reciclada, com as raízes crescendo entre a trama para se banhar na água rasa. A água que transporta os nutrientes é bombeada entre as bandejas de cultivo. Como as raízes não absorvem a maior parte da água, ela é captada, filtrada e reutilizada; por consequência, a hidroponia usa 70% menos água do que a agricultura convencional ao ar livre. A luz solar necessária para as plantas fazerem a fotossíntese e crescerem é substituída pela iluminação de amplo espectro de LED. Assim como os vagões do Metrô que passam quatro andares acima, esta fazenda em Clapham opera o ano inteiro, imune à sazonalidade que limita as colheitas ao ar livre[42].

A empresa Growing Underground, que está por trás do projeto, recebeu o apoio do célebre chef Michel Roux Jr., que mora logo acima da fazenda e se juntou ao seu conselho administrativo. Ele está entusiasmado com as perspectivas para cultivar verduras e legumes no subsolo e disse o seguinte em um vídeo promocional: "Eu tinha de fazer isso... o mercado para a produção subterrânea de alimentos é enorme!"[43]. Dizem que o Le Gavroche, o restaurante de Roux com estrelas Michelin em Mayfair, está na lista de clientes da empresa[44]. A área de 550 metros quadrados da fazenda subterrânea comporta o cultivo de 20 mil quilos de verduras e legumes por ano[45].

Steven Dring e Richard Ballard fundaram a Growing Underground movidos pelo desejo de montar um negócio que ajudasse a vencer os desafios de alimentar as pessoas de maneira sustentável. E acharam que essa seria uma maneira de suprir a demanda por produtos sustentáveis produzidos localmente.

Ao plantar alimentos no "seio" literal da comunidade, eles elevaram o "local" para um novo patamar. "Existe comida suficiente para alimentar o planeta, mas ela está no lugar errado. Nós começamos a analisar essa questão e como transformar isso em um negócio", disse Dring ao *Independent*[46].

Ao invés de ser uma ameaça, Dring espera que a relação entre a Growing Underground e as fazendas ao ar livre seja colaborativa. Com uma população crescente e uma quantidade limitada de terra, levar a produção para o subsolo libera espaço acima do solo para cultivos mais volumosos[47]. John Shropshire, o homem no comando de uma das maiores empresas de verduras e legumes da Grã-Bretanha, a G's Fresh, está colaborando com a Growing Underground. Ele vê muito sentido em fornecer verduras e ervas de fornecedores subterrâneos para os mercados urbanos. Além disso, concorda com Dring de que nem tudo pode ser produzido no subsolo. "Provavelmente, a produção de trigo e de outros cereais ricos em amido em locais cobertos demandará o uso muito intensivo de energia. Qualquer coisa que tenha muito amido precisa de muita energia".

O CÉU É O LIMITE

A agricultura parece prestes a atingir um patamar bem mais alto, graças à AeroFarms, uma empresa dos Estados Unidos que está por trás de uma fazenda coberta vertical de 8.361 metros quadrados em Abu Dhabi, entre outros projetos. Apontada como a "maior do mundo", suas credenciais ambientais incluem usar 95% menos água do que a agricultura ao ar livre e ser totalmente livre de pesticidas[48].

A empresa, que é líder na agricultura vertical desde 2004, usa uma técnica de cultivo patenteada chamada "aeroponia". As sementes são postas em uma esteira de plástico reciclado e os canteiros de plantas ficam empilhados verticalmente sob iluminação de LED. A água e os nutrientes são pulverizados em uma névoa, assim diminuindo a quantidade de água necessária. Descrita por um jornalista como uma "manifestação ambiciosa, quase fantástica, de tecnologia agrícola", ela é chamada de a "terceira revolução verde" por defensores da agricultura vertical, que igualam seus desdobramentos àqueles da Apple e da Tesla[49].

Baseada em Newark, Nova Jersey, a AeroFarms assegura que os rendimentos das plantações são 70 vezes maiores do que na agricultura convencional ao ar livre[50].

Aeroponia, hidroponia e, como vocês verão no próximo capítulo, o cultivo de carne a partir de células-tronco, todos têm potencial para tirar a agricultura industrial da zona rural. A derrocada do mundo natural é uma consequência direta da disseminação de técnicas industriais na agricultura, algo que a pioneira ambientalista Rachel Carson previu em seu livro fascinante *A Primavera Silenciosa*. Carson nasceu em um mundo no qual a indústria e a zona rural existiam lado a lado, mas, no decorrer de sua vida, as linhas se tornaram indistintas. A adoção de métodos industriais na zona rural vem tendo consequências devastadoras. Ela inclusive denunciou os efeitos de pulverizar produtos químicos na zona rural, algo que faz parte da nova abordagem industrializada na agricultura.

Dificilmente, tecnologias agrícolas inovadoras, como aeroponia e hidroponia, farão uma grande diferença positiva na crise alimentar global, pelo menos por ora. Países que enfrentam uma grande insegurança alimentar simplesmente não podem arcar com novas tecnologias caras. No entanto, esses desdobramentos apontam para um futuro no qual os alimentos poderão ser produzidos em comunidades urbanas e sem as consequências ambientais da agricultura industrial. Em termos de reduzir as distâncias para o transporte e aumentar a segurança alimentar local, isso será excelente. Junto com a agricultura urbana e no alto de prédios, existe potencial para fomentar o fornecimento de alimentos para as cidades em um futuro incerto. Afinal de contas, a mudança climática e a elevação subsequente nos níveis dos mares farão as terras agrícolas encolherem, justamente quando mais precisaremos delas.

16
REPENSANDO AS PROTEÍNAS

O LABIRINTO MORAL DO LEITE

Enquanto eu estava andando por gramíneas que batiam na minha cintura, passei por árvores nodosas e arbustos abundantes no Centro-Oeste do Brasil. O ar estava fresco e uma abelha zumbia. Esse era o Parque Nacional das Emas e um trecho intacto do cerrado, a pastagem que outrora cobria grande parte do interior brasileiro. No outro lado da estrada, havia uma vasta pradaria plana de terra agrícola uniforme, com pouco mais do que campos recém-plantados. Não havia cercas nem demarcações, apenas uma plantação de soja.

Eu estava vendo em primeira mão como a vida selvagem estava desaparecendo em uma das regiões com mais biodiversidade na Terra, o que me fez parar para pensar: será que eu tinha um pouco de culpa por essa devastação por adicionar leite de soja em meu chá?

A pergunta é bem mais profunda do que minha bebida quente favorita. Nos anos 1970, Peter Roberts, o fundador da Compassion in World Farming, foi um pioneiro dos produtos de soja, importando-os para o consumo humano. Sua empresa, a Direct Foods, vendia diversas inovações feitas de soja que incluíam Sosmix e Sizzles, sendo que o último imitava o sabor defumado do *bacon*.

Peter era produtor de leite, mas ficou incomodado com a ascensão da pecuária industrial. Em 1967, abriu mão de suas vacas e fundou a Compassion e um negócio florescente de soja. Naquela época, ele foi um dos primeiros a se conscientizar sobre as questões éticas relativas ao leite e um defensor da reavaliação de nossa atitude em relação às proteínas, vendo que isso ia além de alimentos de origem animal. Além de sua marca alimentícia, ele também abriu uma loja de alimentos saudáveis, The Bran Tub, que até hoje vende vários leites à base de plantas. Eu trabalho na Compassion desde 1990 e tenho orgulho por ter seguido as pegadas dele.

Enquanto estava escrevendo *Farmageddon*, meu livro inspirado na visão de Peter, eu vi muitas megafazendas leiteiras, inclusive no Central Valley, na Califórnia. Descobri que era comum confinar até 12 mil vacas em um cercado empoeirado, sem uma folha de relva à vista. As vacas só comiam grãos, o que pode desarranjar seus estômagos. Uma vaca criada intensivamente produz tanto leite que, no auge da lactação, seu corpo faz um esforço metabólico equivalente a uma pessoa que corre uma maratona diariamente. Isso dá a impressão de que as vacas nessas "fazendas" andam em câmera lenta.

No tempo que passei na Califórnia, ouvi falar que a poluição das megafazendas leiteiras entra na água subterrânea e no ar; para alguns moradores, só resta comprar água potável engarrafada, e asma é uma doença comum.

Manter as vacas em campos relvados é indubitavelmente melhor para seu bem-estar, pois elas desfrutam o ar puro e a luz solar e podem viver naturalmente. Manter os ruminantes com gramíneas também ajuda a evitar os problemas graves para o bem-estar animal vistos em fêmeas de raças de altíssimo rendimento, cujos úberes que produzem demais requerem rações intensamente concentradas.

Sem dúvida, manter vacas leiteiras no pasto é melhor para seu bem-estar do que nas megafazendas leiteiras intensivas, mas isso ainda depende de romper aquele vínculo mais básico entre a mãe e as crias. Para dar leite, uma vaca precisa ficar prenha e ter um filhote, que é tirado dela assim que nasce. Yuval Noah Harari, autor do *best-seller Sapiens: Uma breve história da humanidade* (Brasil: Companhia das Letras, 2020), descreveu o que essa separação causa para a mãe e o filhote: "Pelo que se sabe, isso causa muita angústia e sofrimento emocional para a mãe e o filhote"[1].

São poucas as fazendas leiteiras onde a mãe e o filhote passam os primeiros meses juntos, pois o setor de laticínios faz questão de romper esse vínculo mais básico.

Impulsionado por preocupações sanitárias e com o bem-estar animal, o interesse em leites à base de plantas está aumentando com rapidez. Globalmente, o mercado para leites vegetais foi avaliado em US$ 7 bilhões em 2010, passou para mais de US$ 16 bilhões em 2019 e deve aumentar para mais de US$ 40 bilhões em 2025[2]. Nos Estados Unidos, o mercado para leites vegetais é avaliado em US$ 2,5 bilhões e cresceu 20% ao ano até 2020, com mais de um terço das famílias consumindo-os[3]. Na Grã-Bretanha, quase um quarto das pessoas tomava leites à base de plantas em 2019, sendo quase um quinto no ano anterior, com o aumento sendo especialmente marcante junto a consumidores mais jovens[4]. Analistas do setor atribuem a popularidade crescente desses leites a um aumento no número de consumidores "flexitarianos" ou "reducetarianos", sugerindo que consumir menos carne e derivados do leite está se tornando mais comum[5].

David Sprinkle, diretor de pesquisa na editora especializada em inteligência de mercado Packaged Facts, comentou o seguinte: "Vegetarianos e veganos juntos perfazem menos de 15% de todos os consumidores e seus números não crescem rapidamente, mas um número crescente de consumidores se identifica como flexitariano ou reducetariano, o que significa que reduziram seu consumo de alimentos e bebidas de origem animal. Esse grupo é o principal responsável pela substituição significativa do leite de vaca pelo leite à base de plantas"[6].

Leites vegetais são feitos de uma lista crescente de plantas, sendo os de soja, amêndoa, aveia, arroz e coco os mais populares. Embora obviamente eles diminuam as preocupações com o bem-estar animal, eu fiquei interessado em descobrir se o leite vegetal em meu chá estava tendo um impacto negativo sobre o meio ambiente.

Conforme vi no Brasil, a produção industrial de soja é responsável pela derrocada de ecossistemas inteiros. Enquanto estava lá, eu embarquei em um avião pequeno em São Félix, um lugar chamado de "o fim da Terra" pelo pessoal local. Sobrevoei a floresta tropical sem fim e vi o poderoso rio Araguaia serpenteando como uma cobra gigantesca. E quando voávamos mais ao Sul, as coisas começaram a mudar: a floresta tropical começou a apresentar trechos desolados, a princípio pequenos e depois maiores. Grandes porções haviam desaparecido, então a floresta tropical virou uma ilha em um vasto mar de cultivos e depois sumiu. Eu vi uma pradaria de soja infinita e fiquei chocado, pois senti que acabara de presenciar os pulmões da Terra desaparecendo.

No Brasil, a soja industrial está se expandindo por centenas de milhares de hectares a cada ano. Monoculturas como a soja não têm as mesmas defesas naturais para o controle de pragas que as fazendas mistas, então dependem de grandes quantidades de pesticidas. O Brasil perfaz um quinto do uso global de pesticidas[7], e quase metade deles é pulverizada na soja. O envenenamento resultante do uso de pesticidas químicos é tão frequente por lá que, em média, a cada dois dias e meio, alguém morre[8].

Meus temores em relação à soja foram resumidos pelo cineasta e acadêmico Raj Patel, que disse: "Se for vegetariano e andar por aí com seu halo de virtude, mas comer tofu feito com soja brasileira, você é tão cúmplice de tudo isso como quem come carne de gado alimentado com soja brasileira"[9].

Quando pesquisei mais a fundo, eu descobri que apenas uma fração da soja é usada para alimentar as pessoas; embora contenha todos os aminoácidos essenciais para a nutrição humana, a grande maioria dela se destina à alimentação animal[10]. Conforme Peter Roberts reconheceu há meio século, nós deveríamos estar usando esse "grão maravilhoso" para alimentar as pessoas, não os animais criados industrialmente. No entanto, a União Europeia ainda importa 35 milhões de toneladas de soja por ano, com quase metade disso proveniente do Brasil e sobretudo para alimentar animais criados industrialmente[11].

Eu estava interessado em descobrir se a soja usada em leites vegetais vinha das planícies desmatadas da América do Sul. E, ao tentar desvendar isso, eu aprendi que a proveniência – de onde os ingredientes vêm e como são cultivados – é um fator crucial quando se trata da ética por trás de uma marca.

Ao dar uma olhada nas prateleiras dos supermercados na Grã-Bretanha, uma marca que se destaca é a Alpro. Esse é um exemplo interessante de como as linhas entre os leites vegetais e as indústrias de laticínios ficaram indistintas, pois desde 2017 a empresa WhiteWave, que era ligada à Alpro, pertence à multinacional francesa Danone.

Segundo informações da própria Alpro, a soja usada em seus produtos não é transgênica e não vem de áreas desmatadas. Metade dela é plantada na

Europa (França, Holanda e Bélgica), e o restante é do Canadá. A política da empresa é dar preferência a fazendas que fazem rotação de colheitas, o que é melhor ambientalmente do que as monoculturas à base de produtos químicos que eu vi no Brasil[12]. Os produtos da empresa são distribuídos sob as marcas Alpro, Belsoy e Provamel, sendo que a última usa soja orgânica cultivada na União Europeia. Eu também vi outra marca de leite de soja, a Sojade ("So Soya!"), que usa grãos de soja cultivados organicamente na França.

Embora os leites de soja que eu examinei em supermercados e lojas de produtos naturais aparentemente não estejam envolvidos no desmatamento na América do Sul, como eles se saem em termos de outras considerações ambientais? Segundo dados da "análise do ciclo de vida", que examina fatores do campo à geladeira, o leite de soja requer 61% menos terra do que o leite de vaca, emite 76% menos gases de efeito estufa e polui quatro vezes menos a água[13]. Embora não seja exaustivo, meu levantamento descobriu que consumidores conscientes dos riscos ao planeta podem escolher leite de soja local que não seja transgênica e preferivelmente produtos orgânicos.

O leite de amêndoa também é muito apreciado, e eu vi o lado obscuro de sua produção no Central Valley da Califórnia, onde vastas monoculturas são intercaladas por fábricas de animais ou enormes plantações de frutas e amêndoas. Eu estive com minha parceira Isabel Oakeshott em uma plantação de amendoeiras, onde ficamos cercados por 60 milhões de árvores dispostas em fileiras perfeitas que se estendem por quase 644 quilômetros. A ausência da vida selvagem era notória, mas nós ouvimos o ruído baixo de um helicóptero distante pulverizando pesticidas para manter a natureza acuada, o que faz parte de um ataque químico diário à paisagem a cargo de aviões, carros de aparência estranha e homens com roupas e equipamentos de proteção individual.

Nós aprendemos que os cultivos da Califórnia dependem da migração em massa de 40 bilhões de abelhas por ano – nas carrocerias de milhares de caminhões, o que constitui o maior evento de polinização do mundo feito por humanos. Após seis semanas polinizando as plantações, as abelhas e suas colmeias são postas de volta nos caminhões e levadas para a área seguinte cuja ecologia já esteja altamente prejudicada. Ao percorrer um estado que é responsável pela produção de 80% das amêndoas do mundo, não pude deixar de questionar se era correto eu tomar leite de amêndoa.

A produção convencional de amêndoa usa muitos pesticidas e água em demasia, mas é menos prejudicial para o clima; um litro de leite de amêndoa precisa de 17 vezes mais água do que o leite de vaca, mas emite dez vezes menos gases de efeito estufa[14]. Eu vi o leite de amêndoa "Breeze", da Blue Diamond, no supermercado que frequento. Suas amêndoas são cultivadas em pomares por uma cooperativa com 3 mil membros na Califórnia, mas não são orgânicas[15]. A Blue Diamond não quis me dizer quais pesticidas são utilizados, mas afirmou que "acata as regulações da Califórnia", algumas das quais eu vi em primeira mão no tempo que passei no estado mais ensolarado dos Estados Unidos[16]. Dei uma olhada em outras marcas de amêndoas em supermercados, e a Alpro era uma das mais visíveis. A empresa diz que suas amêndoas vêm exclusivamente de fazendas pequenas no Mediterrâneo[17]. Sua marca orgânica, a Provamel, só usa amêndoas orgânicas da Europa. Outra marca conhecida, a Rude Health, afirma que suas amêndoas também são orgânicas e provêm principalmente da Itália.

Então, eu descobri que é possível achar leites de soja e de amêndoa que não agridem o meio ambiente, mas o que dizer de alguns dos leites vegetais menos conhecidos?

Um tipo que entrou recentemente em cena e tem feito sucesso é o leite de aveia. Tudo começou quando fotos de Adam Arnesson – um agricultor sueco que "não era um produtor usual de leite" –, circularam na mídia. Para começar, ele "não tem vacas leiteiras". O *Guardian* destacou o fato de que ele parou de plantar cereais para alimentar animais e passou a produzir aveia para a produção de leite. Ele ganhou o apoio da empresa sueca de bebidas Oatly, que pretendia trabalhar com agricultores para demonstrar que há mais benefícios ambientais quando se produz alimentos do que quando se cria gado[18]. Em comparação com o leite de vaca, o leite de aveia exerce 80% menos impacto climático e usa metade da energia[19].

Então, nesta época de conscientização ambientalmente crescente, os leites de aveia, soja ou amêndoa se tornarão os favoritos ou as prateleiras dos supermercados serão dominadas por um produto recém-chegado?

A *startup* Perfect Day, de San Francisco, diz que seu leite fermentado, produzido mediante uma combinação de levedo, DNA bovino e nutrientes vegetais, tem gosto idêntico ao do leite de vaca. "Não há tubos de teste em nosso processo de fermentação, que é como o da cerveja artesanal", disse o cofundador Ryan Pandya. "Nós achávamos que o setor de laticínios nos odiaria, mas aconteceu o oposto, pois ele nos considera a solução de longo prazo para problemas que considerava insolúveis"[20].

Os problemas do setor convencional de laticínios incluem níveis altos de emissões de gases de efeito estufa, uso de água e de terra para pasto ou plantio de cultivos para forragem. Um estudo feito por acadêmicos da Universidade do Oeste da Inglaterra sugeriu que o leite fermentado poderia reduzir o impacto climático em até dois terços, além de diminuir as quantidades de água e terra necessárias em mais de 90%[21].

Minha pesquisa sobre a ética envolvida nos derivados de leite, leites vegetais e o futurista leite fermentado reafirmou a sabedoria de Peter Roberts, que tinha fé em alternativas à base de plantas como um meio mais compassivo de alimentar o mundo. Para aqueles que continuam a tomar principalmente leite de vaca, a evolução está em optar por leite orgânico de fazendas regenerativas que botam as vacas no pasto e não as separam dos filhotes, assim como tomar menos leite. Certamente, os leites vegetais evitam os danos ao bem-estar animal associados à maior parte da criação de vacas leiteiras, mas é preciso ter cuidado para não consumir leites vegetais provenientes da agricultura industrial. Para ser sustentável, a agricultura também precisa ser regenerativa. Então, após atravessar o labirinto moral do leite, aconselho o seguinte para os consumidores éticos: verifiquem sempre se sua escolha não envolve cultivos industriais, especialmente da América do Sul, com uso intensivo de produtos químicos. E para ficar com a consciência em paz, optem sempre por produtos orgânicos.

AS CABRAS (E OUTROS VEGANOS) HERDARÃO A TERRA?

Era primavera no Norte do País de Gales e as ruas da cidade litorânea de Llandudno estavam silenciosas, exceto pelo som de patas no concreto. Com a cidade em *lockdown* devido à covid-19, um rebanho de cabras viu que tinha chance de invadi-la. Elas desceram do Great Orme, um promontório de calcário no noroeste de Llandudno, e foram para o centro da cidade vitoriana.

Os turistas e os moradores que normalmente se misturam em cafés, bares e lojas foram substituídos por cabras-da-caxemira peludas e chifrudas, ansiosas para saborear cercas, gramados, flores e outras iguarias locais até então inacessíveis. Há muito tempo, a rainha Vitória deu as cabras de presente para o lorde Mostyn, que era o dono do Great Orme, mas elas se tornaram selvagens. A Câmara local se declarou impotente para impedi-las de vagar pelas ruas[22].

Durante um período extremamente difícil para as pessoas, as cabras viraram o grande assunto local e melhoraram os ânimos. Mas sua chegada ao centro da cidade não foi a única mudança grande na "Rainha dos Resorts Galeses". Poucos meses antes, eu estava andando nessas mesmas ruas e fiquei espantado com outra chegada retumbante: a do veganismo.

PEIXE COM BATATAS FRITAS

Se andasse em qualquer rua principal britânica em 2020, você acharia empresas se empenhando para mostrar que faziam parte da nova sensação gastronômica. Bem longe dos epicentros badalados de Londres, Brighton, Nova York ou Berlim, Llandudno é uma cidade pequena e lotada de turistas cujos guias de viagem apontam que uma das principais coisas para fazer por aqui é comer peixe com batatas fritas[23].

Há 25 anos eu venho à cidade para ver uma banda chamada The Alarm, e uma refeição vegana sempre consistia em peixe com batatas fritas, mas sem o peixe. Agora o estabelecimento local que vende peixe frito com batatas fritas tem um cardápio vegano, incluindo umas 12 opções à base de plantas e até um aviso manuscrito na vitrine anunciando "sorvetes Magnum veganos". Na mesma rua, a filial da rede de padarias Greggs anunciava em uma vitrine seus novos "bifes de forno" veganos, ao passo que os enroladinhos de linguiça veganos em promoção eram apregoados como os "favoritos da nação". Isso me surpreendeu muito porque até um tempo atrás tudo que fosse ligado ao veganismo era tachado de ridículo. E, por ironia, *o tal* enroladinho de linguiça vegano fez a rede Greggs ter um grande golpe de sorte em 2019, quando o grosseiro apresentador de TV Piers Morgan cuspiu um pedaço desse salgado em um balde. A partir desse episódio, as vendas e o preço das ações da empresa dispararam. A Greggs realmente não poderia ter inventado uma publicidade melhor! Supermercados como Marks & Spencer, com sua variada "Plant Kitchen", também estavam ampliando sua lista de produtos, introduzindo invenções recentes à base de plantas a uma velocidade surpreendente. Na mesma loja, os *racks* com revistas sobre estilo de vida também davam destaque a algumas publicações veganas mensais. Naquela noite, liguei a televisão no meu quarto no hotel e vi um comercial da marca de alimentos congelados e enlatados Birds Eye mostrando hambúrgueres à base de plantas, que supostamente são mais carnudos do que os de carne.

A ÁGUIA POUSOU

O veganismo levou um susto quando a rede KFC – que tem atuação global com seus frangos fritos produzidos industrialmente – usou uma vitrine inteira de seus restaurantes para afixar um pôster imenso que proclamava, "11 ervas e especiarias, nada de galinha". Sob um radiante Coronel Sanders havia o *slogan* "Vegano praticam o bem", seguido de "Da terra da galinha vem um hambúrguer sem galinha". Independentemente da Águia, parecia claro que o *vegano* havia pousado para ficar.

A cultura alimentar e o lugar da carne nela estão mudando, assim como a dominância dos derivados do leite está sendo desafiada por concorrentes à base de plantas que usam aveia, amêndoas, soja ou coco. Tudo o que o leite de origem animal e seus derivados fazem, os leites à base de plantas também podem fazer e eles parecem estar conquistando cada vez mais espaço nas prateleiras dos supermercados.

Há algum tempo, qualquer menção ao veganismo era recebida com olhares zombeteiros e incredulidade. Trinta anos atrás, alguns na mídia viam a Vegan Society como os "negacionistas da comida", mas as coisas estão mudando rapidamente – e justamente no momento crítico.

O TEMPO ESTÁ SE ESGOTANDO

Há uma conscientização crescente sobre o impacto ambiental da carne e dos derivados do leite. Mais pessoas percebem que a carne e os derivados do leite produzidos industrialmente são responsáveis por devorar quase metade da safra de grãos do mundo e da maior parte da soja – o suficiente para alimentar mais da metade de todas as pessoas no planeta. Nós estamos sendo muito ludibriados e o prejuízo é imenso. A pecuária industrial causa desmatamento, mudança climática, poluição e destruição da vida selvagem, sem mencionar sua crueldade com os animais. Por qualquer ponto de vista, há muitos motivos para as pessoas passarem a comer menos carne e derivados de leite.

Como as cabras que invadiram a cidade de Llandudno, o veganismo irrompeu na rua principal. As cabras logo foram enxotadas e voltaram para o alto do promontório, mas o veganismo chegou para ficar. Além de dar fim à pecuária industrial, comer refeições à base de plantas é uma das atitudes mais importantes que podemos tomar para deixar este planeta em um estado decente para nossos filhos. Nossos hábitos alimentares são determinantes para quem vai herdar a Terra.

PROTEÍNA VEGETAL REDEFINIDA

No centro de Decatur, Geórgia, o calor no fim do verão estava secando rapidamente as poças d'água nas ruas açoitadas pela cauda do Furacão Harvey. Toldos brancos ficaram espalhados por todos os cantos. Atrás de bloqueios viários, as luzes azuis das viaturas da polícia piscavam como nos filmes. Havia uma sensação real de drama, mas não motivo para alarme. Essa cidade fora tomada pelo maior festival literário independente dos Estados Unidos e eu era um dos autores convidados. No entanto, minha ansiedade não se devia tanto à possível reação do público ao meu livro, e sim ao que eu estava prestes a comer. Eu ia provar pela primeira vez a nova geração de hambúrgueres à base de plantas que supostamente tinha sabor igual ao da carne.

Leah Garcés, minha boa amiga e colega em Decatur, e seu marido Ben estavam dando uma festa e preparavam hambúrgueres da Beyond Meat na churrasqueira. Os adultos abriam garrafas de cidra em meio às brincadeiras frenéticas das crianças.

A grande atração da festa veio embalada a vácuo do Whole Foods Market. Eu já ouvira muita gente falar sobre esses discos de hambúrguer totalmente à base de plantas, sem soja, glúten nem organismos geneticamente modificados. Feitos com proteína de ervilha, canola, óleo de coco e extrato de levedo, eles estavam crus, eram rosa-salmão e iguais à carne convencional.

Em seu jardim cheio de plantas no subúrbio, Ben estava ocupado colocando os hambúrgueres na chapa. Quando os pressionava com uma espátula, eles gotejavam e chiavam com o calor inclemente das chamas. E não tinham semelhança alguma com os feiosos hambúrgueres vegetarianos à moda antiga, com pequenos nacos de legumes que mais pareciam um polegar machucado. Não, esses eram imponentes, luzidios e tinham marcas deixadas pelos sulcos da chapa de churrasco. Seu aroma era tentador e eles eram tão carnudos quanto pareciam.

Então, quer saber o que achei do meu primeiro hambúrguer da nova geração à base de plantas? Muito saboroso, suculento, rico sem ser enjoativo e sem ambiguidade para o paladar: grande e carnudo. No entanto, demorei um pouco para me acostumar com os bocados "cartilaginosos", designados para dar textura familiar aos carnívoros.

Mas eu parei no primeiro? Não, comi três.

JOANNA LUMLEY MORDEU

Poucas semanas depois, eu fui o anfitrião da primeira degustação pública de um hambúrguer da Beyond Meat em Londres, com Joanna Lumley, patronesse da Compassion in World Farming, dando a primeira mordida. O evento fazia parte de uma comemoração de novas tecnologias alimentares em nossa conferência sobre Extinção, na qual especialistas de 30 países se reuniram para discutir a respeito da pecuária industrial e da produção desenfreada de carne que está causando declínios da vida selvagem.

Entre os líderes da nova revolução alimentar à base de plantas que participaram do evento estava Seth Goldman, diretor executivo da Beyond Meat. Eu perguntei a ele sobre o ritmo do desenvolvimento de seus hambúrgueres à base de plantas. "O hambúrguer fica melhor a cada dia", disse ele, que também relatou que entre os 300 funcionários de sua empresa, 50 são cientistas que trabalham constantemente para melhorar o sabor e a textura do produto. A meta é que o hambúrguer vegetal seja indistinguível do de carne e sem o impacto negativo.

Tradicionalmente, a maioria dos hambúrgueres vegetarianos era pouco mais do que um purê de legumes. A Beyond Meat começou decompondo um hambúrguer até chegar às suas partes essenciais e se esforçando para reproduzi-las. Mas seu segredo vai além dos meros ingredientes. "A real magia da carne é como as gorduras e as proteínas ficam compactadas, e nós usamos calor, água, pressão e resfriamento para juntá-las de modo que propiciem a mesma experiência sensorial que a carne", explicou Goldman.

Outra grande diferença não está no produto em si, mas em seu posicionamento nas lojas: a empresa de Goldman insiste que seus hambúrgueres não fiquem na seção de alimentos vegetarianos, e sim junto com a carne. "Nós queremos conquistar um público muito maior, ou seja, 95% das pessoas que não são veganas nem vegetarianas. E como sabemos que elas não compram proteínas no freezer, nosso produto deve ficar no balcão das carnes", disse ele.

Ele acha que os hambúrgueres da nova geração à base de plantas são a "substituição inconsútil" para proteínas de origem animal. "Sem colesterol e com metade da gordura saturada de um hambúrguer, há um grande impacto positivo para a saúde... Além disso, há um impacto ambiental transformador. Nosso produto requer bem menos terra e bem menos água do que as quantidades requeridas para alimentar uma vaca", ele me disse.

A empresa de Goldman é apenas uma entre outras que estão ajudando a transformar como o mundo enxerga as proteínas. Os hambúrgueres vegetarianos tinham gosto de papelão ou coisa pior, mas a situação mudou e agora as empresas investem muito dinheiro nos hambúrgueres vegetais. Em um mundo com mais pessoas e recursos planetários limitados, um dos maiores desafios é descobrir proteínas mais eficientes. E substituir o impacto da carne de animais criados industrialmente por algo que tenha sabor comparável pode ser o ingrediente-chave.

PERDENDO O APETITE POR CARNE?

"O mundo finalmente está perdendo o apetite por carne", clamava a manchete do Bloomberg[24]. Esse foi o mais recente de uma longa linha de artigos sugerindo uma tendência drástica das pessoas comerem menos carne. O Instituto Gallup descobriu que "quase um em quatro americanos está comendo menos carne"[25], ao passo que o *Guardian* anunciou que "um terço dos britânicos pararam de comer carne ou diminuíram seu consumo"[26]. Novas palavras entraram no linguajar popular, a exemplo de "flexitariano" e "reducetariano", que denotam a que grau as pessoas diminuíram o consumo de carne. O *New York Times* publicou o "Meat-Lover's Guide to Eating Less Meat" (Guia dos Amantes de Carne para Comer Menos Carne), um título que soa paradoxal[27]. Seja lá o que as pessoas acharam a esse respeito, tive a clara impressão de que a cultura alimentar estava começando a admitir que refeições sem carne podiam ser muito boas.

Alguma coisa na consciência coletiva passou a reconhecer que comer carne em demasia era ruim, por motivos que incluíam considerações sobre o clima, a saúde e o bem-estar animal. Celebridades como Arnold Schwarzenegger, Natalie Portman e Al Gore estimulam as pessoas a comerem menos carne para salvar o planeta[28]. Quando lhe perguntaram como homens jovens poderiam ter corpos como o do ciborgue assassino em *O Exterminador do Futuro* sem comer carne, Schwarzenegger disse que muitos fisiculturistas bem-sucedidos evitavam carne. "É possível obter proteínas de diversas maneiras"[29].

Comer menos carne ou parar definitivamente de comê-la virou um assunto comum nas conversas. Anteriormente consideradas como uma esquisitice de ranzinzas, novidadeiros e extremistas, dietas "à base de plantas" deixaram de ser tabu, e empresas alimentícias e restaurantes ficaram interessados em ganhar dinheiro com isso. De repente, muitos produtos à venda tinham declarações de ser "adequados para veganos". Muitos cardápios começaram a ter seções veganas e opções sem carne, alardeadas como insígnias honoríficas.

Até a palavra "*vegan*" foi absorvida pela sociedade como uma "tribo alimentar" reconhecida, o que denota *foodies* com preferência distintas. A agência de marketing do consumidor SIVO Insights colocou o veganismo junto com outras tribos como as que não comem nada com glúten nem com açúcar e a que segue a linha *paleo*, e um artigo em seu site na internet revelou como muitas empresas alimentícias encaravam as tendências que eliminam a carne: "Como marqueteiros, temos obrigação de estar bem-informados sobre todas as preferências alimentares dos consumidores, para que possamos nos antecipar às suas demandas e suprir suas necessidades"[30].

Para muitas empresas, as pessoas que não comem carne eram vistas como um público a ser conquistado ou perdido para a concorrência. A carne estava gravemente em declínio ou pelo menos era isso que parecia, o que levou o *Financial Times* a perguntar: "Nós atingimos o 'pico carnívoro'"?[31] Em termos da expansão da alimentação à base de plantas, o livre mercado é capaz de combater as ameaças ambientais acarretadas pelo consumo excessivo de carne e a escolha dos consumidores certamente alegrou o dia. Essas percepções foram reforçadas por um relatório da FAO em 2020, que previa um declínio na produção de carne pelo segundo ano sucessivo. Pela primeira vez em décadas, a produção global de carne estava diminuindo, embora só em 1 ou 2%[32].

Alguns comentaristas disseram que isso era uma prova do fim do caso de amor de dez milênios entre a humanidade e a carne de animais abatidos, mas a realidade era bem diferente: o relatório da FAO deixou claro que grande parte da diminuição na produção de carne se devia a uma queda aguda nos números de porcos devido a eclosões de doenças na Ásia, assim como à interrupção causada pela covid-19 no abastecimento do mercado de carnes[33]. Na China, a peste suína africana contaminou entre um terço e metade dos porcos do país, com milhões postos de lado[34]. Portanto, a manchete do Bloomberg ainda não fora corroborada por evidências estatísticas nem por previsões críveis – a menos que alguém tenha confundido o termo "carne" com "carne bovina".

CARNE OU CARNE BOVINA?

Quando eu estava escrevendo este livro, os dados apontavam que as pessoas estão mais dispostas do que nunca a experimentar alternativas à base de plantas para substituir a carne e que também estão comendo mais frango e peixe do que carne bovina. As vendas de alternativas à base de plantas aumentaram rapidamente, mas os sinais de um declínio no consumo total de carne continuam impalpáveis. Em março de 2020, as vendas de alternativas frescas para substituir a carne nos Estados Unidos aumentaram entre 300 e 400% em comparação com 2019[35]. No entanto, sua participação no mercado continuava bem menor do que a da carne. Alternativas à base de plantas foram avaliadas em US$ 12 bilhões em 2019 e devem chegar a US$ 28 bilhões em 2025[36], mas o mercado global de carne continuava quase 80 vezes maior, movimentando US$ 946 bilhões[37].

Os dados mostraram que a carne bovina levou uma rasteira devido a mensagens sanitárias e ambientais de que carne vermelha em excesso causa câncer e é prejudicial para o clima. O consumo global de carne bovina diminuiu em menos de 1%[38], e o vazio foi preenchido por frango e peixe. Entre 2014 e 2018, o consumo global de carne de aves aumentou 4% e o consumo de peixes cresceu 2%[39]. Um levantamento feito pela Public Health England, abrangendo o período entre 2008 e 2017, descobriu uma tendência de queda de 1% ao ano no número de pessoas que comem carne vermelha (bovina, caprina, suína, linguiças e hambúrgueres). O consumo de frango estava aumentando, especialmente entre adolescentes e idosos a partir de 65 anos. Os adolescentes também estavam comendo mais peixe. No entanto, o quadro geral do consumo de carne apresentava "pouca mudança"[40].

A carne bovina passou a ser difamada, mas poucas pessoas faziam a distinção entre carne proveniente de currais de engorda que destroem o planeta e a variedade mais sustentável oriunda de gado criado no pasto. Milhares de cabeças de gado apinhados em um curral de engorda eram vistos da mesma maneira que poucas vacas se movimentando livremente no pasto; em consequência, os benefícios de manter pequenas quantidades de gado como parte da agricultura regenerativa não eram percebidos.

Pouquíssimas pessoas notavam que substituir carne bovina por frango e peixe significa que mais animais são criados industrialmente para produzir a mesma quantidade de carne. Como são muito maiores que as galinhas, as vacas produzem muito mais carne. Consequentemente, trocar a carne bovina por frango multiplica o número de animais envolvidos no sistema por um fator de 160[41], e o fator de multiplicação para os peixes pode ser ainda pior. Então, uma vaca no pasto pode ser substituída por 160 galinhas, muito provavelmente criadas em fazendas industrializadas. A maioria das galinhas do mundo é criada intensivamente, vive aglomerada, é forçada a crescer velozmente e é abatida com seis semanas de vida. Metade de todos os peixes agora é produzida industrialmente e muitos intensivamente. No tocante à crueldade contra os animais, trocar a carne bovina por frango ou peixe só piora a situação.

Os dados mostram dietas que substituem a carne bovina por frango, mas também mostram que o consumo total de produtos de origem animal, como carne, derivados de leite ou ovos, está aumentando. Entre 2014 e 2018, números da ONU sobre o fornecimento global de alimentos mostraram que o consumo total de carne (incluindo peixe) por pessoa aumentou 4%, ao passo que a União Europeia e os Estados Unidos registraram altas de 2 e 6% respectivamente[42]. Nos Estados Unidos, apesar da profusão de alternativas à base de plantas, as pessoas estavam comendo mais carne do que nunca[43]. Há, porém, exceções notáveis; na Suécia, por exemplo, houve uma redução de 4,5% no consumo de carne em 2020 em comparação com o ano anterior[44].

Mas, apesar de advertências para refrearmos o consumo de carne, o "pico carnívoro" ainda não foi atingido na maior parte do mundo. A produção de carne de animais só diminuirá se os níveis de consumo por pessoa diminuírem e o tamanho da população humana permanecer igual, mas nenhuma dessas possibilidades parece realista no curto prazo.

PICO CARNÍVORO

Estudos preveem que o consumo global de carne irá aumentar na próxima década[45]. A Organização para Cooperação e Desenvolvimento Econômico prevê um aumento anual de 1% no consumo global de carne por pessoa até 2030[46]. Embora isso seja a metade da taxa de crescimento da década anterior, o fato é que o cidadão comum global irá comer mais carne do que nunca. Um estudo na *Lancet* foi ainda mais pessimista, prevendo que, em média, o consumo global de carne por pessoa aumentará em mais de um quarto em 2050, sendo que em regiões que consomem muita carne, como os Estados Unidos e a União Europeia, o aumento no consumo já é, em média, de mais um décimo. Se nós levarmos em conta o crescimento populacional, o apetite global por carne poderá aumentar 78% em meados deste século[47].

A população da Terra deve ganhar mais 2 bilhões de pessoas nas próximas décadas, e a produção crescente de animais tem correlação estreita com o crescimento populacional. Para cada bilhão de pessoas, 10 bilhões de animais terrestres são criados a cada ano, uma proporção que deve aumentar uma mudança nas dietas em prol do frango. Obviamente, o consumo global de carne não é uniforme, e países como os Estados Unidos, a Austrália e a União Europeia consomem muito mais do que a média mundial. Mas, à medida que a população mundial aumenta, aumenta também a demanda global por carne.

No cerne da inquietude crescente com a escalada no consumo de carne está o fato de que produtos de origem animal são responsáveis pela maioria dos gases de efeito estufa emitidos pela agricultura[48]. Se o mundo continuar comendo carne como agora, nossos alimentos poderão eliminar as chances de manter o aquecimento global em níveis suportáveis[49]. Simplesmente trocar a carne bovina por frango não adiantará muito, pois as galinhas comem grandes quantidades de cereais e soja, assim contribuindo para o desmatamento e a degradação do solo que, devido ao uso de fertilizantes, emite carbono e óxido nitroso, o gás de efeito estufa mais agressivo.

Os governos estão começando a levar a emergência climática a sério, mas a criação industrial de tantos animais é um grande obstáculo para as tentativas de deter o aquecimento global. As fazendas podem fazer algumas coisas técnicas para reduzir as emissões da produção de animais[50], mas isso só traria avanços ínfimos diante de um problema bem maior[51]. Para o tipo de resultados necessários no combate à mudança climática, a verdadeira oportunidade está na redução drástica no consumo de carne.

CORTAR A CARNE PELA METADE

Um relatório de 2018 da Rise Foundation descobriu que a União Europeia precisa reduzir em três quartos as emissões relacionadas a animais de criação até 2050, para cumprir as metas estabelecidas para conter a mudança climática. Conseguir isso irá requerer mudanças drásticas em nossa visão sobre a carne na cultura alimentar – em vez de uma comida diária, ela irá se tornar um regalo ocasional. Do jeito que as coisas estão, a União Europeia prevê que o consumo de carne na próxima década só terá uma queda de 2%[52], o que é obviamente insuficiente para cumprir as metas climáticas.

Há um consenso se formando de que é preciso dar fim à dependência da carne urgentemente, mas a realidade é bem diferente. Transformar a tendência de se alimentar à base de plantas em uma salvação planetária requer mais do que belas palavras e declarações otimistas. Conforme os dados atuais, é péssima ideia simplesmente deixar isso a cargo do mercado.

AÇÃO POLÍTICA

Para atingir o "pico carnívoro" e haver reduções significativas no consumo de carne, nós precisamos de ações concertadas de formuladores e gestores de políticas públicas nos governos, na ONU e em corporações poderosas. O influente *think* tank Chatham House conclamou os governos europeus a "avaliarem minuciosamente as possibilidades" e a incluírem o consumo de carne e a promoção de alternativas em suas "prioridades políticas". E concluiu: "A fim de cumprir seus compromissos em relação ao combate à mudança climática, a União Europeia precisará mudar os padrões alimentares europeus, incluindo a redução no consumo de carne"[53].

Em outras palavras, para evitar o desastre ambiental, os formuladores e gestores de políticas públicas precisam agarrar o touro à base de plantas pelos chifres e reduzir rapidamente o consumo de carne. Para tal, os governos terão de enviar sinais políticos claros para os cidadãos; conforme adverte o Chatham House, "eles têm de incitar mudanças nas escolhas alimentares dos consumidores, dispensando produtos à base de carne que demandam o uso intensivo de recursos e adotando alternativas mais sustentáveis"[54]. Eles precisarão desobstruir o caminho para regras regulatórias e relativas a rótulos e *marketing* favoráveis, fazendo com que alternativas para substituir a carne sejam desejáveis, disponíveis e tenham preço acessível. O dinheiro público terá de parar de apoiar a produção intensiva de carne e ser redirecionado para fontes alternativas de proteínas. E, acima de tudo, os governos terão de resistir às pressões dos *lobbies* das indústrias da carne e do agronegócio e se posicionar firmemente a favor dos interesses legítimos de seus cidadãos.

Seja lá como os governos agirão para mudar as dietas no futuro, trocar a carne bovina por frango é diferente de reduzir o consumo de carne. Mas alguns jornalistas, ambientalistas e consumidores apontam o perigo de os dois tipos serem confundidos. A crueldade e as infrações ambientais envolvidas na criação intensiva de frangos são tão chocantes quanto na criação de gado em currais de engorda.

As alternativas para substituir a carne, sejam à base de plantas ou cultivadas a partir de células-tronco, oferecem a perspectiva de saciar nosso apetite, sem as consequências nefastas para o clima. Comer menos carne, porém de melhor qualidade, se tornou um mantra comum, mas isso ainda não entrou nas estatísticas. É crucial ficar atento para comer apenas produtos de origem animal que sejam de fazendas regenerativas orgânicas, onde os animais pastem soltos. Ao evitar comer carne de animais criados industrialmente, podemos nos assegurar de que as reduções respinguem no setor intensivo.

Portanto, há modos viáveis de reduzir pela metade nosso consumo de carne. Fazer a distinção entre carne proveniente de criação industrial de animais ou de fazendas regenerativas será a chave para assegurar que as reduções levem a escolhas mais sustentáveis. E ao corrigir nossas dietas para comer mais plantas e menos carne, a conclusão é que "carne" não é sinônimo de "carne bovina". Confundir as duas pode ser o erro de cálculo mais cruel de todos os tempos.

CARNE SEM ANIMAIS: CARNE CULTIVADA

Passando como um raio no céu noturno, a Estação Espacial Internacional estava realizando uma missão extraordinária: produzir a primeira carne bovina no espaço. A quase 402 quilômetros acima da terra, Oleg Skripochka foi fotografado usando uma camiseta branca e segurando uma caixa alaranjada. Ele parecia incrivelmente relaxado mesmo estando em vias de fazer algo tão revolucionário. Ao invés de uma vaca de carne e osso, as células de uma vaca entraram em órbita a bordo do foguete espacial Soyuz MS-15. Skripochka e seus colegas cosmonautas misturaram as células com um caldo nutriente e puseram a mistura em uma bioimpressora 3D. Eles estavam prestes a "imprimir" a primeira "carne bovina cultivada" no espaço[55].

Era 26 de setembro de 2019, e a nave especial estava se deslocando a 24.140 quilômetros por hora[56], enquanto desenvolvia um pedaço minúsculo de bife cultivado, assim provando que a carne não precisava mais vir de um animal. Embora o avanço estivesse ocorrendo no espaço, suas implicações eram bem maiores para a vida na Terra. A tecnologia por trás desse primeiro bife espacial promete remodelar a alimentação no planeta em que vivemos.

"Nós estamos provando que a carne cultivada pode ser produzida a qualquer hora, em qualquer lugar e em qualquer condição", disse Didier Toubia, cofundador e diretor executivo da Aleph Farms, a empresa baseada em Tel Aviv a cargo desse avanço. Referindo-se ao fato de que produzir carne de animais demanda muitos recursos, Toubia comentou: "No espaço, nós não temos 10 mil ou 15 mil litros de água disponíveis para produzir um quilo de carne bovina... Esse experimento conjunto é um primeiro passo importante para concretizarmos nossa visão de assegurar a segurança alimentar para as gerações vindouras e preservar nossos recursos naturais"[57].

O esforço da Aleph Farms para produzir "carne sem abate no espaço" praticamente coincidiu temporalmente com advertências urgentes de que o mundo enfrentará uma mudança climática catastrófica se nosso apetite por carne não for refreado. Anteriormente em 2019, um relatório adotado pelo Painel Intergovernamental sobre Mudanças Climáticas salientou que dietas com muita carne de animais criados intensivamente solapam os esforços para manter o mundo a uma temperatura suportável e citou a carne cultivada como uma das respostas adequadas[58]. Um estudo de longa duração mostrou que a produção de carne cultivada emite 80 a 95% menos gases de efeito estufa e usa 98% menos terra do que produtos à base de carne feitos convencionalmente[59]. Isso foi reforçado por um estudo em 2021 que analisou o ciclo de vida e descobriu que a carne cultivada produzida com o uso de energia renovável tem até 92% menos impacto climático e precisa de 95% menos terra do que a carne de animais de criação[60].

Um porta-voz da Aleph Farms reforçou a mensagem de que o experimento para produzir carne cultivada no espaço visava salvar a Terra: "Nosso planeta está pegando fogo e não podemos fugir para outro. Nossa meta básica é assegurar que ele continue sendo o mesmo planeta azul que conhecemos para as próximas gerações"[61].

Apesar de ser a empresa pioneira no espaço, era improvável que a Aleph Farms fosse a primeira a vender carne cultivada, devido ao trabalho necessário para imitar apropriadamente a estrutura de um bife. A probabilidade de ganhar essa disputa era maior para uma empresa da "primeira onda" voltada a produzir carne cultivada com menos estrutura – como carne moída para hambúrgueres, linguiças e *nuggets*.

A carne cultivada ainda estava engatinhando em 2020, mas grandes empresas como a Tyson já viam seu potencial e estavam atraindo desenvolvedores dos produtos da "primeira onda". A KFC, uma das maiores redes de *fast-food* do mundo, fez uma parceria com a empresa russa por trás da bioimpressora 3D usada na missão do bife no espaço, com a meta de criar os primeiros *nuggets* de frango do mundo à base de células[62]. A empresa declarou que os chamados "produtos de carne artesanal" faziam parte de seu "conceito de restaurante do futuro"[63].

Enquanto o bife da Aleph Farms era visto como a segunda onda após os hambúrgueres e nuggets, empresas já estavam matutando se substituições por peixes e crustáceos seriam parte da terceira onda que chegaria ao mercado. Entre os líderes estava a Finless Foods, de San Francisco, que produzia peixes a partir de células-tronco. Para fazer isso, eles multiplicavam as células em um soro derivado de peixes e depois as estruturavam em filés e bifes. Embora não dispensasse completamente o uso de animais, o produto final era apregoado como praticamente isento de crueldade, além de evitar poluentes, pesca excessiva e a poluição oceânica. Com o atum-rabilho em primeiro lugar na sua lista de produtos, a equipe pretendia expandi-la com versões à base de células de outras espécies de peixes de alto valor[64].

Talvez a quarta onda esteja sendo definida por Sandhya Sriram, uma cientista especializada em células-tronco que vê a capacidade para fazer carne cultivada em nossas casas como a próxima fronteira. Basta as pessoas terem um pequeno biorreator – algo meio parecido com uma panela de pressão – que mantenha a temperatura e as condições certas para que as células se transformem em carne. Sriram é cofundadora e diretora executiva da Shiok Meats, uma empresa de Singapura que cultiva camarões à base de células em um laboratório. Em uma entrevista ao Channel News Asia, ela disse que "isso é como fazer cerveja ou vinho em casa, ou até assar um pedaço de pão", e calcula que essa tecnologia poderá ser amplamente utilizada daqui a dez anos[65].

COMO FUNCIONA

Ao contrário das "carnes" à base de plantas apregoadas pela Impossible Burger, a Beyond Meat e a Quorn, que extraem suas proteínas de fontes como soja e ervilhas, a carne cultivada no nível celular é indiscutivelmente carne. Ela é cultivada em uma cultura usando o mesmo tipo de células que compõem um animal. Embora os cientistas, investidores e reguladores envolvidos na tecnologia ainda tenham de chegar a uma denominação unificada, "carne cultivada" continua sendo uma descrição acurada. As células usadas para iniciar o processo são colhidas em um animal vivo em uma biópsia indolor. Essas células-tronco da gordura ou músculo de um animal são colocadas em um meio de cultura – um caldo rico em nutrientes –, que faz com que elas cresçam em um biorreator semelhante àqueles usados para fermentar cerveja e iogurte. Nenhum organismo geneticamente modificado é necessário – as células se multiplicam naturalmente. E com um efeito desconcertante: uma única amostra de uma vaca pode produzir 8.800 quilos[66].

HAMBÚRGUER PARA MILIONÁRIOS

A carne cultivada teve seu primeiro teste de degustação pública em 2013. Era a hora do almoço em Londres e 200 jornalistas e acadêmicos se apinharam em um auditório para ver os painelistas nervosos comerem um hambúrguer totalmente singular. No meio da multidão, o professor Mark Post, da Universidade de Maastricht, estava com as mãos suspensas para revelar uma criação culinária cuja produção havia custado US$ 280 mil. O evento mais parecia um programa culinário de TV do que um anúncio científico. A plateia ficou quase sem fôlego quando a apresentadora Nina Hossain pediu ao professor que levantasse a tampa que cobria sua criação. Sem a menor cerimônia, Post tirou a tampa de prata para mostrar um prato de vidro com carne moída crua rosada. Para ser sincero, ela parecia bem comum, e essa realmente era a intenção do criador. A carne então foi cozida para os críticos gastronômicos presentes, que foram indagados se o sabor dessa carne à base de células-tronco era como o do hambúrguer usual. "Eu esperava que a textura fosse mais macia", disse Hanni Rützler, do Future Food Studio, que pesquisa tendências gastronômicas e foi a primeira a provar o hambúrguer cultivado. Ela pareceu um pouco cética. "O sabor é um tanto intenso e parecido com o de carne, mas o hambúrguer não é muito suculento. A consistência, porém, é perfeita", finalizou ela[67].

O hambúrguer original de Mark Post, financiado por Sergey Brin, cofundador do Google[68], estava muito além do orçamento do consumidor comum – e diziam que 454 gramas de carne cultivada custariam mais de US$ 1 milhão. No entanto, em 2020, o custo caiu para cerca de US$ 50 por 454 gramas[69], ainda demasiado caro para o mercado rotineiro, porém a invenção estava indo na direção certa. Naquela época, Post ficou conhecido como o "pai fundador" da carne cultivada[70], ao passo que sua empresa, a Mosa Meat, inspirou o surgimento de várias *startups*, todas querendo ser a primeira a conquistar o mercado. Em 2020, havia 35 empresas produzindo carne cultivada – dez nos Estados Unidos, cinco em Israel e as demais na Argentina, Austrália, Bélgica, Canadá, França, Hong Kong, Índia, Japão, Holanda, Rússia, Singapura, Espanha, Turquia e Reino Unido[71]. Um número semelhante estava trabalhando em partes componentes do processo, enfocando meios melhores para o crescimento e outras "picaretas e pás" necessárias para fazer essa nova indústria decolar[72]. Mesmo assim, quando o século XXI inaugurar sua terceira década, mais pessoas terão ido ao espaço sideral do que o número daquelas que já experimentaram carne cultivada.

BARREIRAS

As duas maiores barreiras para qualquer nova tecnologia são diminuir o preço e aumentar a produção. Há também o vácuo regulatório, pois a legislação atual nunca previu um mundo no qual a carne viria não só de animais. Grandes investidores em uma invenção meticulosamente desenvolvida podem desanimar ao saber que ela é ilegal. No entanto, o *lobby* da carne convencional está em pé de guerra contra a nova concorrente. Nos Estados Unidos, a legislação estadual no Missouri proíbe que a carne cultivada tenha o rótulo de "carne", e outros estados fizeram o mesmo[73].

Chase Purdy, jornalista e autor de *Billion Dollar Burger* (EUA: Portfolio, 2020), acredita que a maior barreira para a carne cultivada entrar no mercado não é a tecnologia em si, mas a regulação. "A tecnologia está pronta e cientificamente comprovada. O obstáculo são os governos mundo afora tentando descobrir como regular esses produtos"[74].

Pelo lado ético, a linfa extraída do sangue de fetos bovinos, que é usada no meio para as células crescerem, tem sido uma pedra no sapato para a chamada "carne sem abate". A linfa de fetos bovinos também é cara, o que representa um obstáculo para o custo se tornar mais acessível para os consumidores. Aumentar a produção requer algo mais barato. Pesquisadores então desenvolveram meios com várias outras fontes, incluindo plantas e micro-organismos[75]. No entanto, é difícil determinar se haverá êxito porque as empresas escondem seus segredos comerciais.

ENTRADA NO MERCADO

A carne cultivada poderá causar uma grande revolução na indústria de alimentos. Chase Purdy acha que não irá demorar para a carne de um biorreator estar lado a lado com a carne de uma vaca. "Se tiver um preço parecido com o da carne que compramos hoje em dia e se seu aspecto e sabor forem iguais, a carne cultivada a partir de células será tão comum nos açougues e mercearias quanto a carne convencional"[76].

No entanto, há várias conjecturas sobre quando esse dia irá chegar. Segundo um artigo na *TechRound* em 2019, certas empresas diziam que estariam prontas para entrar no mercado entre 2021 e 2023[77]. Mas o Instituto New Harvest, que financia pesquisas no setor, é mais comedido e postou o seguinte em seu site na internet: "Nós não temos previsões formais nem fazemos promessas sobre quando os produtos estarão disponíveis comercialmente"[78]. Citando questões científicas que precisam ser elucidadas e barreiras regulatórias que "dificultam muito" afirmar algo com certeza, a Mosa Meat de Mark Post diz apenas que a entrada no mercado será "daqui a poucos anos" e em pequena escala, mas a ampla disponibilidade em supermercados só irá ocorrer "vários anos depois"[79]. Um levantamento feito pelo *Daily Telegraph*, em 2020, sobre as empresas de carne cultivada descobriu que a maioria delas achava que a entrada no mercado será somente nos próximos cinco a dez anos[80].

ACEITAÇÃO DOS CONSUMIDORES

Além do preço, da escala e da regulação, a barreira final para a carne cultivada será a aceitação dos consumidores. Uma pesquisa feita pela agência de *marketing* estratégico Charleston Orwig sugere que mais da metade das pessoas entrevistadas nos Estados Unidos está disposta a experimentar carne cultivada, mesmo se ela for rotulada como "carne cultivada em laboratório". O estudo descobriu uma conscientização emergente, especialmente entre os jovens, de que novas tecnologias inevitavelmente farão parte do sistema alimentar[81].

Grande parte do êxito ou do fracasso da carne cultivada dependerá de como ela será propagandeada. O *marketing* da carne convencional depende de as pessoas ficarem confortáveis com a imagem da procedência desse produto: uma imagem de vacas felizes pastando na fazenda do Velho Macdonald, enquanto algumas galinhas ciscam ao redor no campo. A realidade é bem diferente, com a maioria dos animais tendo vidas curtas e sofridas em fazendas industrializadas até ser arrastada e abatida em condições horrendas que parecem o inferno na Terra.

Para ser barata e anônima, a carne de animais criados industrialmente, os quais são a maioria incontestável, depende de sua vendagem. Por isso, ela tende a ser comercializada com poucas especificações no rótulo além da palavra "fresca". Considerando a escassez de opções e de rótulos honestos, quantas pessoas realmente escolheriam "carne de animais criados industrialmente" em vez de "carne cultivada"?

Se as pessoas aceitarão a carne cultivada se resume a como ela será rotulada e da percepção individual do que é "natural". Hoje em dia, pouquíssimas coisas em nossa sociedade – repleta de carros, eletricidade, computadores, cidades e fazendas industrializadas – são naturais. Será que a carne cultivada deveria ser considerada natural? Chase Purdy levanta uma questão interessante quando pergunta "a carne cultivada a partir de células não seria uma tentativa humana de recriar algo que a natureza já nos dá?"[82].

Então, a verdadeira escolha que nos cabe é se vamos renovar o contrato que tínhamos com a terra, com o solo, e produzir alimentos em harmonia com a natureza. Isso demandaria abrir mão de grande parte da carne atualmente disponível nos supermercados e reduzir a monta de alimentos de origem animal que comemos. Isso implicaria dar fim à agricultura industrial e devolver os animais de criação para a terra como seres soltos ao lado da vida selvagem ressurgente. Ou deixamos a natureza sobreviver tirando a produção de alimentos de uma vez por todas da zona rural e levando-a para as cidades onde mora a maioria dos consumidores no mundo? Esta segunda opção é uma perspectiva oferecida pela carne cultivada.

Assim como com tantos problemas na vida, a resposta talvez esteja em uma mescla de soluções: criar uma carne para o mercado em massa usando biorreatores de uma maneira bem semelhante à produção de cerveja artesanal, e deixar a zona rural voltar a ser uma paisagem florescente por meio da agricultura regenerativa focada em alimentar as pessoas. Isso transformaria o sistema alimentar, que então se concentraria em plantar alimentos para as pessoas, não para os animais criados em fazendas industriais. Isso também aumentaria a fertilidade do solo, algo necessário para um futuro à base de plantas e onívoro. Com o aumento da pressão por mudanças diante da crise climática e do colapso da natureza, há um ímpeto crescente para uma grande reavaliação da nossa relação com a carne. Uma parte da solução é reduzir drasticamente nosso consumo, mas nosso apetite por carne continua aumentando. A carne cultivada poderia muito bem oferecer uma tábua de salvação e comprar um tempo precioso na corrida para salvar o planeta.

Essa mescla de abordagens – carne cultivada lado a lado com a agricultura regenerativa – foi um tema ecoado pelo homem por trás do primeiro bife de carne bovina cultivada no espaço. Antes de lançar essas células-tronco dentro de um foguete, Didier Toubia, da Aleph Farms, disse que sua empresa não estava querendo substituir o gado criado tradicionalmente no pasto. "Nós não somos contra a agricultura tradicional. O problema principal hoje em dia é a pecuária intensiva cujas instalações industriais são muito ineficazes e poluentes e desprezam a relação com os animais"[83]. Quando reflito sobre aquela missão espacial, fico impressionado por seus criadores terem enxergado sua nova invenção alinhada com o que já existe de melhor, preservando a vida na Terra para as gerações vindouras. Para mim, é isso que a coisa cultivada deve fazer.

DO CAMPO AO FERMENTADOR

Quando se trata do futuro da alimentação, a mídia dá muita atenção à carne cultivada. Talvez isso aconteça porque, como essa carne é real, o olho da mente consegue reconhecê-la. No entanto, há uma transformação mais imediata do sistema alimentar à vista: a fermentação de precisão.

A fermentação de precisão é baseada na mesma relação simbiótica formada há milhões de anos entre a vaca e os micróbios em seu intestino, porém sem a vaca. Ela parte da ideia de que os micróbios podem ser treinados para produzir determinados blocos de construção de alimentos sem precisar de um animal.

Explicando da maneira mais simples, o alimento é composto de pacotes de nutrientes, sejam proteínas, gorduras, carboidratos, vitaminas ou minerais. A fermentação de precisão permite que essas partes constituintes se formem segundo especificações precisas. Fala-se muito sobre "alimentos como *software*", uma técnica na qual engenheiros de alimentos podem usar "livros de culinária molecular" para criar produtos alimentícios da mesma maneira que desenvolvedores de *software* criam aplicativos. E em comparação com a produção industrial de alimentos a partir do gado, a eficácia econômica da fermentação de precisão pode ser enorme: ao que consta, ela é 100 vezes mais eficiente no uso da terra, até 25 vezes mais eficiente para converter ração em alimento e dez vezes mais eficiente no uso da água[84].

A chave para a próxima geração na produção de alimentos é desacoplar os micróbios dos animais de criação e ir direto para as bactérias e fungos, onde é feito o trabalho para valer. Vacas foram domesticadas a partir de auroques selvagens entre oito e dez milênios atrás devido à sua carne, leite, pelo, couro e capacidade para puxar um arado. A casa de máquinas da vaca é seu estômago com quatro câmaras, que atua como um tonel de fermentação[85]. Trilhões de micróbios transformam fibras vegetais duras em nutrientes digestíveis que abastecem o animal durante sua vida até ele ser abatido e transformado em cortes ricos em proteínas.

A natureza queria que esses micróbios ajudassem as vacas e outros animais ruminantes a se alimentarem com gramíneas, ervas e folhas. O maior de seus quatro estômagos, o rúmen, é como um tanque recipiente a partir do qual eles podem regurgitar e ruminar de novo o que comeram. Assim, eles não precisam mastigar quando abaixam a cabeça e ficam vulneráveis enquanto pastam. A industrialização fez com que muitos ruminantes fossem retirados dos campos e comessem grãos, ao invés de gramíneas, mas conforme já vimos, essa distorção é deplorável e ineficaz. O gado de corte desperdiça até 96% do valor alimentício dos grãos para convertê-los em carne – aqueles micróbios trabalham arduamente, mas a compensação é pequena.

Os produtores vanguardistas de alimentos estão começando a deixar a vaca de lado, extraindo os micróbios e colocando-os para trabalhar diretamente – e com muito mais eficiência – em tanques modernos de fermentação. Algumas pessoas chamam isso de a "segunda domesticação" de plantas e animais: produzir alimentos mediante a domesticação de micróbios, ao invés de importunar os animais que tradicionalmente os abrigam.

Trata-se de um processo antigo e muito usado para fazer pão e vinho, mas com um toque moderno: recipientes cilíndricos de aço inoxidável, onde os ingredientes e os micróbios coexistem em um ambiente controlado. A tecnologia se baseia no trabalho de cientistas do século XIX como Louis Pasteur que, olhando através de seus microscópios, aprenderam a controlar e manipular micro-organismos.

A fermentação de precisão tem um escopo tremendo para transformar o mundo das proteínas, com novos tipos e disponibilidade até então inimagináveis. Ela se apoia no processo de fermentação usado há milênios, no qual culturas microbianas são usadas para preservar alimentos, criar bebidas alcoólicas e produzir opções que variam de iogurte a *kimchi* e *tempeh*. Mais recentemente, a técnica evoluiu para a fermentação de "biomassa", na qual micro-organismos que crescem rapidamente, como algas e fungos, são usados para produzir proteínas em vastas quantidades, com os próprios organismos sendo o alimento ou o ingrediente principal. Muitos micro-organismos têm naturalmente um alto teor de proteínas e se reproduzem com uma rapidez extraordinária. Ao contrário de galinhas, porcos e gado que levam semanas, meses ou anos para amadurecer, os micro-organismos podem dobrar seus números em horas ou minutos, o que significa que grandes quantidades de alimentos podem ser produzidas com muito mais celeridade. A marca alimentícia pioneira Quorn, do Reino Unido, está na liderança há décadas, criando alimentos ricos em proteínas mediante a fermentação de cereais com um fungo natural encontrado no solo[86]. Nos Estados Unidos, a Meati Foods usa fermentação de biomassa para seu "micélio", um conjunto de hifas emaranhadas de um fungo que é usado em seus bifes à base de plantas[87].

A fermentação de precisão leva as coisas para outro patamar, usando linhagens específicas de micróbios, muitas vezes alteradas ou "programadas", para produzir determinadas proteínas ou outros ingredientes. Em comparação com as poucas dezenas de espécies de animais e centenas de espécies de plantas que os humanos comem rotineiramente, os micróbios oferecem oportunidades imensas para aplicações alimentares. Acredita-se que há 1 trilhão de espécies de micro-organismos na Terra[88]. Ao invés de criar um animal para obter proteínas de sua carne, os micro-organismos podem produzir diretamente nutrientes individuais. Além disso, os alimentos podem ser feitos com nutrientes específicos e especificações precisas, evitando o esforço de criar e matar animais para acessá-los. E ao mudar a produção de alimentos para o nível molecular, o número de potenciais nutrientes se expande enormemente; não mais limitados pelo que está disponível nos reinos vegetal e animal, os alimentos deixam de ser um processo de extração e se tornam outro de criação[89].

Se tudo isso ainda parece distante, pense novamente; produtos escassos na natureza ou dispendiosos para cultivar, como baunilha natural, aromatizante cítrico, adoçantes e vitaminas, já são produzidos diretamente a partir de micróbios[90].

Nos últimos anos houve uma verdadeira explosão de empresas que produzem proteínas alternativas a partir de fermentação. Embora a carne cultivada esteja sob todos os holofotes, em 2019 a fermentação recebeu três vezes e meio mais investimentos. Ao contrário da carne cultivada, cuja entrada no mercado está demorando por conta da burocracia regulatória excessiva, a fermentação já é uma realidade comercial. Faz tempo que a tecnologia básica está consolidada, mas o advento da "biologia de precisão" combinado com a fermentação abriu a porta para um mundo de possibilidades para o futuro das proteínas[91].

A abordagem, que muitas vezes usa modificação genética para produzir proteínas, gorduras e outras moléculas específicas de animais e plantas, não cairá no gosto de todos. Mas quando se trata das contrapartidas, certamente é melhor usar micróbios geneticamente modificados na fermentação do que plantar milho e soja transgênicos em milhares de hectares de terra agrícola para alimentar animais criados em fazendas industriais e mantidos em condições abjetas. Seja como for, a modificação genética é um elemento importante na produção pecuária industrial. A fermentação de precisão poderá fazer parte da revolução proteica que leve a um futuro sem pecuária industrial. De um jeito ou de outro, a indústria de alimentos vai levar um chacoalhão.

Até certo ponto, a fermentação já foi uma quebra de paradigma. Cinquenta anos atrás, o coalho, que é um ingrediente essencial na produção de queijo, vinha dos estômagos de vitelos. Mas uma campanha feita pelo movimento em prol do bem-estar animal, que revelou a situação angustiante dos bezerros mantidos em cercados escuros ou mortos assim que nasciam, transformou vitelo em um palavrão. O coalho de vitelo ficou caro e, quando a indústria procurou alternativas, a fermentação de precisão foi a solução. A quimosina pura, o ingrediente ativo no coalho, poderia ser produzida de modo mais barato e eficiente por meio da fermentação. Hoje, a quimosina fermentada é usada para produzir mais de 90% dos queijos nos Estados Unidos[92].

Por ora, a indústria de proteínas alternativas mal arranhou a superfície do que é possível, mas ainda irá revolucionar a criação de proteínas. À medida que o custo da fermentação despencar e a capacidade para programar micróbios conforme as especificações aumentar, o caminho estará aberto para que essas novas técnicas suplantem a criação industrial de animais e, segundo os cientistas, as possibilidades são infinitas. O mesmo processo também poderá ser usado para replicar proteínas de plantas ou animais extintos. Será possível desenvolver couro e carne a partir de mamutes e baleias sem molestar os animais de criação ou selvagens. Alguém quer um hambúrguer lanoso de mamute?

FERMENTAÇÃO DE BIOMASSA

Em um cenário que poderia ter inspirado *Admirável Mundo Novo*, de Aldous Huxley, dois cilindros enormes de aço inoxidável se destacavam em um galpão, com uma massa de tubos por trás. Fileiras de pessoas olhavam para telas de computadores supervisionando a fermentação de trigo que geraria proteínas, graças a fungos.

Eu viera a Billingham, no nordeste da Inglaterra, para descobrir mais sobre uma fonte de proteína cuja carne resultante gerava muito dinheiro. E presenciei a produção de um alimento de fermentação que já está firmemente estabelecido nas prateleiras dos supermercados na Grã-Bretanha e mundo afora. Um membro minúsculo da família dos fungos chamado micoproteína cresce explosivamente em cada câmara de fermentação, produzindo o suficiente para quase 100 mil hambúrgueres por dia.

Minha visita se deu na esteira de um relatório feito por pesquisadores na Universidade Murdoch, na Austrália, que sugeriu que a carne artificial poderá transformar a carne convencional em um luxo caríssimo, à medida que a população mundial aumentar e a produção pecuária não conseguir dar conta da demanda. O estudo sugeriu também que os produtores de carne precisarão achar soluções para os problemas ligados ao bem-estar animal, à saúde e à sustentabilidade "diante da concorrência de novos produtos de carne e proteínas não tradicionais"[93].

O cientista de alimentos Tim Finnigan trabalhou na Quorn Foods por mais de 25 anos. Ele me disse que o produto mirava o mercado "flexitariano" – aquelas pessoas que querem comer carne, mas estão reduzindo seu consumo em prol de alternativas à base de plantas. Frequentemente, a motivação delas é a saúde ou o meio ambiente. "E é aí que a Quorn realmente ajuda na transição, pois oferece produtos familiares", disse Finnigan. "A Quorn não lhe pede para comer algo esquisito ou diferente. Você pode continuar comendo *chilli*, espaguete à bolonhesa e outras comidas de costume, porém sem carne – e eu diria que elas são boas na maioria de casos".

A descoberta da micoproteína nos anos 1960 foi o ponto alto de uma busca no mundo todo feita por Lord Rank, do produtor de pão Rank, Hovis and McDougall, para achar uma nova fonte de proteína. Agora, ela é o pilar da Quorn, uma empresa alimentícia avaliada em £ 230 milhões[94]. "Eles estavam procurando um micro-organismo que transformasse o carboidrato abundante em proteínas que eram mais escassas", explicou Finnigan. Três mil amostras de solo depois, a micoproteína foi encontrada em um monte de adubo em Marlow, Buckinghamshire.

Então, quais são as credenciais da micoproteína? Bem, ela é melhor do que os animais de criação para converter grãos em proteínas comestíveis e exerce menos impacto sobre os recursos escassos. Entre 12 e 24 quilos de cereais são necessários para produzir 1 quilo de carne bovina, e até a carne de frango requer dois a quatro quilos de cereais. A Quorn é diferente. Segundo informações da empresa, um quilo de micoproteína requer apenas dois quilos de trigo, convertendo o carboidrato do grão em proteína sem precisar de um animal. Além disso, uma monta maior de proteína fica disponível no final. "Não é preciso usar terra para plantar proteínas para alimentar outro animal, que então diminui o rendimento das proteínas no produto final", disse Finnigan. "Na verdade, você obtém mais proteínas do que no início, o que é o oposto do que ocorre com os animais de criação".

O Carbon Trust descobriu que as emissões da Quorn de gases de efeito estufa são 13 vezes mais baixas do que as da carne bovina e até quatro vezes mais baixas do que as das galinhas[95]. O produto recebeu um impulso após o escândalo europeu da carne equina em 2013, e o logotipo alaranjado da empresa está presente nas prateleiras dos supermercados na Grã-Bretanha, Bélgica, Escandinávia, Austrália e em outros lugares. Afinal de contas, se não houver carne no produto, não há chance de achar carne equina nele.

Então, a Quorn é uma das alternativas "emergentes" que estão ameaçando colocar a carne em seu devido lugar? Se até as prateleiras dos supermercados na minha região dão destaque a esses novos produtos, isso é sinal de que eles são os favoritos atuais. Até a loja em nosso vilarejo tem linguiças Quorn no freezer. Devido a seu processo de fermentação, a micoproteína possibilita que alimentos com baixo impacto ambiental possam ser manufaturados até nas cidades. Mas o que as pessoas acham disso? Dizem que um taxista é sempre um bom termômetro da opinião popular, então, a caminho da sede da empresa, que é apelidada de "Quorn Exchange", perguntei ao taxista o que ele achava de comida feita com micoproteína. "É uma boa ideia", respondeu ele. "Ela pode alimentar o mundo, não é?".

CULTURA DE CÉLULAS E O CARNÍVORO CONSCIENTE

Eu nunca havia ficado tão empolgado com um encontro em um jantar nem tão ansioso para comer galinha. Fiquei até tonto enquanto pensava aceleradamente como eu pegaria um voo para os Estados Unidos sem violar as restrições da covid-19. Eu acabara de ser convidado por um empreendedor entusiasmado para ir ao seu encontro na Califórnia, para a primeira degustação pública da carne de galinha cultivada de sua empresa. Isso parecia um convite para experimentar o futuro.

"Seria maravilhoso se você pudesse vir", disse Josh Tetrick, cofundador e CEO da *startup* alimentícia Eat Just, Inc. cuja sede é na Califórnia. Quando nos falamos pelo Zoom, ele estava nas montanhas de Montana. Parecendo relaxado, ele não tinha se barbeado e usava uma camiseta azul e um boné vermelho de beisebol. E me disse tudo sobre a carne cultivada. Eu estava especialmente interessado na relação entre ela, as alternativas à base de plantas, a fermentação e a agricultura regenerativa. Formado em Direito, Tetrick, de 40 anos, certa vez trabalhou para o governo liberiano apoiando a reforma das leis de investimento do país. Ele também passou vários anos trabalhando com ONGs e a ONU na África Subsaariana[96]. Seu trabalho incluía dar aulas para crianças em situação de rua e incentivar menores prostitutas a voltarem a estudar. Foi nessa época na África que ele começou a se preocupar com o sistema alimentar global. Ele viu crianças que tinham deficiência de micronutrientes e, chocado com essa fome oculta, resolveu fazer algo a esse respeito.

Durante nossa conversa, ficou evidente que ele estava seguindo sua vocação para mudar o mundo. Para ele, comandar uma empresa bem-sucedida tinha mais a ver com implementar mudanças do que ganhar dinheiro. E, ao contrário de muitos donos de empresas, quando perguntei sobre a profusão de outras empresas desenvolvendo carne cultivada, ele me disse que a concorrência era bem-vinda e que, na verdade, ficaria preocupado se mais empresas de carne cultivada não estivessem surgindo. Afinal de contas, os desafios resultantes da pecuária industrial estavam ficando mais prementes a cada dia.

"Existe uma urgência, e cada segundo de procrastinação está gerando mais sofrimento e mais degradação, e nos afastando da nossa essência [como uma espécie]… Se você me disser agora que alguma outra empresa resolverá esse problema nos próximos anos, que mais seres humanos comerão carne que não demande matar um animal e que isso não tem nada a ver conosco, vou ficar feliz – e passar umas férias nas montanhas!", disse ele.

Ficou óbvio em nossa conversa que a carne cultivada estava sendo refreada por um sistema regulatório que não sabia como lidar com ela. Afinal, quando os legisladores escreveram a legislação alimentar existente, ninguém imaginava que a carne poderia vir de algo que não fosse um animal abatido.

Quando nos falamos em setembro de 2020, Tetrick disse que tinha esperança de que a carne cultivada conseguisse logo a aprovação regulatória. Dois meses depois, Tetrick calculou que finalmente realizaria sua refeição festiva planejada há tanto tempo. Com o primeiro lançamento público de sua galinha cultivada, ele mostraria que o sol brilharia sobre uma nova era para a carne. Tudo estava preparado e ele só precisava que a lei o liberasse de vez.

Ele estava ansioso para apresentar a carne cultivada ao público, mas já havia tido uma grande decepção. Ele me contou que, em 2017, foi de San Francisco para Amsterdã, para fazer a primeira venda comercial da carne cultivada. O plano era fazer o negócio na União Europeia antes da entrada de uma nova legislação que iria restringir a venda de novos alimentos. Após 1º de janeiro de 2018, novos produtos teriam de passar por um processo exaustivo de inscrição para obter a aprovação governamental. Se conseguisse vender seu produto antes da nova lei entrar em vigor, ele poderia alegar que a carne cultivada já estava no mercado e não teria que se curvar a tais restrições estritas. O que poderia dar errado? Bem, Tetrick chegou a Amsterdã, mas ficou no saguão de entrada no Aeroporto Schiphol esperando ansiosamente ao lado de uma esteira de bagagens vazia. Por um erro da companhia aérea, sua carne à base de células-tronco nunca saíra de San Francisco. Muitas horas e unhas roídas depois, sua bagagem chegou com a carne *high-tech* dentro. A venda foi em frente bem na hora H. Um restaurante em Zaandam comprou pouco mais de 454 gramas de carne cultivada a um preço arrasador. Para Tetrick, a missão estava cumprida, mas a vitória durou pouco. A primeira degustação planejada foi cancelada devido à burocracia regulatória excessiva[97].

Três anos depois, as barreiras regulatórias pareciam impenetráveis. Assim que se desembaraçasse da burocracia excessiva, Tetrick pretendia lançar e divulgar muito sua carne cultivada, com a meta de vê-la "normalizada". Na jornada para a normalização, ele achou que a fermentação de "precisão" era uma tecnologia empolgante que poderia ajudar a diminuir os custos, tornando a carne cultivada acessível e amplamente disponível, sem precisar de ingredientes de origem animal no meio de cultura. Esse caldo comumente contém um ingrediente ativo presente no sangue de fetos bovinos.

"De certa forma, o propósito de ter carne sem matar um animal fica anulado se o insumo principal precisa ser sangue de um feto, concorda?", refletiu Tetrick. A fermentação de precisão, com sua capacidade para utilizar o poder dos micróbios, se destacava como uma das várias opções que poderiam ter um meio de cultura sem a necessidade de contar com sangue fetal bovino.

Além disso, havia também o custo para produzir o caldo especial. "Nós precisamos descobrir um meio para baixar muito o custo do meio de cultura para poder lançar a carne cultivada e torná-la tão onipresente quanto a Coca-Cola", disse Tetrick. Empresas que estavam surgindo tentavam resolver justamente esse problema, e a produção de nutrientes por meio da fermentação de precisão poderia fazer parte da solução.

A simbiose que estava se desenvolvendo entre a carne cultivada e outras proteínas alternativas ficou evidente. À medida que a tecnologia se desenvolvia para cada uma delas, sua sobreposição parecia aumentar a probabilidade de torná-las mais baratas e viáveis. As proteínas do futuro serão produzidas de várias maneiras. Algumas serão tradicionais – como a agricultura regenerativa, com seu investimento no solo e a criação que respeita o bem-estar animal em harmonia com a natureza –, ao passo que outras serão mais tecnológicas – como as comidas "modernas" à base de carne cultivada e fermentação de precisão.

A fermentação de precisão poderá baratear mais os produtos à base de plantas produzindo soja isoladamente – um ingrediente-chave em algumas alternativas à base de plantas para substituir a carne –, sem a necessidade de realmente plantar soja. Ao produzir ingredientes mais baratos e sem origem animal para o caldo nutriente usado para desenvolver células-tronco, ela poderá aumentar a produção de carne cultivada e sua venda a um preço acessível. Quando isso acontecer, as ineficácias da produção da agricultura industrializada atual e as realidades envolvendo os custos poderão levar a uma queda drástica no número de animais criados industrialmente. Os animais restantes poderão ter vidas decentes em fazendas regenerativas. Portanto, optar por proteínas cultivadas ou fermentadas à base de plantas é uma escolha artificial; para acabar com a dependência da carne de animais criados industrialmente e seguir em frente, nós iremos precisar de todas as soluções disponíveis.

A coisa mais importante é que a carne de animais criados industrialmente deverá estar ausente no cardápio do futuro. Resta a preocupação de que a opção de carne à base de plantas nos cardápios continue sendo apenas isso: uma opção. Por ora, a maioria dos restaurantes provavelmente se sente compelida a continuar oferecendo carne "real". A carne cultivada poderá preencher a lacuna e, como é "real", poderá ser um divisor de águas. É mais provável que os restaurantes eliminem a carne proveniente da pecuária se puderem oferecer carne cultivada. Conforme Tetrick disse, "eu vejo um mundo no qual não quero apenas carnes à base de plantas ou cultivadas *em* um cardápio – eu quero que elas sejam as *únicas* coisas no cardápio".

A agricultura regenerativa, em combinação com alimentos "modernos" como carne cultivada e a nova geração de técnicas de fermentação, oferece um escopo enorme para derrubar o caminhão-tanque da agricultura industrial. Então nós não deveríamos ver isso como um conflito entre a carne à base de plantas, a carne cultivada, a fermentação e a agricultura regenerativa – o ideal é contar com todas elas. Assim como não é desejável que o setor energético entre em um debate polarizado entre turbinas eólicas e energia solar, resolver a crise alimentar requer múltiplas soluções. Uma lição que aprendi com a era da fazenda industrial é que uma abordagem "tamanho único para todos" é imprestável. É a falta de diversidade – com a agropecuária intensiva sendo considerada "a" solução – que nos colocou nessa confusão. E só sairemos dela mediante diversas soluções progressivas.

Quanto ao grande avanço tão ansiado por Tetrick, ele finalmente ocorreu em Singapura em dezembro de 2020, quando foi concedida a primeira aprovação regulatória para a venda de carne cultivada. Com trajes de noite e roupas casuais inventivas, os grupos de convidados, incluindo autoridades do governo, investidores e quatro crianças com consciência ambiental e seu professor, olhavam o cardápio baseado em "galinha cultivada da Good Meat". Fatias de frango empanado foram servidas em tigelas de bambu e pratos de granito. Três opções cobriam simbolicamente os estilos dos Estados

Unidos, da China e do Brasil, que são os três maiores produtores de frango no mundo. As mesas foram enfeitadas com taças de hastes altas. Nas paredes do restaurante eram projetadas imagens em movimento de penas coloridas de aves, luzes urbanas e cardumes de peixes. Muitas fotos de praxe foram tiradas com iPhones e muitos sorrisos foram trocados. Os pratos ficaram vazios; a carne cultivada havia agradado em cheio.

Chegou então o momento normalmente temido pelos comensais: pagar a conta. Mas desta vez, ele seria uma recordação impagável. Às 19:23 no fuso de Singapura, foi fechada a primeira conta de restaurante por carne cultivada, com cada comensal pagando US$ 23. Isso deu início um novo capítulo na história.

Mas, após tudo isso, como era o gosto da carne? Um menino de 12 anos deu sua opinião: "De galinha... mas foi a coisa mais surpreendente que já vi e experimentei. Isso definitivamente me fez ver que pequenas coisas, como mudar nossa maneira de comer, podem literalmente mudar nossas vidas"[98]. Seu companheiro de 11 anos concordou: "Estou sem palavras... é muito bom comer galinha sem sentir culpa".

Após décadas de erros, parece que algo novo está borbulhando sob a superfície: o nascimento de novas técnicas para criar proteínas, aliado a um renascimento da agricultura regenerativa. Então não é uma solução única, mas muitas delas – uma profusão de possibilidades –, que irão transformar nossas atitudes em relação à "carne". À medida que nos sobra pouco tempo para mudar, soluções que permitam que as pessoas comam sem as consequências negativas poderão salvar o *bacon* da sociedade.

E, assim como Tetrick, eu sinto que uma grande mudança é necessária para que preservemos nosso modo de vida e nossa cultura alimentar. Por isso eu prometi e cumpri que, quando as restrições da covid-19 fossem suspensas, eu aceitaria seu convite para uma refeição festiva com carne cultivada. E essa foi a galinha mais deliciosa que já comi.

RUMO A 2100 – UMA NOVA AURORA DAS PROTEÍNAS

Quando a história enfocar o período em que vivemos, ele será lembrado como uma era com a mesma imaginação desenfreada da alvorada da agricultura? Esse capítulo teve início há dez milênios nas margens férteis dos rios Tigre e Eufrates, quando nômades se tornaram criadores de ovelhas, cabras e depois de gado para obter carne. A partir daquele momento, a sina humana deixou de depender da sorte do caçador, passando a depender da saúde do solo e da capacidade de cuidar dos cultivos e animais nele. Assim começou a domesticação de plantas e animais, com linhagens e raças adaptadas às necessidades humanas. Eles se tornaram uma despensa viva e uma fonte cobiçada de proteínas.

Isso se deu na Idade da Pedra na Mesopotâmia, atual Iraque, onde o rico suprimento de proteínas da carne de e outros produtos de origem animal nutria o berço da civilização. Isso permitiu que os caçadores-coletores se fixassem em comunidades e virassem artesãos, sacerdotes, soldados e escribas. Levou à invenção da roda, da biga e do arado puxado por bois[99]. Foi isso que gerou a alvorada da invenção e gravou na pedra nossa ideia profundamente enraizada de que as proteínas provêm dos animais.

Dessa maneira, o negócio de criar animais para obter carne emergiu em um mundo imenso com poucas pessoas e muitos recursos à disposição. No Neolítico, havia 1 milhão de *Homo sapiens*; agora somos 8 bilhões e logo a população mundial chegará a 10 bilhões. A sociedade mudou totalmente, mas uma coisa permanece igual: animais são criados e abatidos por causa de sua carne.

A pecuária industrial é um processo cruel, perdulário e envolto no mito ilusório de que é um modo "eficiente" de produzir proteínas. Afinal, animais criados dessa maneira comem vastas quantidades de grãos e perdem a maior parte do valor deles na conversão para carne. Dessa maneira, nós desperdiçamos cultivos suficientes para alimentar 4 bilhões de pessoas a mais[100]. Mas haver 4 bilhões de pessoas a mais no planeta seria um desastre ambiental. Esse comentário é só para sublinhar a destrutividade da "modernidade" antiquada que é a pecuária industrial.

Há também o mito de que a única maneira de obter as proteínas "certas" é comer carne e outros produtos de origem animal. A realidade, porém, é completamente diferente: a maioria das proteínas que ingerimos já é proveniente das plantas. A carne provê apenas 18% das proteínas que consumimos, sendo que um décimo provém do leite e seus derivados[101] – segundo cálculos atuais, cerca de dois terços das nossas proteínas provêm de alimentos vegetais. Nem tanto de alternativas à base de plantas para substituir a carne, a exemplo de alimentos cotidianos como pão, feijão, nozes e grãos. No entanto, anos de lavagem cerebral nos impedem de reconhecer isso. Eu perdi a conta de quantas vezes fui apresentado a um chefe de supermercado encarregado das "proteínas", mas que, na verdade, só estava focado em carne. "Proteína significa carne" ficou incrustado em nossa psique e enraizado em nossa cultura alimentar – mas isso está errado.

PASSOU DO LIMITE

Desde aquela época distante na Mesopotâmia, a agricultura se expandiu até ocupar metade da superfície de terra habitável do planeta, e grande parte dela é usada para criar animais para os humanos obterem proteínas. Em conjunto, os produtos de origem animal – inclusive carne de peixe, derivados de leite e ovos – contribuem para um total de 37% das nossas proteínas e 18% das calorias no mundo todo. Mas, para produzir pouco mais de um terço das proteínas consumidas pela humanidade, 83% das terras agrícolas do mundo são usadas para criar animais[102]. Isso obviamente não é eficiente e deixa pouco espaço para o crescimento.

Em termos do uso da terra, é impensável expandir os números dos animais de criação, a menos que nós queiramos derrubar as florestas restantes e piorar ainda mais a emergência climática. Do jeito que as coisas estão, cientistas do clima advertem que nosso consumo excessivo de carne por si só pode desencadear uma mudança climática catastrófica. Esse consumo exagerado é um motor significativo de um mundo que está se aquecendo, da natureza empurrada para um colapso, do declínio nos insetos polinizadores, dos antibióticos desperdiçados e dos solos em um estado precário. E como a maior parte das proteínas de origem animal vem de fazendas industrializadas, isso se tornou um problema urgente.

Nosso modo de produzir proteínas claramente precisa ser reavaliado. Citando *O Leopardo* (Brasil: Companhia das Letras, 2017), "algo deve mudar para que tudo continue como está".

É hora de adotar um novo paradigma para as proteínas, que seja impulsionado pela fusão da natureza com a tecnologia e o negócio alimentício. Nós precisamos sair do destrutivo modo agroindustrial para uma versão mais criativa e regenerativa, uma abordagem que tire a carne da Idade da Pedra. Conforme disse o xeque Ahmed Zaki Yamani, ex-ministro do Petróleo e de Recursos Minerais da Arábia

Saudita: "A Idade da Pedra não terminou por falta de pedras. Ela acabou porque os homens inventaram ferramentas de bronze, que eram mais produtivas"[103].

O fato é que a ciência nos deu os meios até então indisponíveis para acabar com a pecuária industrial. Os interesses do agronegócio defendem modos antiquados de fazer as coisas, mas a necessidade de haver mudanças está sobrepujando tais interesses escusos – e elas já estão acontecendo.

A MUDANÇA ESTÁ VINDO

As empresas alimentícias estão começando a perceber que as mudanças são inevitáveis. Lideradas pela Impossible Foods e a Beyond Meat, empresas inovadoras surgiram do nada e se tornaram ícones de um novo tipo de alimentos: aqueles à base de plantas e que têm o mesmo sabor e textura da carne. Além disso, redes famosas como KFC e Burger King caíram em si para acompanhar a nova tendência. A Tyson, a segunda maior produtora de carne do mundo, investiu US$ 150 milhões em proteínas alternativas, incluindo hambúrgueres à base de plantas que até sangram. Apoiada por grandes investimentos, a tecnologia envolvida se desenvolveu aos trancos e barrancos. As alternativas à base de plantas deixaram de ser insípidas como papelão e estão gerando uma corrida pelo que essas "verdadeiras" carnes podem render. Conforme Pat Brown, CEO da Impossible Foods, disse ao *site* Drovers, que representa a indústria da carne bovina, "ao contrário da vaca, estamos nos aperfeiçoando diariamente para fazer carne"[104]. A Cargill, outra grande produtora de carne em escala mundial, mudou o nome de seu departamento de "carne" para departamento de "proteínas", admitindo que o futuro das proteínas vai bem além só da carne. Bilionários como Bill Gates e Richard Branson também investem em carne cultivada ou "limpa" feita a partir de células-tronco. Branson acredita que daqui a 30 anos "não será mais preciso matar animais e todas as carnes serão limpas ou à base de plantas, com o mesmo gosto das carnes de origem animal e muito mais saudáveis para todos"[105].

Enquanto estou escrevendo, mais de 70 empresas estão desenvolvendo carnes cultivadas, que chegarão em ondas às prateleiras dos supermercados. Primeiramente, chegarão os hambúrgueres, linguiças e *nuggets* feitos a partir de células-tronco em biorreatores, substituindo a onipresente carne moída de gado, galinhas e porcos criados industrialmente. Em seguida, chegarão os bifes com estrutura e textura iguais às do filé de lombo, da bisteca e do bife de tira. A próxima onda provavelmente será de frutos do mar cultivados, seguidos por "impressoras" de carne em 3D que farão seus cortes favoritos e ficarão ao lado de sua máquina de fazer pão em casa.

Antes que tudo isso se concretize, é bem provável que proteínas a custo acessível venham da fermentação de precisão, um casamento de micróbios e matéria-prima em tanques fermentadores no mesmo espírito da cerveja artesanal. A tecnologia fundamental existe desde os anos 1980, quando começou a ser usada para produzir insulina humana. Antes disso, a insulina para tratar diabetes era cara e tinha de ser extraída dos pâncreas de vacas e porcos[106]. Principal produtora de carne alternativa, a Quorn fermenta fungos unicelulares há décadas, mas a novidade é a "biologia de precisão", que programa micróbios para produzirem itens específicos. Com os avanços tecnológicos vem uma aceleração em potencial. A previsão é que o preço das proteínas de fermentação de precisão fique igual ao das proteínas oriundas da pecuária em 2025 e custem cinco vezes menos em 2030[107].

À medida que as proteínas entrarem em uma nova era, as várias tecnologias envolvidas irão se retroalimentar, tornando os processos mais baratos e ainda mais eficientes. A fermentação de precisão será usada para produzir os ingredientes especializados necessários para as alternativas à base de plantas e para os meios de cultura baratos e abundantes para a carne cultivada.

ALÉM DOS LIMITES

A produção de proteínas das "comidas modernas" está apenas começando, mas a criação industrial de animais já atingiu seu limite em termos de escala e eficiência. Segundo o *think tank* independente RethinkX, os novos alimentos podem ser até dez vezes mais eficientes do que uma vaca na conversão de forragem no produto final. E com menos forragem, menos terra é requerida para cultivá-la, o que significa menos água e desperdício[108].

Nos extremos do novo horizonte proteico, a Air Protein na Califórnia está usando técnicas inspiradas pela NASA para produzir outra geração de proteínas. Durante a preparação para os primeiros pousos lunares, cientistas tentaram entender como o dióxido de carbono exalado pelos astronautas poderia ser transformado em alimento. Os experimentos foram engavetados, mas a doutora Lisa Dyson, CEO da Air Protein, ressuscitou a ideia e diz que é como fazer iogurte. Em uma entrevista para a *Forbes*, ela disse o seguinte: "Nós começamos com elementos do ar que respiramos – dióxido de carbono, oxigênio e nitrogênio – e os combinamos com água e nutrientes minerais. A seguir, usamos energia renovável e um processo de produção probiótico no qual as culturas convertem os elementos em nutrientes. O resultado é uma fonte nutritiva de proteínas com o mesmo perfil dos aminoácidos da proteína animal"[109].

À medida que cada tipo de comida moderna se torna mais eficiente, fica mais difícil tolerar as ineficácias da criação industrial de animais. Quando o preço das comidas modernas despencar, sejam elas à base de plantas, carnes cultivadas ou feitas com fermentação de precisão ou "ar rarefeito", isso quebrará as pernas da pecuária industrial. Escondida há muito tempo, por trás de um véu de sigilo, rótulos enganosos e conluios opacos com os governos, a pecuária industrial passará a ser vista como o desatino mais cruel da nossa época. Assim como a escravidão, nós vamos nos arrepender muito por ter deixado isso acontecer.

Até lá, a pecuária industrial continuará reinando com toda sua crueldade e ineficácia grosseira.

O que irá desmantelar a pecuária industrial é a mesma coisa que a manteve por todo esse tempo: a economia. Graças aos subsídios e ao hábito de fazer vista grossa para os custos ocultos, a justificativa da pecuária industrial tem sido sua capacidade para produzir comida "barata", mas está previsto que até 2035 as proteínas das fontes alimentícias modernas serão dez vezes mais baratas do que as proteínas animais existentes. Quando isso acontecer, haverá uma enorme transformação. A pecuária industrial se tornou um grande negócio baseado em enormes volumes e margens muito estreitas, mas à medida que o preço caiu, a qualidade também decaiu. Sabor, valor nutricional e ética foram deixados de lado. Esse modelo de pouca margem de lucro e produção em massa torna a pecuária industrial vulnerável ao impacto de um concorrente de baixo custo. Por que alguém escolheria *nuggets* de frangos criados intensivamente ao invés de vez *nuggets* mais baratos, mais saborosos e mais saudáveis produzidos com técnicas modernas?

Em um piscar de olhos, a invencível pecuária industrial poderá ruir como um castelo de cartas. O RethinkX prevê que o colapso da indústria pecuária americana começará em 2030, com o número de vacas caindo pela metade e outros setores pecuários industriais tendo "uma sina semelhante". Ele prevê ainda que, em 2035, a demanda americana por produtos de origem bovina terá uma redução de até 90%. À medida que um produto atrás do outro for superado pelas comidas modernas, a pecuária industrial entrará em uma espiral de morte, com a queda na demanda levando a preços mais altos e a uma demanda ainda menor. Alguém pode dizer que nem sempre as previsões são certeiras, mas a direção da trajetória é clara.

Se a pecuária industrial retroceder, o mesmo acontecerá com as terras agrícolas necessárias para alimentar animais criados em fazendas industriais. Metade das terras agrícolas da União Europeia, dos Estados Unidos e do Reino Unido não será mais necessária para monoculturas de milho, soja e trigo encharcadas de produtos químicos para alimentar animais encarcerados. Grandes faixas da zona rural poderão ser devolvidas à natureza e libertadas para o assilvestramento e o reflorestamento. A zona rural poderá ser herdada por aqueles agricultores visionários que provaram que há um meio melhor, mais bondoso, mais ecológico e regenerativo de produzir alimentos. Os agricultores que mantiveram os animais pastando na terra, assim trazendo a natureza de volta e aumentando a fertilidade do solo. Aqueles que estimularam as abelhas, borboletas, aves e flores silvestres. Aqueles que resistiram a duras penas, apesar de décadas de uma economia perversa que favorecia seus concorrentes cruéis e destrutivos.

Os animais de criação então serão devolvidos para a terra, embora em números menores e em fazendas adequadas. Eles farão seu papel de reconstruir a fertilidade do solo em fazendas mistas que criem uma diversidade de produtos. Os agricultores regenerativos conviverão com as comidas modernas que contribuíram para a ruína dos seus concorrentes industriais. E talvez, após algum tempo, a agricultura regenerativa evolua além dos animais de criação.

Após dez milênios fazendo as coisas do mesmo jeito, o caso de amor da humanidade com o bife e a carne moída das vacas poderá acabar em breve. À medida que nossos alimentos evoluírem, isso definirá todos os nossos futuros, tendo um grande peso sobre a emergência climática e ecológica que ameaça nos destruir. Mas o consumo de proteínas está passando por uma renovação e, em 2100, comer carne como hoje será uma coisa do passado. A gastronomia molecular, impulsionada por plantas, micróbios ou carne cultivada a partir de células, causará a derrocada da pecuária industrial e eu ficarei muito feliz de declará-la morta.

17
RETORNO À VIDA SELVAGEM

ASSILVESTRAMENTO

As nuvens escuras e pesadas estavam tão baixas que mal dava para ver os topos dos juncos densos que ocultavam quatro águias-sapeiras recém-emplumadas. Por um breve momento, uma brisa separou as hastes empertigadas e revelou um ninho com filhotes machos, que tinham cabeças marrons com topos brancos. Tufos tênues de penas brancas macias mostravam que ainda iria demorar um pouco para esses seres ingênuos voarem. No dia seguinte, "*ringers*" iriam prender anéis metálicos numerados em torno das pernas das aves e presilhas de cores vivas nas asas, a fim de monitorá-las. Quando os filhotes finalmente voarem, observadores ansiosos documentarão todos os seus movimentos. Por ora, eles ficam no ninho aguardando a volta de seus pais, e ficarão agitados quando sua mamãezona marrom retornar com um roedor, um sapo ou uma desafortunada galinha-d'água.

Ao longo dos anos, eu passei muitos dias observando águias-sapeiras, mas raramente havia visto algumas tão de perto como essas na Wissington Farm de John e Charles Shropshire nos Fens, a um pulinho de onde foi descoberto o fantástico carvalho-vermelho. Essas águias-sapeiras estavam nidificando ao lado do reservatório de irrigação construído pela família

Shropshire para que seus cultivos de cebolas, batatas e beterrabas continuassem crescendo nos solos turfosos pretos durante períodos de seca. Conforme demonstrado pela a presença das águias-sapeiras, os Shropshires tinham um negócio bem-sucedido trouxeram a vida selvagem de volta. Rouxinóis, uma espécie nacionalmente em declínio, também estão por aqui, com 20 a 30 pares acomodados em arbustos e cantando de modo cativante durante a primavera. Assim como as águias-sapeiras, eles são monitorados; rastreadores de GPS acompanham seu progresso dos Fens para a Gâmbia ou o Senegal e no caminho de volta. Os 112 quilômetros de valetas na fazenda também recebem as ratazanas-d'água que voltaram. Essa espécie outrora era comum e agora está aumentando em grande parte da zona rural. Aliás, no livro *O Vento nos Salgueiros*, de Kenneth Grahame, as ratazanas-d'água são chamadas de "Ratty".

A águia-sapeira foi a primeira ave de rapina grande que eu "descobri" sozinho. Quando era menino, durante umas férias em família, eu fiquei assombrado por uma ave dessas que parecia impossivelmente grande e erguia as asas amplas e longas ao meu lado. Fiquei tão encantado com elas que na adolescência trabalhei vários meses como voluntário na Titchwell Marsh RSPB.

Desde então, Titchwell Marsh se tornou um modelo de reserva ambiental, um *status* merecido devido ao trabalho incansável do veterano diretor Norman Sills. Eu caminhava 160 quilômetros de Bedfordshire até o Norte de Norfolk e ficava no chalé para jovens entusiastas descuidados como eu. Lamento não ter aproveitado plenamente essa oportunidade, mas eu era jovem e ingênuo demais para aprender tanto quanto deveria. Naquela época, eu queria seguir o exemplo de Norman e virar diretor de uma reserva ambiental. Mas aí conheci uma garota em Bedfordshire que ofuscou o brilho daqueles dias longínquos nos quais eu andava oito horas seguidas.

Durante o tempo que passei na Titchwell, eu me lembro com carinho de cavar valetas, tirar do pântano resíduos soprados pelo vento, vender suvenires na loja e contar muitas aves. Eu ajudava a manter a pequena colônia de andorinhas-do-mar sossegada e acompanhei quando o primeiro filhote de avoceta saiu do ovo em Titchwell. Essa espécie que voltou também aparece no logotipo do RSPB. Mas minha lembrança mais vívida é ficar observando as águias-sapeiras voando acima dos canaviais, um ícone das paisagens que muitos acham sem graça.

Quarenta anos depois, foi uma surpresa saber que Norman havia ajudado os Shropshires a construírem uma área úmida em sua fazenda, a fim de atrair águias-sapeiras e outras aves. Após essa missão em Titchwell, ele foi recuperar o Lakenheath Fen, que estava tomado por plantações de cenoura, e no processo liderou o retorno dos grous aos Fens. Ao se aposentar, ele relatou o seguinte ao jornal local: "Quando os Fens eram intocados, os grous faziam seus ninhos por lá, mas não se adaptaram à nova paisagem drenada, por isso, nos últimos 400 anos não havia qualquer lugar nos Fens onde eles pudessem ficar e nidificar. Eis que, em 2007, dois pares chegaram [no Lakenheath Fen] e estão lá até hoje. É possível ter surpresas boas e isso faz parte da magia"[1].

Uma década depois houve outro marco, o nascimento do primeiro filhote de grou em mais de um século na Wicken Fen, uma reserva do National Trust no sudoeste de Ely e do Great Fen. Nesse polo da agricultura britânica, foi estimulante ver a vida selvagem voltar após ser quase extinta e muitos agricultores cuidando de verdade da zona rural. Embora determinadas medidas conservacionistas possam trazer de volta espécies raras como o grou, reverter mais amplamente o declínio da vida selvagem requer mudar muitas coisas.

Cada vez mais, admite-se que é preciso fazer muito mais. Mais agricultores estão buscando maneiras de escapar da esteira desenfreada da intensificação e de se tornar guardiões genuínos da terra, a fim de passá-la para a próxima geração em um estado melhor do que aquele que herdaram. Mas um obstáculo para isso são as trapaças políticas que os levaram na direção errada durante décadas. Políticas com graves consequências que uma nova geração de formuladores e gestores de políticas públicas tem uma última chance de corrigir.

Conforme vimos, o crescimento rápido da população humana e a adoção de dietas à base de carne estão aumentando a pressão sobre as terras agrícolas existentes[2]. No entanto, a reação típica é intensificar ainda mais. Usar mais fertilizantes e pesticidas sintéticos em monoculturas, em uma tentativa de acompanhar a esteira desenfreada que está ganhando velocidade. A velocidade dessa esteira desenfreada só aumenta, pois um terço das safras do mundo é destinado para alimentar animais criados em fazendas industriais. Há evidências gritantes de que os rendimentos de muitos cultivos estão se achatando[3] e que a crise é iminente. Mesmo assim, mais terras são desmatadas para dar lugar a mais cultivos, o que significa que florestas são derrubadas e o carbono nos solos exauridos é liberado rapidamente, enquanto o planeta ruma para um ponto de ruptura.

PRODUZINDO JUNTO COM A NATUREZA SELVAGEM

Essa colisão de crises convergentes requer uma pluralidade de soluções, na qual o cultivo ecológico tem papel crucial. Há tempo demais, a produção de alimentos ignora o fato de que, se não forem devidamente cuidados, os recursos finitos irão acabar, nisso incluindo os solos. É verdadeiramente urgente devolver os animais de criação para a terra, há uma necessidade crescente de aliviar a pressão sobre as preciosas terras do planeta. Reduzir a monta de carne e de derivados do leite produzidos aceleraria essas conquistas.

Como conservacionista e ativista do bem-estar animal, eu sou apaixonado pelo conceito de assilvestramento, de deixar a natureza voltar e restaurar o equilíbrio. Então fiquei interessado em descobrir se há um ponto de convergência entre a agricultura e o assilvestramento, que permita suprir as necessidades de uma população crescente sem comprometer seriamente o planeta do futuro. Para alguns, o assilvestramento é uma noção romântica, porém impraticável. Afinal de contas, se as terras agrícolas já estão sob pressão e o planeta não está formando mais terras, como podemos sacrificar os campos em prol da natureza? Outras pessoas acham que o assilvestramento é o contrapeso necessário para uma máquina agrícola que está empurrando a vida selvagem para a beira do precipício e extirpando a natureza. Para que se instale de vez e deixe de ser um capricho da boca para fora de alguns latifundiários ricos, o assilvestramento tem de ser um elemento indissociável do conceito de agricultura.

Um exemplo notável de assilvestramento em terra agrícola – e que vale muito a pena – é o Knepp Estate, no condado de West Sussex. A pouco mais de meia hora de onde eu moro, essa propriedade com 1.416 hectares tem inspirado muitos projetos semelhantes.

Ao longo dos anos, os donos da propriedade, Charlie Burrell e Isabella Tree, têm sido muito gentis. Além de me receber várias vezes na Knepp, nós nos encontramos de vez em quando no circuito de palestras. Até hoje, eu os agradeço por expandirem minha visão sobre a agricultura ecológica. Sua história é contada com brilhantismo no livro *Wilding: The Return of Nature to a British Farm* (EUA: Picador, 2019), escrito por Isabella[4]. Lembro-me de que conheci Charlie em um evento no qual eu estava falando sobre os benefícios de criar ruminantes só no pasto. Ele veio falar comigo e sugeriu que eu fosse à sua fazenda para ver como eles estavam criando um pasto na mata. Eu fiquei um tanto cético em relação a convites, mas aceitei o de Charlie e fui à Knepp sem saber direito o que iria ver.

Ao passar de carro pelos portões formais da propriedade e depois por um santuário de veados perfeitamente projetado, meu coração pesou. Minha sensação de decepção se aprofundou quando saí do carro diante de um castelo com ameias. Será que essa viagem havia sido uma perda de tempo? Charlie me cumprimentou e seus olhos estavam avermelhados, pois acabara de chegar da Escócia após uma viagem noturna. Eu não estava otimista. Tomamos um café rápido, então Charlie me conduziu até a porta dos fundos do castelo para darmos um giro na propriedade: foi um momento *Alice Através do Espelho*, como se eu estivesse entrando em outro mundo.

Cansado de tentar acompanhar o ritmo da esteira desenfreada da agricultura intensiva, há alguns anos Charlie havia decidido dar uma guinada em sua vida parando de plantar e deixando a natureza assumir o comando. Dez anos depois, uma savana de cerrado, arbustos, pastagens e arvoredos havia substituído os campos de monoculturas. Ele então introduziu animais que eram os equivalentes mais próximos de antigas espécies que moldaram a paisagem europeia séculos atrás. Onde havia antigamente auroques, tarpãs, bisões e javalis selvagens, ele colocou gado Longhorn, pôneis Exmoor, veados-vermelhos, gamos e porcos Tamworth. Fiquei desconfiado ao vê-los – pois eram essencialmente bravios –, mas, no decorrer da manhã, nós localizamos veados, pôneis e gado. Precisei fazer mais três viagens para ver os porcos. Uma porca Tamworth com pelo duro como uma escova de arame havia feito um ninho na beira da mata. Eu mantive uma distância respeitosa e fiquei olhando como ela se acomodava entre seus leitões curiosos e cheios de energia. Os olhos deles brilhavam e suas patas corriam como se fossem adoráveis cachorrinhos.

Knepp é famosa por ter conseguido atrair animais silvestres de volta – borboletas-imperador-roxo, rolas-comuns, rouxinóis e outros já escassos –, assim como por sua variedade de "carnes orgânicas de gado solto no pasto"[5]. Charlie agora está trabalhando para trazer outras espécies nativas de volta, incluindo cegonhas-brancas e castores. A propriedade se mantém com a renda de 75 toneladas de carne por ano, com turismo ecológico, *camping* de luxo, aluguéis de hospedagem e pagamentos que recebe pela governança ambiental. Desde minha primeira viagem à Knepp, o mundo de soluções e possibilidades ficou bem maior.

Em 2019, quando vi Charlie nos bastidores de uma conferência do Wildlife Trust em Hampshire, na qual nós dois fomos palestrantes, perguntei a ele onde eu poderia conhecer o próximo projeto de assilvestramento em uma terra agrícola. "Quem é o próximo Charlie Burrell?". "Vá à reserva Holkham em Norfolk e fale com Jake Fiennes", foi sua resposta.

NOVA ONDA REVOLUCIONÁRIA

Na costa de Norfolk na Inglaterra, a chuva caía torrencialmente enquanto as cabeças de gado Belted Galloway estavam no pasto oposto. Ovelhas ficam no mesmo campo, mas separadas por um dique. Mais cedo, elas ouviram uma serenata de milhares de gansos-de-bico-curto, um som que define os meses de inverno ao longo deste litoral. Desde criança eu venho à Holkham National Nature Reserve. O litoral é um porto seguro para a vida selvagem e um ímã para naturalistas, observadores de aves e aficionados pela vida selvagem, mas dessa vez eu tinha vindo para ver o que estava acontecendo nas terras agrícolas ao redor.

Dentro do escritório novo e elegante em um estábulo reformado, eu estava sentado com o mais improvável dos revolucionários ecológicos. Jake Fiennes se apresentou como o hóspede mais duradouro de Charlie Burrell: ele foi passar um fim de semana na Knepp nos anos 1990 e acabou ficando por quatro anos. Ele e Charlie trabalharam juntos estreitamente no que então era uma propriedade que produzia intensivamente. O amor deles pela vida selvagem e por cerveja floresceu ao mesmo tempo.

Com 49 anos, olhos azuis penetrantes, um topete grisalho e cabeça raspada nas laterais, Fiennes parecia um roqueiro de *new* wave e entendi por que a imprensa o descreve como alguém que poderia ter se viciado em agricultura ou em heroína[6]. Eu o imaginava fazendo provocações teatralmente atrás de um microfone e com roupas *punks* góticas. Mas na realidade, ele estava vestido de forma distinta e até convencional, com uma camisa azul e um colete verde elegante.

Irmão gêmeo do ator Joseph Fiennes, Jake assumira há 12 meses o cargo de gestor de conservação na Holkham Estate. Sua missão era favorecer a vida selvagem pela propriedade de 10.117 hectares, transformando sua terra arável cultivada intensivamente em *habitats* pantanosos.

Holkham foi um dos berços da revolução agrícola. Durante o início do século XIX, a propriedade introduziu a "rotação de Norfolk", que era marcante por usar quatro culturas sem pousio para aumentar a fertilidade dos solos. Isso se tornou uma prática padrão em fazendas britânicas e em grande parte do continente europeu. A rotação tipicamente tem trigo seguido por nabos, depois cevada, trevo e pastagem para as ovelhas[7].

As ovelhas ainda são uma parte importante da rotação aqui na Holkham; Fiennes as considera ferramentas para aumentar a fertilidade do solo, assim como os cortadores de grama que mantêm as gramíneas de pasto na altura certa para a vida selvagem. "Fundamentalmente, elas não são para produzir carne – a carne é que é um produto derivado de seu papel", ele me explicou.

Thomas William Coke, político e ávido agricultor, herdou a Holkham Estate em 1776 e construiu o Holkham Hall, um elegante casarão em estilo palladiano que fica no meio da propriedade. Nos 40 anos seguintes, o "Coke of Norfolk", como se tornou conhecido, desencadeou uma revolução agrícola que aumentou a produção de alimentos e fomentou a sustentabilidade. Suas "tosquias" anuais de três dias atraíam agricultores, aristocratas e a realeza[8].

Duzentos anos depois, é Fiennes quem está inspirando uma nova revolução agrícola. "Eu estou tentando alimentar as pessoas de uma maneira que não prejudique a natureza", disse ele. Em sua visão, a melhor maneira de fazer isso é com a "agricultura multifuncional" – que alimenta as pessoas por meio de ecossistemas funcionais.

Ele não tem tempo para o "componente Talibã de cultivo", que lucrou com a agricultura intensivista, com cercas constantemente aparadas e plantações que se estendem até as fronteiras das lavouras, e depois as encharca com produtos químicos. Ele acha que falta pouco para esses abusos acabarem. E não gosta dos *twitchers* – entusiastas de aves raras –, porque eles "pisoteiam" áreas que não deveriam ir. Eu concordei com ele sobre o "componente de cultivo Talibã", mas decidi não contar que também tenho propensão a observar aves raras. No entanto, contei a ele que, em 1984, ajudei a proteger o primeiro ninho de cruza-bicos-papagaios da Grã-Bretanha, grandes tentilhões com bicos curvos. Isso aconteceu nas matas por perto e fui um dos voluntários que ficaram sentados a noite toda sob a árvore que servia de ninhal para impedir que qualquer um roubasse os ovos das aves. Quando Fiennes me apresentou posteriormente aos seus colegas, notei que minha vigília para proteger o ninho de papagaios atraiu muito mais interesse do que tudo mais que eu fizera. Melhor assim, pensei, do que admitir que sou um *twitcher*.

A comunidade agrícola não acolheu Fiennes prontamente, então ele teve que aprender a linguagem adequada. "Não adianta falar com eles sobre solos, minhocas e conservação da natureza – é preciso falar de um jeito que eles entendam". Em sua primeira conferência na Sindicado Nacional dos Agricultores da Grã-Bretanha, ele foi considerado um estranho no ninho e não houve muita adesão para sua sessão sobre agricultura e meio ambiente. Agora que as coisas se acomodaram, suas sessões ficam lotadas e seu planos para mudanças no nível da paisagem agrícola estão sendo compreendidos. Aliás, suas credenciais agrícolas são impressionantes. Seu pai era agricultor em Suffolk trabalhou na Knepp Estate de Charlie. Fiennes também passou dois anos na Austrália e depois foi gestor da Raveningham Estate de 2.023,4 hectares de Sir Nicholas Bacon por uma década e meia. Ele acredita que grande parte de seu trabalho consiste em iniciar uma conversa sobre conservação. "É assim que se conquista corações e mentes".

Nós subimos em sua picape Ford Ranger prateada e demos uma volta pela propriedade. Passamos dentro do santuário de veados extremamente bem cuidados em torno do Holkham Hall, remanescente daquele na Knepp. Um grupo de veados parou diante da picape, um pouco além da imponente entrada com um arco de pedra da propriedade. Enquanto fumava um cigarro que enrolou, ele me levou ao lago onde moram colhereiros, frisadas e outros patos.

"Toda primavera e outono são propícios para fazer mudanças em uma fazenda", Fiennes me disse, e ele não desperdiça nenhuma dessas oportunidades sazonais. Inicialmente considerado um "vanguardista", ele conquistou o apoio do diretor da fazenda para seus planos em relação às terras aráveis da propriedade. Para facilitar as tratativas, ele deu exemplares de *Dirt to Soil*, de Gabe Brown, para toda a liderança da propriedade. Rotação é a chave para essa paisagem, e ele valoriza muitos os princípios regenerativos. "Nós precisamos cuidar do solo, para que ele cuide de nós".

Fiennes pretende acabar com o cultivo de milho na Holkham; pelas minhas experiências nos campos ao redor de onde moro, sei que o milho é renomado por ser uma cultura "carente" que deixa os solos suscetíveis à erosão. Fiennes prefere deixar recantos e beiradas para a natureza e não gosta do jeito com que cultivos ainda se estendem até as margens dos campos. Para ele, as cercas são a "parte mais importante" para a conservação da natureza, pois dão cobertura para a vida selvagem e evitam a erosão do solo.

"Eu preciso ter uma conversa séria com o homem que apara as cercas por aqui", disse ele tentando disfarçar seu aborrecimento. "A troco de quê aparar as cercas?". Esse é um questionamento justo, eu pensei. Basta deixá-las por conta da natureza que elas darão um quebra-vento melhor e uma profusão de besouros para os insetos e as aves predadores que se alimentam com "pragas". Conforme a experiente pecuarista Rosamund Young aponta em *A Vida Secreta das Vacas*, "uma cerca é o abrigo vivo mais importante e versátil" para o bem-estar dos animais de criação[9].

Eu aprendi que borrar as linhas das paisagens fazia parte de missão de Fiennes, que também inclui deixar a natureza retomar terras que eram dispendiosas para a agricultura. Ele me disse que cinco hectares na propriedade não são suficientes para a produção de alimentos, então qualquer trecho menor é usado para cultivos que produzem sementes, feno para prados e outros meios de impulsionar os polinizadores, as aves e a biodiversidade.

Fiennes acha importante ter grande variedade de coberturas vegetais. "A natureza é diversa", disse ele. "A interseção de todas essas espécies de plantas beneficia os fungos micorrízicos". Isso é essencial para aumentar a eficácia na captação de nutrientes para a safra seguinte. As coberturas vegetais também são uma pastagem saborosa para as ovelhas e mantém o solo coberto durante períodos vulneráveis do ano. Seus vizinhos não cobrem o solo e ele aponta as consequências. "Eu vejo erosão para todo lado e estradas cheias de sedimentos. Nós precisamos evitar isso".

Na Holkham, animais herbívoros são uma grande parte do sistema. Seiscentas cabeças de gado adulto e 200 bezerros se alimentam nas pastagens úmidas, o que é crucial para as aves e outros animais selvagens. Fiennes me mostrou o novo alojamento de inverno para o gado, um estábulo holandês com as laterais altas abertas e bastante palha. Uma gama colorida de gado Belted Galloway, South Devonshire, Hereford e Limousin meneava suas cabeças animadamente enquanto mascava. Eles sairão na primavera para "ceifar" os pastos; mas até lá se alimentarão com silagem de ricas espécies de gramíneas cortadas na área ao redor. Em contraste com o odor acidífero da silagem intensiva, essa silagem tinha um cheiro adocicado. Quatro perdizes-cinzentas nativas se abrigaram sob uma cerca em forma de domo por perto.

Ele continuou dirigindo e chegamos à Lady Anne's Drive, uma estrada longa e reta que passa pela mata e depois por dunas, com pastos pantanosos de ambos os lados. Aqui fica o estacionamento mais movimentado da costa de Norfolk, que anualmente é frequentada por quase 1 milhão de visitantes, meio milhão de carros e 300 mil cães. Uma tonelada de cocô de cachorros é retirada daqui por semana.

A proximidade dos marrecos, abibes e gaivotas me deixou de queixo caído. Mas Fiennes nem notou o quanto fiquei surpreso e contou que uma perdiz-cinzenta fez um ninho em 91,4 centímetros de uma vaga no estacionamento. "Eu quero submergir as pessoas na natureza quando elas vierem", disse ele.

Em 2010, Holkham marcou um golaço quando colhereiros, aves altas como garças brancas e com longos bicos espatulados, nidificaram pela primeira vez na Grã-Bretanha. Desde então, os números continuam aumentando. Agora, mais de 20 pares se reproduzem aqui[10].

A visão de Fiennes é reunir 40 agricultores cobrindo dezenas de milhares de hectares e realmente transformar essa terra. Ele almeja uma transformação baseada no respeito pelo solo, usando cultivos "pegadores" que literalmente agarram nutrientes e os disponibilizam para as plantações. Ele pratica a agricultura regenerativa usando diversas espécies de plantas e animais e muito menos insumos químicos.

"O que é mais importante para um fazendeiro? É o solo sob seus pés. E eu acho que nós perdemos o contato com ele", lamentou ele. De várias maneiras, ele quer seguir as pegadas de Thomas William Coke e desencadear outra revolução agrícola, baseada no bom senso e em uma abordagem solidária em relação à agricultura. Conforme ele me disse, isso "não é um bicho de sete cabeças". A boa-nova para os agricultores é a monta crescente de evidências irrefutáveis de que práticas agrícolas que respeitam a vida selvagem, incluindo criar *habitats* naturais em áreas marginais da fazenda, podem aumentar os rendimentos das plantações[11].

Diferente de Charlie Burrell, Fiennes acha que o que está fazendo não é assilvestramento no sentido mais estrito da palavra, e sim uma abordagem prática na qual a agricultura e a vida selvagem coexistem, a fim de produzir alimentos de modos ecológicos que respeitam o bem-estar animal hoje, deixando o solo e os polinizadores cuidarem do amanhã. Ele resume sua visão em seis palavras: "Carne melhor, mas em menor quantidade". Com apenas um ano na Holkham, ele difundiu uma nova cultura e estava apenas começando. E qual é sua motivação? "Tudo que faço é para o bem dos meus filhos", disse ele.

ASSILVESTRAR O SOLO

O assilvestramento – a restauração em massa de ecossistemas – traz a natureza de volta e captura a imaginação. Então, a próxima grande oportunidade é trazer de volta um "elefante" de biodiversidade para os solos agrícolas exauridos?

Como ambientalista e ativista do bem-estar animal desde cedo, a narrativa que mais ouvi na minha vida é sobre animais de criação sendo tirados da terra, ecossistemas sendo apagados e espécies declinando. O assilvestramento é uma respiração profunda de ar puro, restaurando a natureza e deixando-a seguir seu curso. Encostas de montanhas e planícies puderam recuperar suas glórias originais. Rios e vales ganharam a liberdade de achar o próprio caminho. Nova vida foi criada em planaltos inertes e espécies carismáticas voltaram para casa, desde castores na Grã-Bretanha a lobos no Yellowstone National Park.

Fazendas também fazem parte do espetáculo – e um dos exemplos mais conhecidos obviamente é o da Knepp Estate, onde a batalha para subsistir com uma terra agrícola difícil foi vencida deixando a natureza se rebelar. Campos intensivamente cultivados puderam voltar para a natureza, estabelecendo uma pastagem florescente na mata onde os animais de criação vivem soltos entre a vida selvagem que está voltando. Essa é uma história inspiradora, como a de vários outros projetos de assilvestramento.

No entanto, a maior oportunidade para o assilvestramento está ligada aos solos agrícolas exauridos, que são como uma imensa tela de pintura precisando desesperadamente de restauração. Os solos são *habitats* muito ricos e com tanta biodiversidade que são descritos como "a floresta tropical dos pobres"[12]. Um solo saudável depende de uma gama vibrante de formas de vida no subsolo, desde bactérias e fungos a insetos, minhocas e toupeiras. Os organismos no solo representam cerca de um quarto de toda a biodiversidade na Terra, mas recebem relativamente pouca atenção dos conservacionistas[13].

É crucial entender que aumentar a biodiversidade no subsolo depende do que acontece acima. Conforme aprendi com pioneiros como Will Harris, Gabe Brown, Charlie Burrell, Jake Fiennes e Jonny Rider, o segredo para "assilvestrar o solo" é mantê-lo coberto, ter uma rica diversidade de cultivos e animais soltos vagando na terra em rotação. Ruminantes que pastam como gado e ovelhas devem ser seguidos por porcos que comem trevos ou galinhas que comem forrageiras e talvez acrescentando patos, perus e até cabras na mescla. Coberturas vegetais devem ser usadas para proteger os campos que ficam vulneráveis quando a safra principal acaba. Manter o mosaico de retalhos de uma vasta mescla de plantas e animais circulando na fazenda é fundamental para fomentar mais biodiversidade no subsolo[14].

TRAZENDO "O ELEFANTE" DE VOLTA

Mas que tal trazer aquele elefante de volta? Não estou falando literalmente de elefantes, mas sobre o peso da vida que deveria estar em um único hectare de solo saudável. Um hectare bem tratado de terra arável – que é um pouco maior do que um campo de futebol – pode ter até 13 mil espécies de vida cujo peso total é cinco toneladas – igual ao de um elefante[15].

Para realmente reavivar os solos, nós precisamos alimentar aquele "elefante" da biodiversidade. Os organismos no solo florescem na matéria orgânica morta, sejam restos de animais ou de plantas, de estrume ou resíduos. Os organismos no subsolo processam essa matéria e a transformam em nutrientes que fazem as plantas florescerem. Eles também protegem as plantas contra doenças, ajudam o solo a armazenar água, tornam o nitrogênio e outros elementos-chave mais facilmente acessíveis e permitem que as plantas se comuniquem entre si. É essa riqueza da vida que mantém as florestas e pradarias e viabiliza a agricultura[16].

Portanto, o segredo para alimentar o elefante no solo é mantê-lo coberto com matéria orgânica morta e injetando nutrientes na terra. Tudo que vive na terra acaba morrendo. Os micróbios decompõem essa matéria e transformam proteínas, carboidratos e lipídios no nitrogênio, fósforo e enxofre necessários para as plantas. Ao alimentar o solo, as plantas se mantêm saudáveis naturalmente – assim como o próprio solo[17].

O solo é muito mais do que apenas sujeira – ele é um ecossistema vivo que respira. Pode haver até 4 milhões de minhocas em um hectare de terra fértil e, potencialmente, elas pesam mais do que os animais de criação acima da superfície do solo[18]. Solos sem minhocas podem ser 90% menos eficazes para absorver água[19].

Os solos também incluem alguns dos seres mais resistentes no planeta. Os tardígrados, também conhecidos como ursos-d'água, podem ser encontrados em desertos causticantes e na tundra congelada e sobrevivem até no espaço. Esses animais invertebrados microscópicos com oito pernas e corpo roliço digerem o que comem e disponibilizam os nutrientes para as plantas[20].

Os fungos no subsolo formam vastas redes subterrâneas que as plantas acessam por meio de suas raízes e usam para se comunicar entre si. Cientistas observaram plantas enviando sinais através de redes fúngicas, ou micélios, para avisar as vizinhas sobre uma infestação de insetos, seca e outras ameaças[21]. Há também os "pequenos transformadores" que decompõem coisas em pedaços menores e os disponibilizam para os micróbios – a microteia alimentar que inclui nematoides e protozoários[22].

Toda essa riqueza da vida é nossa "aliada silenciosa", nas palavras do ex--diretor geral da FAO, José Graziano da Silva[23]. Além disso, há a questão da economia: em 1997, o valor econômico da biodiversidade no solo foi calculado em torno de US$ 1,5 trilhão por ano[24], e suas ações estão aumentando. Desde então o solo tem declinado, mas só agora estamos percebendo seu valor.

Na batalha contra a mudança climática e o colapso do mundo natural, assilvestrar os solos do mundo por meio do "bem-estar animal e do cultivo ecológico" representa uma enorme oportunidade. Nós temos a chance de integrar os animais de criação e respeitar seu bem-estar como seres sencientes, de prover bons alimentos naturalmente sem o uso de produtos químicos danosos e de acrescentar o "elefante" da biodiversidade que deveria estar vivendo sob cada passo na terra agrícola. Esta me parece ser uma nova fronteira adequada para o futuro.

EPÍLOGO

RECOMEÇOS

No início da manhã, árvores distantes se destacavam contra um céu avermelhado, enquanto um véu de névoa pairava acima do pasto castigado pela geada. O canto dos pássaros estava ficando mais alto, com melros, piscos e tordos-comuns emitindo notas maviosas que se entrelaçavam. Um papa-amoras migrante saiu de uma cerca decrépita de espinheiro-alvar, aveleira e amoreira-preta, e se juntou ao coro. Em nosso gramado da frente, um faisão resplandecente, com uma cauda longa e um adorno de cabeça extravagante, arrulhou suavemente com satisfação enquanto apanhava sementes com o bico. Gralhas-de-nuca-cinzenta disputavam sobras com patos selvagens. Mais tarde, elas estariam tirando pelos nos dorsos das vacas com os bicos, para revestir seus ninhos. As estações haviam mudado e não havia tempo a perder.

Assim como a vida selvagem em torno do nosso vilarejo rural, eu senti uma mudança no ar, que não era só das estações: o mundo inteiro estava em uma encruzilhada. Era abril de 2021 e Joe Biden, o novo presidente americano, anunciou que a humanidade estava entrando em uma "década decisiva" para combater a mudança climática[1]. Em um tom semelhante, o secretário de Estado de Negócios Estrangeiros do Reino Unido reconheceu que "mudanças societais", incluindo dietas com menos carne, ajudariam no cumprimento das metas climáticas[2]. Quanto a mim, eu fora escolhido como um dos "paladinos" de uma rede global que apoiaria a conclamação do secretário-geral da ONU pela "transformação" dos sistemas alimentares[3]. Enquanto aproveitava o sol no início da manhã com meu fiel companheiro canino, senti esperança de que o mundo estivesse acordando para os riscos acarretados pela mudança climática e o colapso da natureza. Ainda havia tempo para recuar da beira do precipício.

***

Grande parte do nosso raciocínio societal gira em torno da economia. Economistas falam de "correções" e de reviravoltas súbitas nos mercados financeiros, tomando o Colapso de Wall Street em 1929 como um exemplo rematado. Esse colapso gerou a Grande Depressão e desencadeou a crise do *Dust Bowl* nos Estados Unidos, preparando a cena para o surgimento da pecuária industrial. A reviravolta econômica aguda causada pela pandemia de coronavírus, que gerou um grave estresse financeiro, é outro exemplo recente. Embora muito dolorosos no curto prazo, tais colapsos e correções misericordiosamente são temporários e, com o passar do tempo, o crescimento econômico é retomado. Se olharmos nosso planeta em termos semelhantes, fica óbvio que esperamos um crescimento infinito em um mundo finito. E se continuarmos abusando das nossas fronteiras planetárias, a correção da natureza pode ser inclemente. O fato é que cientistas dizem que as prováveis consequências da mudança climática serão "tão grandes que até especialistas bem-informados têm dificuldades para apreendê-las"[4].

Enquanto estava escrevendo este livro, eu descobri que a mudança é inevitável e que, se nós continuarmos como estamos, mais fronteiras planetárias serão desrespeitadas. A perspectiva da mudança climática e do colapso da natureza entraram na consciência coletiva como um arrepio de frio no outono. Embora os líderes estejam começando a dizer as coisas certas, somente ações irão mudar a situação atual. Já foram feitos acordos globais relativos à mudança climática e à proteção da biodiversidade, mas falta um compromisso da ONU para mudar a única coisa que atrapalha o êxito nessas duas questões: os alimentos.

A pergunta é: nós vamos mudar as atuais práticas agrícolas ou deixar que elas nos mudem? Durante milênios, a agricultura foi praticada em harmonia com a natureza. Mas, há algum tempo, as coisas tomaram outro rumo com o surgimento de agricultura industrial. Ao reduzir seres sencientes ao papel de máquinas animais, nós jogamos fora nossa bússola moral, ignoramos a importância de plantar e criar *com a natureza* e rasgamos nosso contrato de dez milênios com o solo. As enormes nuvens pretas de solo carregado pelo ar que devastaram as planícies americanas durante a era do *Dust Bowl* foram os primeiros sinais de advertência; a poluição, a perda de insetos polinizadores e os solos em declínio são os lembretes atuais. Quando chegar o centésimo aniversário do Domingo Negro, a tempestade de poeira mais notória que atingiu o Oklahoma em abril de 1935, nossos sistemas alimentares já deverão estar adaptados para o futuro. A chave para essa transformação será abrir mão de nossas dietas ricas em carne e em derivados de leite que exercem uma enorme pressão sobre os recursos da Terra, sendo que a pecuária industrial é o grande motor do consumo.

Quando penso no futuro, fico animado com a adoção crescente de métodos de cultivo que regeneram a natureza e com a disposição para mudar nossas dietas. Isso oferece o escopo não só para preservar o que temos, mas para fazer isso melhor – trazer a vida selvagem de volta, estabilizar o clima e, pela primeira vez, alimentar todos no mundo.

Regenerar a zona rural depende da devolução dos animais de criação para a terra em fazendas rotativas mistas, e de equilibrar nossas dietas com mais ingredientes vegetais e proteínas alternativas. Quando os animais são devolvidos para a terra da maneira correta – como pastadores ou forrageadores rotativos – acontecem coisas surpreendentes. Os solos começam a se recuperar. Como os animais vivem de forma mais natural, seu estrume fertiliza a terra, acolhendo insetos que atraem outros animais selvagens que, por sua vez, se tornam uma fonte de nutrição. Se olharmos com atenção, nós veremos besouros rola-bosta pegando pedaços de estrume no solo, enquanto minhocas, poduras e vários outros seres começam a florescer. Em todo hectare de solo saudável, a massa de biodiversidade equivalente ao peso de um elefante atua limpando raízes, transformando fragmentos em compostos e estimulando o crescimento das plantas. Os rendimentos das plantações são retomados, e os animais são alimentados de maneiras que alegram suas vidas e respeitam sua biologia.

Em fazendas regenerativas e agroecológicas, o solo é firmado pela massa de raízes dos pastos ou das coberturas vegetais. A estrutura renovada impulsiona o crescimento das plantações, tornando o solo mais resiliente à erosão e capaz de absorver vastas quantidades de água pluvial, o que reduz a necessidade de haver irrigação e evita inundações.

De volta à terra, os animais de criação se comportam naturalmente – correm, batem asas, pastam –, o que os deixa mais felizes e com a imunidade reforçada, sem precisar de antibióticos veterinários. Isso diminui a dependência de pesticidas e fertilizantes químicos, assim diminuindo os custos para os agricultores e criando uma paisagem variada e repleta de flores silvestres que atraem insetos polinizadores como as abelhas, que provêm sementes e insetos para as aves e outros animais silvestres. Os rios ficam com a água mais limpa, margens mais fortes e transbordam menos, pois o solo permanece nos campos quando chove. Como os leitos dos rios não ficam assoreados, trutas e outros peixes têm *habitats* para desovar. A água fica sem os tapetes de lodo verde causados pelo escoamento agrícola poluente. Ao contrário da pecuária industrial, a agricultura regenerativa ecológica também tira a pressão sobre as florestas restantes no mundo, reduzindo a necessidade de desmatar para dar lugar a mais terras aráveis. Dessa maneira, as árvores podem continuar extraindo carbono da atmosfera em troca do oxigênio que nós respiramos.

A agricultura regenerativa ecológica é mais apta para alimentar o mundo; ao invés de ser desperdiçados para alimentar animais, os cultivos aráveis podem nutrir diretamente as pessoas, liberando terra suficiente para alimentar 4 bilhões de pessoas. Portanto, ao erradicar a pecuária industrial, é possível alimentar todos com menos terras agrícolas, ao invés de mais. E como essa transição seria enormemente saudável! No Reino Unido, onde 55% das terras agrícolas são usados para plantar alimentos para animais, um terço dessas terras poderia prover cinco porções diárias de frutas e legumes para 62 milhões de adultos por ano[5], o que prova o quanto seria transformador dar fim à agricultura industrial. Os "Gêmeos Kray" dos alimentos, frango e bacon produzidos industrialmente – celebridades culinárias com segredos sombrios – ficariam relegados ao passado, e os peixes não seriam mais tirados dos oceanos para a produção de farinha de peixe destinada a galinhas, porcos e peixes criados intensivamente. Os mares do mundo poderiam florescer, restituindo as glórias originais para os pinguins, andorinhas-do-mar fuliginosas, focas, baleias e tubarões, ao passo que a probabilidade de novas pandemias diminuiria muito sem a panela de pressão da agropecuária industrial que permite que as doenças tenham mutações e se tornem mais mortíferas.

Manter os animais na terra e usar práticas de agricultura regenerativa ajudam a turbinar a fertilidade do solo e a sequestrar o carbono na atmosfera – um aumento modesto no teor de carbono no solo compensaria todas as emissões de gases de efeito estufa do mundo[6]. Ao mesmo tempo, é essencial reduzir o número de animais de criação, para que nossos alimentos permaneçam dentro das fronteiras planetárias e evitem uma mudança climática desenfreada. O problema é que nosso apetite por carne continua insaciável. Proteínas alternativas com potencial para transformar nossas dietas e satisfazer nosso desejo por carne poderiam ser a nossa salvação. Carne à base de plantas ou cultivada e proteínas de fermentação de precisão poderiam substituir a carne e o leite de animais, pois são alternativas que têm a aparência e o gosto dos originais, mas não os lados negativos.

Para salvar o planeta, até meados deste século precisamos reduzir no mínimo pela metade nosso consumo de produtos de origem animal globalmente, e regiões altamente consumistas precisam fazer cortes mais profundos, com o Reino Unido e a União Europeia diminuindo o consumo de carne em dois terços e os Estados Unidos, em quatro quintos. Com o tempo se esgotando, as proteínas alternativas estão chegando na hora certa. Elas são a "energia renovável" do setor alimentício, pois têm o poder de botar carne em nossos pratos, mas sem os lados negativos. Indistinguíveis da carne animal, elas prometem ser igualmente convenientes para os consumidores e eventualmente a um preço menor. Portanto, a carne cultivada e a fermentação de precisão são meios para reduzir nosso consumo de alimentos de origem animal sem tirar o prazer de comer. Substituir um tipo de carne por outro seria um ganho fácil inesperado para os formuladores e gestores de políticas públicas. Até agora poucos governos têm coragem de tomar medidas drásticas em relação à carne, mas quando a crise planetária se agravar, poderá ser tarde demais. Caso isso aconteça, as ações serão apenas para evitar que as coisas ruins piorem ainda mais. Governos e corporações proativos deveriam apoiar a ascensão das proteínas alternativas financiando pesquisas e projetos de desenvolvimento, assim ajudando a transformar o sistema alimentar.

Não há uma solução isolada que efetue as mudanças necessárias em nosso sistema alimentar. Nós deveríamos aceitar a complexidade e diversas soluções, incluindo cultivos agroecológicos regenerativos, dietas à base de plantas, agricultura urbana com hidroponia e aeroponia, proteínas alternativas de fermentação de precisão e carne cultivada. Todos são ingredientes essenciais no cardápio sustentável do futuro. Essa abordagem tem três elementos principais – o cultivo regenerativo, a redução nos alimentos de origem animal e o assilvestramento do solo. Por meio da combinação de agricultura regenerativa com menos animais de criação, o sistema alimentar mundial pode se tornar genuinamente sustentável. A fertilidade do solo pode ser turbinada por essa sinfonia rotativa de plantas e animais atuando em harmonia com ecossistemas subterrâneos. Quantidades enormes de carbono poderiam ficar retidas no solo. A carne de animais de criação voltaria a ser um regalo ocasional, ao passo que as refeições cotidianas seriam com carne cultivada, proteínas à base de plantas, entre outros.

Embora em muitas partes do mundo a saúde do solo seja deplorável e esteja piorando, adotar a agricultura regenerativa mudaria as coisas drasticamente. E assim que a saúde do solo fosse restaurada, a sociedade poderia reavaliar o papel dos animais de criação. Com a carne dos animais de criação, chegamos a um momento na história semelhante ao que aconteceu com o cavalo de tração – algo que antes era considerado necessário acabou se tornando dispensável. A necessidade de tê-los tem mais a ver com técnicas de conservação e de manejo da terra do que com alimentos? As alternativas os tornarão redundantes? As respostas podem variar mundo afora; Malawi, Nairóbi ou Nova Déli podem reagir de uma maneira diferente de Londres, Nova York ou Pequim. Sejam quais forem as respostas, eu tenho certeza de que comer carne como atualmente será algo irreconhecível no final deste século.

Abandonar a agricultura industrial, que espolia a terra e depende excessivamente da exploração de recursos finitos e dos animais, permitirá um ressurgimento surpreendente da natureza. Plantar em harmonia com a natureza e assilvestrar terras menos produtivas são a chave para a restauração de vida selvagem. *Habitats* podem ser recuperados por meio das ações coletivas de agricultores vizinhos, como mostraram os Burrells na Knepp e Jake Fiennes na Holkham. Terras marginais e planaltos podem ser reflorestados, de modo que as árvores nas encostas estabilizem o clima e acelerem o retorno de vida selvagem, sejam castores, bisões ou gorilas-das-montanhas.

***

Ao voltar para casa naquele dia de abril em 2021, eu me lembrei da afinidade que existe entre os seres vivos. Andei com Duke ao longo do vale do rio em busca das vacas dos nossos vizinhos, e um novo rebanho havia acabado de sair de seu alojamento de inverno. Enquanto andávamos, nós escutamos o gorjeio melódico de uma cotovia-pequena, que foi como um brilho dourado banhando a paisagem.

Pouco tempo depois, nós vimos as vacas pastando no lado oposto do rio. Ao notar nossa presença, elas se juntaram ao lado da margem e, uma por uma, cruzaram o rio em uma fila desordenada. Embora ainda não conhecêssemos esses animais, eu sabia o que aconteceria a seguir. Elas eram jovens, ávidas, curiosas e seus olhos brilhavam de entusiasmo com a vida. As primeiras que saíram do rio ficaram encarando Duke, e eu vi suas orelhas e focinhos se crisparem de expectativa. Elas hesitaram um pouco antes de se aproximar. Então, as vacas e o cachorro esticaram os pescoços, cheiraram uns aos outros com curiosidade e encostaram os focinhos. Aí eles passaram as línguas uns nos outros em um gesto de afinidade que eu vira um ano antes – animais se lambendo e trocando saliva, a fim de se cumprimentar e se tranquilizar. Naquele momento, eu quis que o mundo inteiro visse o que Duke estava demonstrando: que os animais não são máquinas, e sim nossos semelhantes.

No cerne das mudanças sustentáveis está o reconhecimento de que todas as formas de vida em nosso planeta são interconectadas e que nosso futuro depende de tratá-las com compaixão e respeito. Ao fazer isso, nós podemos proteger a vida selvagem e os solos do mundo, pois nossa vida realmente depende disso. A expectativa de vida dos solos agrícolas mudaria de apenas 60 colheitas para uma de sustentabilidade infinita, enquanto a agricultura regenerativa ecológica ajudaria a acabar com a crueldade infligida aos animais, salvaria a vida selvagem, estabilizaria o clima e salvaguardaria o planeta para as futuras gerações. E tenho certeza de que vale a pena termos um futuro assim.

AGRADECIMENTOS

Ao escrever este livro, fiquei com uma dívida enorme de gratidão com todos que moldaram as palavras e raciocínios na obra. O que começou como um livro isolado, *Farmageddon*, acabou se tornando uma trilogia – na qual cada livro, e os pensamentos contidos nele, levavam ao próximo.

Assim como minhas duas obras anteriores, este livro é, em grande parte, um esforço coletivo. Devo muito a Jacky Turner pelas muitas horas de pesquisas minuciosas que formam a espinha dorsal de *As Últimas Colheitas*. Para Tina Clark, minha assistente tão sofrida: obrigado por seu trabalho duro e estímulo constante. Para Carol McKenna e Ali Large também, pelo apoio e colaboração infatigáveis.

Meu apreço enorme pelos gestores da Compassion in World Farming International por seu patrocínio e apoio ao livro; e por sua visão clara de como o bem-estar animal e a agricultura e pecuária industriais têm um papel central nas emergências planetárias relativas ao clima, à natureza e à saúde: Valerie James, Sir David Madden (cuja mentoria literária apreciei demais ao longo de todo o processo), Sarah Petrini, Teddy Bourne, a professora Joy Carter, Joyce D'Silva, Jeremy Hayward, Mahi Klosterhalfen, Josphat Ngonyo e o reverendo e professor Michael Reiss. E dedico este livro à memória de Rosemary Marshall, ex-vice-presidente da Compassion in World Farming.

Meus agradecimentos sinceros a Nick Humphrey por seu trabalho brilhante de edição e por me dar constantemente dicas e conselhos preciosos.

Ao meu editor na Bloomsbury, Michael Fishwick, e sua equipe: Amanda Waters, Elisabeth Denison, Lauren Whybrow, Kieron Connolly, Kathy Fry e Guy Tindale. Obrigado também ao meu agente literário, Robin Jones.

Para aqueles que organizaram as viagens de campo onde a covid permitia: Andrew Wasley e Luke Starr, da Ecostorm; e Annamaria Pisapia, Federica di Leonardo e Mauricio Monteiro Filho, que fizeram no Brasil o que a covid me impediu de fazer pessoalmente.

Para aqueles que compartilharam perspectivas importantes e me ajudaram ao longo do caminho, incluindo Tim e Eddie Bailey, Sebastiano Cossia Castiglioni, Mike Clarke, Isha Datar, da New Harvest, Henry Edmunds, da Cholderton Estate, Duncan Grossart, do European Environment Trust, Graham Harvey, Seren Kell, do Good Food Institute, professor Tim Lang, Leigh Marshall, do Welney Wildfowl and Wetlands Trust, David Simmons, da Riviera Produce, Rex Sly nos Fens, professor Pete Smith e doutor Tony Whitbread, do Sussex Wildlife Trust.

Minha gratidão a todos que comentaram sobre os rascunhos e deram retornos tão úteis, incluindo Joyce D'Silva, Sean Gifford, Reineke Hameleers e Peter Stevenson. E pelas pesquisas e apoio adicionais: Jenny Andersson, doutor Krzysztof Wojtas e Emma Rush.

Por fim, agradeço imensamente à minha mulher, Helen, por sua paciência e compreensão durante as longas horas de elaboração dos rascunhos, e a Duke, meu fiel companheiro em muitas caminhadas de contemplação.

NOTAS

Prefácio

1. EGAN, Timothy. The Worst Hard Time; Nova York: First Mariner Books, 2006, p. 204.

2. David Botti, Ashley Semler, Laura Trevelyan (produtores), "Filmmaker Ken Burns on the 'dust bowl' drought", BBC News, 14 de novembro de 2012, https://www.bbc.co.uk/news/av/magazine-20301451/filmmaker-ken-burns-on-the-dust-bowl-drought; "1935 Black Sunday Dust Storm", On This Day in Weather History with Mark Mancuso, 21 de abril de 2012, accuweather.com, https://www.youtube.com/watch?v=1OdDieuD1OA; Ken Burns, The Dust Bowl: Boise City Decline PBS, exibido em 18 de novembro de 2012, https://www.pbs.org/video/dust-bowl-dust-bowl-boise-city-decline/?continuousplayautoplay=true.

3. DUNCAN, Dayton; BURNS, Ken. *The Dust Bowl*: An Illustrated History. San Francisco: Chronicle Books, 2012, p. 95.

4. SHAW, John. *This Land that I Love*: Irving Berlin, Woody Guthrie, and the Story of Two American Anthems. Nova York: PublicAffairs, 2013.

5. ZATTARA, Eduardo E.; AIZEN, Marcelo A. Worldwide occurrence records suggest a global decline in bee species richness. *One Earth*: 22 de janeiro de 2021, vol. 4, 1ª ed., pp. 114-23. Disponível em <https://www.cell.com/one-earth/pdfExtended/S2590-3322(20)30651-5>.

6. R.E.A. Almond, M. Grooten e T. Petersen (eds.), *Living Planet Report 2020*: Bending the curve of biodiversity loss. WWF, Gland: Suíça, 2020. Disponível em <https://livingplanet.panda.org/en-us>.

7. Review on Antimicrobial Resistance, presidida por Jim O'Neill, Tackling drug-resistant infections globally: final report and recommendations, maio de 2016, https://amr-review.org/sites/default/files/160518_Final%20paper_with%20cover.pdf; Dame Sally Davies, enviada especial do Reino Unido para falar sobre resistência antimicrobiana no painel Healthy Food Systems: For people, planet, and prosperity; Diálogo independente para a Cúpula de Sistemas Alimentares da ONU, 4 de junho de 2021.

8. Daniel Pauly e Dirk Zeller, "Catch reconstructions reveal that global marine fisheries are higher than reported and declining", *Nature Communications*, 2021, 7:10244 DOI: 10.1038/ncomms10244, www.nature.com/naturecommunications;

Steve Connor, "Overfishing causing fish populations to decline faster than thought, study finds", *Independent*, 19 de janeiro de 2016, https://www.independent.co.uk/climate-change/news/overfishing-causing-fish-populations-to-decline-faster-than-thought-study-finds-a6821791.html.

9. Estimativa do desperdício global de alimentos e do abate global de gado por ano. As fontes são: Jenny Gustavsson, Christel Cederberg, Ulf Sonesson, Robert van Otterdijk e Alexandre Meybeck, "Global food losses and food waste: Extent, causes and prevention", FAO, Roma, 2011, http://www.fao.org/3/mb060e/mb060e.pdf; Katie Flanagan, Kai Robertson e Craig Hanson, "Reducing food loss and waste: setting a global action agenda", World Resources Institute, 2019, https://files.wri.org/s3fs-public/reducing-food-loss-waste-global-action-agenda_1.pdf; base de dados da FAOSTAT, "Production, livestock primary", FAO, 2018, http://www.fao.org/faostat/en/#data/QL.

10. P. Pradhan et al., "Embodied crop calories in animal products", *Environ. Res. Lett.*, 2013, 8, 044044, https://iopscience.iop.org/article/10.1088/1748-9326/8/4/044044/pdf; Convenção da ONU para o Combate à Desertificação (UNCCD), *Global Land Outlook*, UNCCD, Bonn, Alemanha, 2017, https://www.unccd.int/sites/default/files/documents/2017-09/GLO_FullReport_low_res.pdf.

11. Emily S. Cassidy, Paul C. West, James S. Gerber e Jonathan A. Foley, "Redefining agricultural yields: from tonnes to people nourished per hectare", Environ. Res. Lett. 8, 2013, 034015doi:10.1088/1748-9326/8/3/034015.

12. FAO, "Healthy soils are the basis for healthy food production", FAO, 2015, http://www.fao.org/3/a-i4405e.pdf.

13. Ibid.

14. FAO, "World's most comprehensive map showing the amount of carbon stocks in the soil launched", FAO, Roma, 2017, http://www.fao.org/news/story/en/item/1071012/icode/.

15. P.R. Shukla et al. (eds.), *Climate Change and Land: An IPCC Special Report on climate change, desertification, land degradation, sustainable land management, food security and greenhouse gas fluxes in terrestrial ecosystems*, IPCC, 2019, https://www.ipcc.ch/srccl/.

16. Andy Challinor et al., *Climate and global crop production shocks*, Resilience Taskforce Sub Report, Annex A, Global Food Security Programme: Reino Unido, 2015, https://www.foodsecurity.ac.uk/publications/resilience-taskforce-sub-report-annex-climate-global-crop-production-shocks.pdf.

1. Ouro Negro

1. Rowan Mantell, "Ancient tree buried in Norfolk field to be transformed into huge table", *Eastern Daily Press*, 5 de agosto de 2019, https://www.edp24.co.uk/news/ancient-fen-black-bog-oak-wissington-1-6198902.

2. "Fenland Black Oak: 5,000-year-old tree found in Norfolk", BBC News, 26 de setembro de 2012, https://www.bbc.co.uk/news/uk-england-norfolk-19722595.

3. NFU East Anglia e NFU East Midlands, "Delivering for Britain: Food and farming in the Fens", NFU, 2019, https://www.nfuonline.com/pcs-pdfs/food-farming-in-the-fens_web/.

4. NFU East Anglia e NFU East Midlands, "Why farming matters in the Fens", NFU, 2008, https://www.nfuonline.com/assets/23991; FarmingUK Team "New report explains why farming matters in the fens", *Farming UK*, 5 de março de 2008, https://www.farminguk.com/news/new-report-explains-why-farming-matters-in-the-fens_6781.html.

5. Francis Pryor, The Fens: Discovering England's Ancient Depths, Head of Zeus, Londres, 2019.

6. "About the Great Fen: Heritage: Holme Fen Posts", Wildlife Trust for Bedfordshire, Cambridgeshire and Northamptonshire, https://www.greatfen.org.uk/about-great-fen/heritage/holme-fen-posts.

7. Michael Gove e Department for Environment, Food and Rural Affairs, "The Unfrozen Moment: Delivering a Green Brexit" (discurso), gov.uk, 21 de julho de 2017, https://www.gov.uk/government/speeches/the-unfrozen-moment-delivering-a-green-brexit.

8. I.P. Holman, "An estimate of peat reserves and loss in the East Anglian Fens", relatório encomendado pela RSPB, Cranfield University, outubro de 2009, https://www.rspb.org.uk/globalassets/downloads/documents/positions/agriculture/reports/an-estimate-of-peat-reserves-and-loss-in-the-east-anglian-fens-.pdf.

9. Helena Horton, "Farmers who help turtle doves should be rewarded with government cash, RSPB says", Telegraph, 17 de novembro de 2019, https://www.telegraph.co.uk/news/2019/11/17/farmers-help-turtle-doves-should-rewarded-government-cash-rspb/.

10. Fred Searle, "G's joins forces with RSPB to save turtle dove", Fresh Produce Journal, 15 de março de 2017, http://www.fruitnet.com/fpj/article/171680/gs-joins-forces-with-rspb-to-save-turtle-dove.

11. Joe Pontin, "Britain's tallest bird booms: common crane enjoys record year", Countryfile Magazine, 14 de dezembro de 2018, https://www.countryfile.com/news/britains-tallest-bird-booms/.

12. Ian Newton, Farming and Birds: Book 135, Collins New Naturalist Library, Londres, 2017.

13. Hannah Ritchie e Max Roser, "Crop Yields", Our World in Data, publicado originalmente em 2017, passou por uma revisão substancial em setembro de 2019, https://ourworldindata.org/crop-yields.

14. "How do you grow a record-breaking wheat crop? We spoke to the current and former record-holders to find out", Bayer Crop Science UK, https://cropscience.bayer.co.uk/blog/articles/2018/03/record-wheat-yield/#:~:text=Average%20wheat%20yields%20on%20UK,yield%20of%2016.52%20t%2Fha.

15. Ritchie e Roser, "Crop Yields".

16. D.B. Hayhow et al., The State of Nature 2019, State of Nature Partnership, 2019, https://nbn.org.uk/wp-content/uploads/2019/09/State-of-Nature-2019-UK-full-report.pdf.

17. Department for Environment, Food and Rural Affairs (DEFRA), "Agricultural statistics and climate change", 9ª ed., setembro de 2019, https://assets.publishing.service.gov.uk/government/uploads/system/uploads/attachment_data/file/835762/agriclimate-9edition-02oct19.pdf.

18. Ian Rotherham, Sheffield Hallam University, comunicação pessoal, 22 de novembro de 2019.

19. NFU, "Why farming matters in the Fens", FarmingUK Team, "New report explains why farming matters in the fens".

20. "Bardney Airfield History", site do Bomber County Aviation Resource, http://www.bcar.org.uk/bardney-history.

21. NFU, "Delivering for Britain".

22. "NFU warns flood defence for Fens 'inadequate'", BBC News, 17 de maio de 2019, https://www.bbc.co.uk/news/uk-england-cambridgeshire-48298361.

23. Challinor et al., *Climate and global crop production shocks*.

24. "About the Great Fen", Wildlife Trust for Bedfordshire, Cambridgeshire and Northamptonshire, https://www.greatfen.org.uk/about-great-fen.

25. Ibid.

26. Mark Ullyet, Reserves Officer, Great Fen project, Wildlife Trust for Bedfordshire, Cambridgeshire and Northamptonshire, comunicação pessoal, 25 de novembro de 2019.

2. A História de Duas Vacas

1. Rosamund Young, *The Secret Life of Cows*, Faber and Faber, Londres, 2017, p. 49.

2. Marcus Strom, "Stand out from the herd: How cows commooonicate through their lives", University of Sydney, 19 de dezembro de 2019, https://www.sydney.edu.au/news-opinion/news/2019/12/19/stand-out-from-herd-how-cows-communicate.html.

3. Andrew Wasley e Heather Kroeker, "Revealed: industrial-scale beef farming comes to the UK", *Guardian*, 29 de maio de 2018, https://www.theguardian.com/environment/2018/may/29/revealed-industrial-scale-beef-farming-comes-to-the-uk.

4. "Brexit: Environmental and Animal Welfare Standards", debate no Parlamento do Reino Unido em 20 de julho de 2017, Hansard, vol. 627, https://hansard.parliament.uk/Commons/2017-07-20/debates/3087E6DC-8EB6-4DFD-9B0E-AFE3C1968BB0/BrexitEnvironmentalAndAnimalWelfareStandards.

5. R-Calf USA, "Top 30 Cattle Feeders 2015", https://r-calfusa.com/wp-content/uploads/2013/04/160125-Top-30-Cattle-Feeders.pdf.

6. Michelle Miller, "Take a look inside one of the nation's largest cattle feedlots", AGDAILY, 2 de julho de 2019, https://www.agdaily.com/livestock/take-a-look-inside-one-of-the-nations-largest-cattle-feedlots/.

7. Beef and Dairy Feeding / Locations, "Choose between our Idaho or Washington feedlot location: Grand View, Idaho feedlot", site Simplot, http://www.simplot.com/beef_dairy_feeding/locations.

8. Michelle Miller, "Take a look inside one of the nation's largest cattle feedlots"; Farm Babe, "The Farm BabeTM unearths the truth behind modern farming", https://thefarmbabe.com/.

9. James S. Drouillard, "Current situation and future trends for beef production in the United States of America: A review", *Asian-Australasian Journal of Animal Sciences*, julho de 2018, 31 (7), pp. 1007-16, https://www.ncbi.nlm.nih.gov/pmc/articles/PMC6039332/#:~:text=THE%20FEEDLOT%20SECTOR,capacity%20greater%20than%201%2C000%20animals.

10. Aisling Hussey, "Karan Beef's feedlot in South Africa", *Irish Farmers Journal*, julho de 2015, https://www.youtube.com/watch?v=LAdB9O1Sd2A.

11. Felix Njini e Antony Sguazzin, "China needs more beef. South Africa's trying to sell it", Bloomberg, 28 de novembro de 2018, https://www.bloomberg.com/news/articles/2018-11-28/china-needs-more-beef-south-africa-s-trying-to-sell-it.

12. Jon Condon, "Top 25 Lotfeeders: No 3 Whyalla Beef ", Beef Central, 18 de fevereiro de 2015, https://www.beefcentral.com/features/top-25/lotfeeders/top-25-lotfeeders-no-3-whyalla-beef/.

13. Candyce Braithwaite, "Exclusive: A tour of the largest feedlot in the southern hemisphere", *Sunshine Coast Daily*, 9 de janeiro de 2017, https://www.sunshinecoastdaily.com.au/news/take-a-tour-of-the-largest-feedlot-in-the-southern/3129755/.

14. Condon, "Top 25 Lotfeeders".

15. Braithwaite, "Exclusive".

16. Artigos do FutureBeef / Knowledge Centre, "Feedlots", 16 de setembro de 2011, revisado em 19 de fevereiro de 2018, https://futurebeef.com.au/knowledge-centre/feedlots/.

17. Condon, "Top 25 Lotfeeders".

18. Artigos do FutureBeef / Knowledge Centre, "Feedlots".

19. Lymington.com, "All about pannage in the New Forest", https://www.lymington.com/133-locally/1155-pannage-new-forest.

20. The New Forest / Explore, "Wildlife and Nature", https://www.thenewforest.co.uk/explore/wildlife-and-nature.

21. Hampshire Ornithological Society, "Hampshire Bird Sites: New Forest", https://www.hos.org.uk/home/news-recording/hampshirebirding/hampshire-bird-sites/new-forest/.

22. Royal Botanic Gardens Kew, "Why Meadows Matter", 24 de maio de 2017, https://www.kew.org/read-and-watch/meadows-matter.

23. Butterfly Conservation, "The farmland butterfly and moth initiative", https://butterfly-conservation.org/our-work/england/the-farmland-butterfly-and-moth-initiative.

24. Hayhow et al., *The State of Nature 2019*.

25. British Trust for Ornithology: Birdtrends, "Lapwing", https://app.bto.org/birdtrends/species.jsp?year=2019&s=lapwi.

26. Department for Environment, Food and Rural Affairs and Office for National Statistics, "Wild Populations in the UK 1970 to 2019", Defra, 26 de novembro de 2020, https://assets.publishing.service.gov.uk/government/uploads/system/uploads/attachment_data/file/845012/UK_Wildbirds_1970-2018_final.pdf.

27. Ibid.

28. Ibid.

29. Ibid.

30. ShowMe England Online / Ross-on-Wye / Tourism, "Symonds Yat Rock, Symonds Yat Villages", https://showme-england.co.uk/ross-on-wye/tourism/symonds-yat-rock-symonds-yat-villages-kingarthurs-cave/; Wikishire / Wiki, "Symonds Yat", https://wikishire.co.uk/wiki/Symonds_Yat.

31. "Greater Horseshoe Bat", School of Biological Sciences, University of Bristol, alteração mais recente em 24 de fevereiro de 2005, http://www.bio.bris.ac.uk/research/bats/britishbats/batpages/greaterhorseshoe.htm#Status; J.S.P. Froidevaux et al., "Factors driving population recovery of the greater horseshoe bat (*Rhinolophus ferrumequinum*) in the UK: implications for conservation", *Biodivers Conserv*, 2017, 26, pp. 1601-21 https://doi.org/10.1007/s10531-017-1320-1.

3. Restam 60 Colheitas

1. FAO, "Where Food Begins", http://www.fao.org/resources/infographics/infographics-details/en/c/285853/.

2. Stephanie Pappas, "Confirmed: The Soil Under Your Feet is Teeming with Life", Live Science, maio de 2016, https://www.livescience.com/54862-soil-teeming-with-life.html; Elaine R. Ingham, "The living soil: Fungi", in *Soil Biology Primer*, University of Illinois, Urbana-Champaign, 2001, capítulo 4, https://web.extension.illinois.edu/soil/SoilBiology/fungi.htm#:~:text=Along%20with%20bacteria%2C%20fungi%20are,and%20soil%20water%20holding%20capacity.

3. FAO, "World's most comprehensive map showing the amount of carbon stocks in the soil launched", FAO, Roma, 5 de dezembro de 2017, http://www.fao.org/news/story/en/item/1071012/icode/.

4. FAO, "Healthy soils are the basis for healthy food production".

5. FAO, "World's most comprehensive map".

6. Per Schjønning et al., "Soil Compaction", em Jannes Stolte et al. (eds.), *Soil threats in Europe*, European Commission JRC Technical Reports, 2016, capítulo 6, pp. 69-78, https://esdac.jrc.ec.europa.eu/public_path/sharedfolder/doc_pub/EUR27607.pdf.

7. David Geisseler e Kate M. Scow, "Long-term effects of mineral fertilisers on soil microorganisms: A review", *Soil Biology and Biochemistry*, 2014, 75, 54e63, http://www-sf.ucdavis.edu/files/275520.pdf.

8. P.R. Shukla et al. (eds.), *Climate Change and Land: An IPCC Special Report on climate change, desertification, land degradation, sustainable land management, food security and greenhouse gas fluxes in terrestrial ecosystems*, IPCC, 2019, https://www.ipcc.ch/srccl/.

9. FAO, "World's most comprehensive map".

10. Ephraim Nkonya, Alisher Mirzabaev e Joachim von Braun, "Economics of Land Degradation and Improvement: An Introduction and Overview", em *Economics of Land Degradation and Improvement: A Global Assessment for Sustainable Development*, primavera, Cham, Suíça, 2016, capítulo 1, DOI 10.1007/978-3-319-19168-3_1.

11. Mary C. Scholes e Robert J. Scholes, "Dust Unto Dust", *Science*, 2013, 342, pp. 565-6.

12. FAO, "Nothing dirty here: FAO kicks off International Year of Soils 2015", FAO, Roma, 4 de dezembro de 2014, http://www.fao.org/news/story/en/item/270812/icode/.

13. Arwyn Jones et al., *The State of Soil in Europe: A contribution of the JRC to the European Environment Agency's Environment State and Outlook Report – SOER 2010*, Comissão Europeia, 2012, http://publications.jrc.ec.europa.eu/repository/bitstream/JRC68418/lbna25186enn.pdf.

14. Francesco Morari, Panos Panagos e Francesca Bampa, "Decline in organic matter in mineral soils", em Jannes Stolte et al. (eds.), *Soil threats in Europe*, European Commission JRC Technical Reports, 2016, capítulo 5, pp. 55-68, https://esdac.jrc.ec.europa.eu/public_path/sharedfolder/doc_pub/EUR27607.pdf.

15. Rothamsted Research, "Careers at Rothamsted", https://www.rothamsted.ac.uk/careers.

16. Rothamsted Research, "About", https://www.rothamsted.ac.uk/about.

17. D. Allen e J. Crawford, "Cloud structure on the dark side of Venus", *Nature*, 1984, 307, pp. 222-4, https://doi.org/10.1038/307222a0.

18. Clube de Roma, "The Limits to Growth", https://www.clubofrome.org/report/the-limits-to-growth/.

19. John Crawford, "Global Agenda: What if soils run out?", *site* do Fórum Econômico Mundial, 14 de dezembro de 2012, https://www.weforum.org/agenda/2012/12/what-if-soil-runs-out.

20. Chris Arsenault, "Only 60 Years of Farming Left If Soil Degradation Continues", *Scientific American*, 5 de dezembro de 2014, https://www.scientificamerican.com/article/only-60-years-of-farming-left-if-soil-degradation-continues/.

21. Duncan Cameron, Colin Osborne, Peter Horton FRS e Mark Sinclair, "A sustainable model for intensive agriculture", University of Sheffield Grantham Centre for Sustainable Futures, 2015, http://grantham.sheffield.ac.uk/wp-content/uploads/A4-sustainable-model-intensive-agriculture-spread.pdf.

22. H.K. Gibbs e J.M. Salmon, "Mapping the world's degraded lands", *Applied Geography*, 2015, 57, pp. 12-21,https://reader.elsevier.com/reader/sd/pii/S0143622814002793?token=6B9686092EBA0780DBF7BF902F-838C6B2B3D92383E00022E90F3A-5B26229C3C32E16E78EEC5C56AFB3D-FB16B1A6AF46B.

23. R.J. Rickson et al., "Input constraints to food production: the impact of soil degradation", *Food Security*, 2015, Vol. 7(2), pp. 351-64, https://link.springer.com/article/10.1007/s12571-015-0437-x; NationMaster: Arable land, "Hectares: Countries Compared", https://www.nationmaster.com/country-info/stats/Agriculture/Arable-land/Hectares.

24. David R. Montgomery, *Dirt: The Erosion of Civilizations*, University of California Press, Berkeley, 2012, p. xii.

25. David Pimentel e Michael Burgess, "Soil Erosion Threatens Food Production", *Agriculture*, 2013, 3, pp. 443-63, doi:10.3390/agriculture3030443.

26. USDA National Resources Conservation Service, "Soil Formation: Washington Soil Atlas", https://www.nrcs.usda.gov/wps/portal/nrcs/detail/wa/soils/?cid=nrcs144p2036333#:~:text=An%20often%20asked%20question%20is,%2C%20vegetation%2C%20and%20other%20factors.

27. P.R. Shukla et al. (eds.), *Climate Change and Land: An IPCC Special Report on climate change, desertification, land degradation, sustainable land management, food security and greenhouse gas fluxes in terrestrial ecosystems*, IPCC, 2019, https://www.ipcc.ch/srccl/.

28. Pimentel e Burgess, "Soil Erosion Threatens Food Production".

29. Grantham Centre for Sustainable Futures, "Soil loss: an unfolding global disaster: Grantham Centre briefing note", University of Sheffield Grantham Centre for Sustainable Futures, 2 de dezembro de 2015, http://grantham.sheffield.ac.uk/soil-loss-an-unfolding-global-disaster/.

30. Crawford, "Global Agenda".

31. Grantham Centre for Sustainable Futures, "Soil loss".

4. A marcha da megafazenda

1. Stephen Burgen, "Fears for environment in Spain as pigs outnumber people", *Guardian*, 19 de agosto de 2018, https://www.theguardian.com/world/2018/aug/19/fears-environment-spain-pigs-outnumber-humans-pork-industry.

2. Ibid.

3. Food & Water Action Europe, "Spain, Towards a pig factory farm nation?", 15 de março de 2017, https://www.foodandwatereurope.org/reports/spain-towards-a--pig-factory-farm-nation/.

4. Ibid.

5. "Foto-Natura-Huesca: Nature and Things of Interest", Miguel Angel Bueno, site Vulture Shepherd, https://foto-natura-huesca.blogspot.com/2009/09/buitres-leonado-gyps-fulvus-gyps-fulvus.html.

6. "Plans for Lincolnshire 'super dairy' are withdrawn", BBC News, 16 de fevereiro de 2011, https://www.bbc.co.uk/news/uk--england-lincolnshire-12485392.

7. Bristol City Council, "The population of Bristol", https://www.bristol.gov.uk/statistics-census-information/the-population-of-bristol.

8. Domesday Book foi um livro onde se registrou um "censo" das terras britânicas efetuado por Guilherme I, o Conquistador, em 1085. <https://www.nationalarchives.gov.uk/domesday/>. Data de acesso: 10 maio 2023.

9. Claire Colley e Andrew Wasley, "Industrial-sized pig and chicken farming continuing to rise in UK", *Guardian*, 7 de abril de 2020, https://www.theguardian.com/environment/2020/apr/07/industrialsized-pig-and-chicken-farming-continuing-to-rise-in-uk.

10. Compassion in World Farming, UK Factory Farming Map, "Do you live in a factory farm hotspot?", https://www.ciwf.org.uk/factory-farm-map/#all/lincolnshire.

11. Andrew Wasley, Fiona Harvey, Madlen Davies e David Child, "UK has nearly 800 livestock mega farms, investigation reveals", *Guardian*, 17 de julho de 2017, https://www.theguardian.com/environment/2017/jul/17/uk-has-nearly-800-livestock-mega-farms-investigation-reveals.

12. Ecostorm, 2021. Pesquisa encomendada pela Compassion in World Farming.

13. Mark Godfrey, "China breeder increases slaughtering capacity", *Food-Navigator-Asia*, 12 de março de 2019. https://www.foodnavigator-asia.com/Article/2019/03/12/Muyuan-Foods-increases-slaughtercapacity#.

14. "Muyan Foodstuff Co To Boost Its Pig Herd", Large Scale Agriculture, 11 de novembro de 2019, https://www.largescaleagriculture.com/home/news-details/muyan-foodstuff-co-to-boost-its-pig-herd/.

15. Agriculture and Horticulture Development Board, "UK pig numbers and holdings", atualização mais recente em 12 de abril de 2021, https://ahdb.org.uk/pork/uk-pig-numbers-and-holdings.

16. Compassion in World Farming Food Business: Award Winners, "Muyan Foodstuff Co. Ltd", https://www.compassioninfoodbusiness.com/award-winners/manufacturer/muyuan-foodstuff-co-ltd/.

17. Dominique Patton, "Flush with cash, Chinese hog producer builds world's largest pig farm", Reuters, 7 de dezembro de 2020, https://uk.reuters.com/article/us-china-swinefever-muyuanfoods/flush-with-cash-chinese-hog-producer-builds-worlds-largest-pig-farm-idUKKBN28H0CC.

18. Big Dutchman, "Serving customers around the world: Housing and feeding equipment for modern pig production", 2/2013, https://cdn.bigdutchman.com/fileadmin/content/pig/products/en/Pig-production-Image-Big-Dutchman-en.pdf.

19. Big Dutchman: Pig Production, "Breeding Stalls", https://www.bigdutchmanusa.com/en/pig-production/products/sow-management/breeding-stalls/.

20. Big Dutchman, "Serving customers around the world", https://cdn.bigdutchman.com/fileadmin/content/egg-poultry/products/en/Egg-production-poultry-growing-Image-Big-Dutchman-en.pdf.

21. YouTube, "UniVENT Conventional Layer Housing System", Big Dutchman North America: POULTRY, 8 de janeiro de 2019, https://www.youtube.com/watch?v=lkwhpaHSGqA&feature=emb_logo.

22. Michael Gove e Department for Environment, Food and Rural Affairs, "The Unfrozen Moment: Delivering a Green Brexit", discurso, Gov.uk, 21 de julho de 2017, https://www.gov.uk/government/speeches/the-unfrozen-moment-delivering-a-green-brexit.

23. Conselho da União Europeia, "Outcome of Proceedings: EU priorities at the United Nations and the 75th United Nations General Assembly, September 2020-September 2021 – Council conclusions", Bruxelas, 13 de julhode 2020, https://data.consilium.

europa.eu/doc/document/ST-9401-2020-INIT/en/pdf?utmsource=POLITICO.EU&utm_campaign=8eb450c03e-EMAIL_CAMPAIGN_2020_07_15_04_59&utm_medium=email&utm_term=0_10959edeb-5-8eb450c03e-189131121.

24. Escritório do Alto Comissariado da ONU para os Direitos Humanos, "'Zero hunger' remains a distant reality for far too many, says UN expert", 5 de março de 2020, https://www.ohchr.org/EN/NewsEvents/Pages/DisplayNews.aspx?NewsID=25664&LangID=E.

5. Reação em cadeia

1. YouTube, "*Correntão*", Laboratório Mecaniza – UFSM, 20 de novembro de 2014, https://www.youtube.com/watch?v=wwzyK4-Qz3w; Wikipedia, "Chains", https://translate.google.com/translate?hl=en&sl=pt&u=https://pt.wikipedia.org/wiki/Corrent%25C3%25A3o&prev=search&pto=aue.

2. Trase, "Sustainability in forest-risk supply chains: Spotlight on Brazilian soy", Trase Yearbook 2018, Transparency for Sustainable Economies, Stockholm Environment Institute e Global Canopy, https://yearbook2018.trase.earth/ http://resources.trase.earth/documents/TraseYearbook2018.pdf; "2019 SoyStats: A reference guide to soybean facts and figures", American Soybean Association, 2019, https://soygrowers.com/wp-content/uploads/2019/10/Soy-Stats-2019_FNL-Web.pdf.

3. Ibid.

4. Walter Fraanje e Tara Garnett, "Building Block – Soy: food, feed and land use change", Food Climate Research Network Foodsource, University of Oxford, 2020.

5. Tony Juniper, *Rainforest: Dispatches from Earth's most vital frontlines*. Profile Books, Londres, 2018, pp. 134-6.

6. Ibid., pp. 164-6.

7. Ibid.

8. Dangerous Roads, "Road BR-163: where trucks can get stuck for up to 10 days", https://www.dangerousroads.org/south-america/brazil/2003-br-163.html.

9. Juniper, *Rainforest*, pp. 164-6.

10. Trase, "Sustainability in forest-risk supply chains".

11. Associated Press, "Brazil paves highway to soy production, sparking worries about Amazon destruction at a tipping point", MarketWatch, 12 de dezembro de 2019, https://www.marketwatch.com/story/brazil-paves-highway-to-soy-production-sparking-worries-about-amazon-destruction-at-a-tipping-point-2019-12-12.

12. Ibid.

13. Liz Kimbrough, "As 2020 Amazon fire season winds down, Brazil carbon emissions rise", Mongabay, 16 de novembro de 2020, https://news.mongabay.com/2020/11/as-2020-amazon-fire-season-winds-downbrazil-carbon-emissions-rise/.

14. Wikipedia, "Munduruku", https://en.wikipedia.org/wiki/Munduruku.

15. Ministério Público Federal, Procuradoria da República no Município de Santarém, "Public Civil Action" (processo contra o agronegócio), Ministério Público Federal, Santarém, 29 de maio de 2018, http://www.mpf.mp.br/pa/sala-de-imprensa/documentos/2018/acao_mpf_identificacao_delimitacao_territorio_munduruku_planalto_santareno_pa_maio_2018.pdf.

16. Elizabeth Barona *et al.*, "The role of pasture and soybean in deforestation of the Brazilian Amazon", *Environ. Res. Lett.*, 2010, 5 024002, citando D. Nepstad, C.M. Stickler e O.T. Almeida, "Globalization of the Amazon soy and beef industries: opportunities for conservation", *Conserv. Biol.*, 2006, 20 1595-1603, <http://iopscience.iop.org/article/10.1088/1748-9326/5/2/024002>.

17. E.Y. Arima et al., "Statistical confirmation of indirect land use change in the Brazilian Amazon", *Environ. Res. Lett.*, 2011, 6 024010, <http://iopscience.iop.org/article/10.1088/1748-9326/6/2/024010/meta>.

18. Trase, "Sustainability in forest-risk supply chains".

19. Trase, "The State of Forest Risk Supply Chains", Trase Yearbook 2020, Sumário Executivo, http://resources.trase.earth/documents/Trase_Yearbook_Executive_Summary_2_July_2020.pdf.

20. Daniel Nepstad e João Shimada, Earth Innovation Institute, "Soybeans in the Brazilian Amazon and the Case of the Brazilian Soy Moratorium", Banco Internacional para Reconstrução e Desenvolvimento / Banco Mundial, Programa LEAVES, dezembro de 2018, Background Paper, https://www.profor.info/sites/profor.info/files/Soybeans%20Case%20Study_LEAVES_2018.pdf.

21. R.D. Garrett et al., "Explaining the persistence of low income and environmentally degrading land uses in the Brazilian Amazon", *Ecology and Society*, 2017, 22, (3), p. 27, https://doi.org/10.5751/ES-09364-220327.

22. Associated Press, "Brazil paves highway to soy production".

23. Reuters em Brasília, "Brazil's Amazon rainforest suffers worst fires in a decade", *Guardian*, 1o de outubro de 2020, https://www.theguardian.com/environment/2020/oct/01/brazil-amazon-rainforest-worst-fires-in-decade.

24. Ibid.

25. Stephen Eisenhammer, "'Day of Fire': Blazes ignite suspicion in Amazon town", Reuters, 11 de setembro de 2019, https://www.reuters.com/article/us-brazil-environment-wildfire-investiga-idUSKCN1VW1MK.

26. Ibid.

27. Dom Phillips e Daniel Camargos, "Forest fire season is coming. How can we stop the Amazon burning?", *Guardian*, 5 de maio de 2020, https://www.theguardian.com/environment/2020/may/05/a-deadly-cycle-of-destruction-how-greed-for-land-is-fuelling-amazon-fires.

28. Ibid.

29. Daniel Camargos e Dom Phillips, "Fire Day 'was the invention of the press', says principal investigated for burning in the Amazon", Repórter Brasil, 25 de outubro de 2019, https://reporterbrasil.org.br/2019/10/dia-do-fogo-foi-invencao-da-imprensa-diz-principal-investigado-por-queimadas-na-amazonia/.

30. Climate Action Tracker, "Brazil – Country Summary", setembro de 2020, https://climateactiontracker.org/countries/brazil/.

31. Lucinda Elliott e Ben Webster, "Deforestation rate in Amazon rises by a third", *The Times*, 19 de novembro de 2019, https://www.thetimes.co.uk/article/deforestation-rate-in-amazon-rises-by-a-third-whgl0q92d.

32. Michael Krumholtz, "Brazil's carbon emissions rising because of Amazon deforestation", Latin America Reports, 9 de novembro de 2020, https://latinamericareports.com/brazils-carbon-emissions-rising-because-of-amazon-deforestation/4809/.

33. Marianne Schmink et al., "From contested to 'green' frontiers in the Amazon? A long-term analysis of São Félix do Xingu, Brazil", *Journal of Peasant Studies*, 2019, 46:2, 377-99, https://www.tandfonline.com/doi/full/10.1080/03066150.2017.1381841; Gabriel Cardoso Carrero et al., "Deforestation trajectories on a development frontier in the Brazilian Amazon: 35 years of settlement colonization, policy and economic shifts, and land accumulation", *Environmental Management*, 2020, 66, pp. 966-84, https://doi.org/10.1007/s00267-020-01354-w.

34. Ministério Público Federal, "TRF1 annuls sentence that granted land reform area to farmers in Pará", 14 de dezembro de 2016, http://www.mpf.mp.br/regiao1/sala-de-imprensa/noticias-r1/trf1-anula-sentenca-que-concedia-area-de-reforma-agraria-a-fazendeiros-no-para; http://www.ihu.unisinos.br/185-noticias/noticias-2016/557830-marcados-para-morrer-no-castelo-de-sonhos.

35. Umair Irfan, "Brazil's Amazon rainforest destruction is at its highest rate in more than a decade", Vox, 18 de novembro de 2019, https://www.vox.com/science-and-health/2019/11/18/20970604/amazon-rainforest-2019-brazil-burning-deforestation-bolsonaro.

6. Uma Terra Sem Animais

1. S. Hebron, "An introduction to 'To a Skylark'", British Library – Discovering Literature: Romantics and Victorians, https://www.bl.uk/romantics-and-victorians/articles/an-introduction-to-to-a-skylark.

2. Pierluigi Viaroli, Universidade de Parma, comunicação pessoal, 17 de junho de 2016.

3. Giuseppe Zeppa, "Grana Padano", Dairy Science Food Technology, 2004, https://www.dairyscience.info/index.php/cheeses-of-the-piedmont-region-of-italy/82-grana-padano.html.

4. Cheese.com, "Grana Padano", Worldnews, Inc., http://www.cheese.com/grana-padano/#.

5. Grana Padano, "Specification of GRANA PADANO D.O.P.", http://www.granapadano.it/assets/documenti/pdf/disciplinare_en.pdf.

6. Kees de Roest, *The Production of Parmigiano-Reggiano Cheese: The Force of an Artisanal System in an Industrialised World*, Van Gorcum & Comp, Holanda, 2000, p. 149, https://books.google.co.uk/books?id=VLTHo5TqA8wC&pg=PA149&lpg=PA149&dq=italy+cheese+dairy+cow+zero+grazed&source=bl&ots=neuRkTeSvo&sig=mXjwqk_xcE_C3j3rl4qQvFUtyzY&hl=en&sa=X&ved=0ahUKEwiBzJf-wsvQAhVJLMAKHZRdC4EQ6AEINDAE#v=onepage&q=italy%20cheese%20dairy%20cow%20zero%20grazed&f=false.

7. Grana Padano, "Specification of GRANA PADANO D.O.P.".

8. Cheese.com, "Parmesan", Worldnews, Inc., http://www.cheese.com/parmesan/.

9. Parmigiano Reggiano, "Land", acesso em junho de 2021, https://www.parmigianoreggiano.com/product-land/.

10. de Roest, *The Production of Parmigiano-Reggiano Cheese*.

11. FAOSTAT, Trade statistics, crops and livestock products.

12. YouTube, "Quality Needs Compassion: The truth behind Italian hard cheeses", Compassion in World Farming, 8 de março de 2018, https://www.youtube.com/watch?v=g0o6Cwlka3o.

13. Council Directive 2008/120/EC, "Laying down minimum standards for the protection of pigs", 18 de dezembro de 2008, Anexo I, capítulo I(8).

14. AnnoUno, programa de televisão sobre atualidades italianas (exibido em 21 de maio de 2015).

15. Unesco, "Ferrara, City of Renaissance, and its Po Delta", UNESCO/NHK, http://whc.unesco.org/en/list/733.

16. B. Riedel, M. Zuschin e M. Stachowitsch, "Dead zones: a future worst-case scenario for Northern Adriatic biodiversity", University of Vienna, 2008, http://homepage.univie.ac.at/martin.zuschin/PDF/41_Riedel_et_al_2008c.pdf.

17. Austrian Science Fund, "Without oxygen, 'nothing goes' – Marine biologists get to the bottom of the dead zones", Phys.org, 26 de julho de 2010, http://phys.org/news/2010-07-oxygen-marine-biologists-bottom.html.

18. Frank Ackerman, *Poisoned for Pennies: The Economics of Toxics and Precaution*, Island Press, Washington, D.C., 2008, https://books.google.co.uk/books?id=PYgmcdklVVUC&pg=PA105&lpg=PA105&dq=atrazine+when+banned+by+italy+%26+germany?&source=bl&ots=5vSa2lfSMZ&sig=dq-QntG8fbW7mlAZU8a5kZdZFzw&hl=en&sa=X&ved=0ahUKEwjGnfP2k87RAhWoDcAKHbHfAJIQ6AEINjAE#v=onepage&q=atrazine%20when%20banned%20by%20italy%20%26%20germany%3F&f=false; "Science for Environment Policy – Herbicide levels in coastal waters drop after EU ban", European Commission DG Environment News Alert Service, editado por SCU, University of the West of England, 7 de novembro de 2013, nº 349, http://ec.europa.eu/environment/integration/research/newsalert/pdf/349na2en.pdf.

7. Crise climática

1. Brandon Specktor, "52 Polar Bears 'Invade' a Russian Town to Eat Garbage Instead of Starve to Death", LiveScience.com, 2019, https://www.livescience.com/64741-polar-bears-are-taking-back-russia.html.

2. WWF, "Experts will clarify the situation with polar bears on Novaya Zemlya Archipelago", WWF, Rússia, 11 de fevereiro de 2019, https://wwf.ru/en/resources/news/arctic/wwf-ekspertam-predstoit-proyasnit-situatsiyu-s-belymi-medvedyami-na-novoy-zemle/.

3. NASA Global Climate Change, "Facts: Arctic Sea Ice Minimum", https://climate.nasa.gov/vital-signs/arctic-sea-ice/.

4. National Wildlife Federation, "Polar Bear", https://www.nwf.org/Educational-Resources/Wildlife-Guide/Mammals/Polar-Bear#:~:text=They%20mainly%20eat%20ringed%20seals,eat%20walruses%20and%20whale%20carcasses.

5. WWF, "Experts will clarify the situation with polar bears."

6. Declaração do Secretário-Geral da ONU, *Secretary-General's statement on the IPCC Working Group 1 Report on the Physical Science Basis of the Sixth Assessment*, ONU, Nova York, 9 de agosto de 2021, https://www.un.org/sg/en/content/secretary-generals-statement-the-ipcc-working-group-1-report-the-physical-science-basis-of-the-sixth-assessment.

7. IPCC, "Summary for Policymakers of IPCC Special Report on Global Warming of 1.5°C approved by governments", IPCC, 2018, https://www.ipcc.ch/2018/10/08/summary-for-policymakers-of-ipcc-special-report-on-global-warming-of-1-5c-approved-by-governments/.

8. P.R. Shukla et al. (eds.), *Climate Change and Land: An IPCC Special Report on climate change, desertification, land degradation, sustainable land management, food security and greenhouse gas fluxes in terrestrial ecosystems*, IPCC, 2019, https://www.ipcc.ch/srccl/.

9. M. Springmann et al., "Options for keeping the food system within environmental limits", *Nature*, 2018, 562, pp. 519-25, https://www.nature.com/articles/s41586-018-0594-0.

10. Ibid.

11. Ibid.

12. U. Skiba e Bob Rees, "Nitrous oxide, climate change and agriculture", *CAB Review*, 2014, 9, 1-7, https://www.researchgate.net/publication/269403645_Nitrous_oxide_climate_change_and_agriculture.

13. H. Tian et al., "A comprehensive quantification of global nitrous oxide sources and sinks", Nature, 2020, 586, pp. 248-56, https://doi.org/10.1038/s41586-020-2780-0.

14. ONU Meio Ambiente, "Overview of Greenhouse Gases: Nitrous Oxide Emissions", https://www.epa.gov/ghgemissions/overview-greenhouse-gases#nitrous-oxide.

15. C. D. Thomas et al., "Extinction risk from climate change", *Nature*, 2004, 427(6970), pp. 145-8.

16. Ø. Wiig et al., "*Ursus maritimus*", Lista Vermelha de Espécies Ameaçadas da IUCN, 2015, e.T22823A14871490, https://dx.doi.org/10.2305/IUCN.UK.2015-4.RLTS.T22823A14871490.en/ https://www.iucnredlist.org/species/22823/14871490#population.

17. P.K. Molnár et al., "Fasting season length sets temporal limits for global polar bear persistence", *Nature Climate Change*, 2020, 10, 732-8, https://doi.org/10.1038/s41558-020-0818-9.

18. Corey J. A. Bradshaw et al., "Underestimating the Challenges of Avoiding a Ghastly Future", *Frontiers in Conservation Science*, 2021, vol. 1, p. 9, https://www.frontiersin.org/article/10.3389/fcosc.2020.615419/ https://doi.org/10.3389/fcosc.2020.615419.

19. Richard Nield, "Devastation and disease after deadly Malawi floods", Al Jazeera, 25 de fevereiro de 2015, https://www.aljazeera.com/features/2015/2/25/devastation-and-disease-after-deadly-malawi-floods.

20. "Malawi hit by armyworm outbreak, threatens maize crop", Reuters, 12 de janeiro de 2017, https://www.reuters.com/article/us-malawi-grains-armyworms-idUSKBN14W0NT.

21. FAO, "What is Soil Carbon Sequestration?", FAO, 2017. http://www.fao.org/soils-portal/soil-management/soil-carbon-sequestration/en/.

22. Rodale Institute, "Regenerative organic agriculture and climate change", 2014, White Paper, http://rodaleinstitute.org/assets/WhitePaper.pdf.

23. Regenerative Organic Certified, "Farm like the world depends on it", https://regenorganic.org/.

24. Quantis, "General Mills: Accounting for soil impacts in carbon footprints", https://quantis-intl.com/casestudy/general-mills/.

25. Mariko Thorbecke e Jon Dettling, "Carbon Footprint Evaluation of Regenerative Grazing at White Oak Pastures: Results Presentation", *site da Quantis*, 25 de fevereiro de 2019, https://blog.whiteoakpastures.com/hubfs/WOP-LCA-Quantis-2019.pdf.

26. W.R. Teague et al., "The role of ruminants in reducing agriculture's carbon footprint in North America", *J Soil and Water Conservation*, 2016, 71(2), pp. 156-64.

27. Comunicação da Comissão para o Parlamento Europeu, o Conselho Europeu, o Conselho, o Comitê Econômico e Social Europeu, o Comitê das Regiões e o Banco Europeu de Investimento, "A Clean Planet for all: A European strategic long-term vision for a prosperous, modern, competitive and climate neutral economy", Comissão Europeia, Bruxelas, 28 de novembro de 2018, http://extwprlegs1.fao.org/docs/pdf/eur183103.pdf.

28. M. Springmann et al., "Analysis and valuation of the health and climate change co-benefits of dietary change", *PNAS*, 2016, vol. 113, n° 15, pp. 4146-51.

29. H. Harwatt, "Including animal to plant protein shifts in climate change mitigation policy: a proposed three-step strategy", Climate Policy, 2018, DOI: 10.1080/14693062.2018.1528965; H. Harwatt et al., "Scientists call for renewed Paris pledges to transform agriculture", *Lancet Planet Health*, 2019 (publicado online em 11 de dezembro), http://dx.doi.org/10.1016/S2542-5196(19)30245-1.

30. P. Smith et al., "Agriculture, Forestry and Other Land Use (AFOLU)", em *Climate Change 2014: Mitigation of Climate Change, Working Group III Contribution to IPCC AR5*, Cambridge University Press, 2014.

31. Rob Bailey, Antony Froggatt e Laura Wellesley, "Livestock – Climate Change's Forgotten Sector Global Public Opinion on Meat and Dairy Consumption", Chatham House, dezembro de 2014.

32. FAO, IFAD, Unicef, WFP e OMS, *The State of Food Security and Nutrition in the World 2020*: Transforming food systems for affordable healthy diets, FAO, Roma, 2020, https://doi.org/10.4060/ca-9692en.

33. TED, "Greta Thunberg: The disarming case to act right now on climate change", TedxStockholm, novembro de 2018, https://www.ted.com/talks/greta_thunberg_the_disarming_case_to_act_right_now_on_climate.

8. Os insetos nos salvarão?

1. L. Jackson, *East of England Bee Report: A report on the status of threatened bees in the region with recommendations for conservation action*, Buglife – Invertebrate Conservation Trust, Peterborough, 2019, https://www.wwf.org.uk/sites/default/files/201905/EofE%20bee%20report%202019%20FINAL_17MAY2019.pdf.

2. Yves Herman, "Dutch firm generates buzz with big fly larvae farm", Reuters, 12 de junho de 2019, https://www.reuters.com/article/uk-netherlands-insect-farm/dutch-firm-generates-buzz-with-big-fly-larvae-farm-idUKKCN1TC201?edition-redirect=uk; https://protix.eu/wp-content/uploads/Persbericht-Grand-Opening-ENG.pdf.

3. Julie J. Lesnik, "Not just a fallback food: global patterns of insect consumption related to geography, not agriculture", Wiley Online Library, *American Journal of Human Biology*, publicado originalmente em 1° de fevereiro de 2017, https://doi.org/10.1002/ajhb.22976.

4. Arnold van Huis, *Edible Insects: Future Prospects for Food and Feed Security*, FAO, Roma, 2017, ISBN 9789251075968OCLC868923724.

5. Guiomar Melgar-Lalanne, Alan-Javier Hernández-Álvarez e Alejandro Salinas-Castro, "Edible Insects Processing: Traditional and Innovative Technologies", Wiley Online Library, *Comprehensive Reviews in Food Science and Food Safety*, publicado originalmente em 30 de junho de 2019, https://doi.org/10.1111/1541-4337.12463.

6. Ibid.

7. Katy Askew, "Bugfoundation's vision: To change the eating habits of a whole continent", FoodNavigator.com, 12 de outubro de 2018, https://www.foodnavigator.com/Article/2018/10/12/Bugfoundation-s-vision-To-change-the-eating-habits-of-a-whole-continent#.

8. Jesse Erens et al., "A Bug's Life: Large-scale insect rearing in relation to animal welfare", estudantes da Wageningen UR para programa MSc, setembro-outubro de 2012, http://venik.nl/site/wp-content/uploads/2013/06/Rapport-Large-scale-insect-rearing-in-relation-to-animal-welfare.pdf.

9. M.E. Lundy e M.P. Parrella, "Crickets are not a free lunch: protein capture from scalable organic side-streams via high-density populations of *Acheta domesticus*", *PLoS One*, 2015, 10(4), e0118785.

10. D.G. Oonincx et al., "Feed conversion, survival and development, and composition of four insect species on diets composed of food by-products", *PLoS One*, 2015, 10(12), e0144601.

11. M. van der Spiegel, M.Y. Noordam e H.J. van der Fels-Klerx, "Safety of Novel Protein Sources (Insects, Microalgae, Seaweed, Duckweed, and Rapeseed) and Legislative Aspects for Their Application in Food and Feed Production" , Wiley Online Library, *Comprehensive Reviews in Food Science and Food Safety*, publicado originalmente em 15 de outubro de 2013, https://doi.org/10.1111/1541-4337.12032.

12. P. Brooke, "Farming insects for food or feed", in *Farming, Food and Nature: Respecting Animals, People and the Environment*, Routledge, Abingdon, 2018, p. 195.

13. M. Lechenet et al., "Reducing pesticide use while preserving crop productivity and profitability on arable farms", *Nature Plants*, 2017, 3, 17008, https://www.nature.com/articles/nplants20178.

14. Brooke, "Farming insects for food or feed", pp. 181-97.

15. C.A. Hallmann et al., "More than 75 percent decline over 27 years in total flying insect biomass in protected areas", *PLoS One*, 2017, 12(10), e0185809, https://doi.org/10.1371/journal.pone.0185809.

16. Pedro Cardoso et al., "'Scientists' warning to humanity on insect extinctions", *Biological Conservation*, fevereiro de 2020, vol. 242, 108426 DOI: 10.1016/j.biocon.2020.108426.

17. Francisco Sánchez-Bayo e Kris A.G. Wyckhuys, "Worldwide decline of the entomofauna: A review of its drivers", *Biological Conservation*, abril de 2019, vol. 232, pp. 8-27.

9. Quando os oceanos secarem

1. YouTube, "Escape Fishing with ET: Octopus Aquaculture", Australian Government Fisheries Research and Development Corporation, 23 de dezembro de 2010, https://www.youtube.com/watch?v=9Iv2cBtgLCM.

2. Philip Hoare, "Other Minds by Peter Godfrey-Smith review – the octopus as intelligent alien", *Guardian*, 15 de março de 2017, https://www.theguardian.com/books/2017/mar/15/other-minds-peter-godfrey-smith-review-octopus-philip-hoare.

3. *National Geographic*, "Octopuses", https://www.nationalgeographic.com/animals/invertebrates/group/octopus-facts/#:~:text=Octopi%20have%20three%20hearts%20and%20blue%20blood.&text=Octopus%20skin%20is%20embedded%20with%20cells%20that%20sense%20light.

4. Gotowebinar, "Pandemics, wildlife and intensive animal farming", webinar CIWF EU com participação de todos os grupos políticos-chave e de sete países, 2 de junho de 2020, https://register.gotowebinar.com/recording/8411919668736122886.

5. Jennifer Jacquet, Becca Franks, Peter Godfrey-Smith e Walter Sánchez-Suárez, "The Case Against Octopus Farming", *Issues in Science and Technology*, inverno de 2019, vol. XXXV, n° 2, https://issues.org/the-case-against-octopus-farming/.

6. Hoare, "Other Minds by Peter Godfrey-Smith review".

7. C.F.E. Roper, M.J. Sweeney e C.E. Nauen, *FAO Species Catalogue: Cephalopods of the world, An annotated and illus-*

trated catalogue of species of interest to fisheries – Octopuses (Order Octopoda), FAO Fish. Synop, 1984, nº 125, vol. 3, http://www.fao.org/3/ac479e/ac479e32.pdf.

8. Warwick H.H. Sauer et al., "World Octopus Fisheries", *Reviews in Fisheries Science & Aquaculture*, 2019, DOI: 10.1080/23308249.2019.1680603.

9. Jacquet, Franks, Godfrey-Smith e Sánchez-Suárez, "The Case Against Octopus Farming."

10. Ibid.

11. Ibid.

12. Rose Yeoman, "Brave new world of octopus farming: Countering territorial behaviour and the propensity of octopus to escape from even the most securely closed tank systems have been among a number of achievements and world firsts to come from Australian efforts to develop aquaculture techniques for the species", *FISH*, vol. 23, 1, https://www.fishfiles.com.au/media/fish-magazine/FISH-Vol-23-1/Brave-new-world-of-octopus-farming.

13. Ibid

14. YouTube, "Escape Fishing with ET: Octopus Aquaculture", Australian Government Fisheries Research and Development Corporation, 23 de dezembro de 2010, https://www.youtube.com/watch?v=9Iv2cBtgLCM.

15. Group Nueva Pescanova, "Researcher from Pescanova achieve to close the reproduction cycle of octopus in aquaculture", 18 de julho de 2019, https://www.nuevapescanova.com/en/2019/07/18/researchers-from-pescanova-achieve-to-close-the-reproduction-cycle-of-octopus-in-aquaculture/

16. Ibid.

17. Jacquet, Franks, Godfrey-Smith e Sánchez-Suárez, "The Case Against Octopus Farming".

18. Fisheries Management Scotland, "Fish Farming – North Carradale Escape", http://fms.scot/north-carradale-escape/.

19. Hamish Penman, "Scotland's North Sea revenues take a hit as fiscal deficit increases to £ 15.1bn", Energy Voice, 26 de agosto de 2020, https://www.energyvoice.com/oilandgas/north-sea/260923/north-sea-gers-figures-scotland.

20. The Fish Site, "Salmon farming worth £ 2 billion to Scottish economy", The Fish Site, 29 de abril de 2019, https://thefishsite.com/articles/salmon-farming-worth-2-billion-to-scottish-economy.

21. Scottish Salmon Producers Organisation, "How much Scottish salmon is exported?", https://www.scottishsalmon.co.uk/facts/business/how-much-scottish-salmon-is-exported.

22. Aquaculture, "Scotland, a land of food and drink: Aquaculture 2030", https://aquaculture.scot/.

23. "Scotland's wild salmon stocks 'at lowest ever level'", BBC News Scotland, 24 de abril de 2019, https://www.bbc.co.uk/news/uk-scotland-48030430.

24. "Charles launches 'missing salmon' campaign", *Fish Farmer Magazine*, 28 de novembro de 2019, https://www.fishfarmermagazine.com/news/charles-launches-missing-salmon-campaign/.

25. Hannah Ritchie e Max Roser, "Seafood Production", Our World in Data, 2019, https://ourworldindata.org/seafood-production#how-is-our-seafood-produced.

26. https://thefishsite.com/articles/a-new-high-for-global-aquaculture-production

27. Cálculo da Compassion in World Farming com base em números da indústria (feito pelo doutor K. Wojtas, 2021).

28. Feedback, Fishy Business: The Scottish salmon industry's hidden appetite for wild fish and land, Feedback, Londres, 2019, https://www.feedbackglobal.org/wp-content/uploads/2019/06/Fishy-business-the-Scottish-salmon-industrys-hidden-appetite-for-wild-fish-and-land.pdf; Compassion in World Farming e One Kind, Underwater cages, parasites and dead fish: Why a moratorium on Scottish salmon farming expansion is imperative, CIWF & OneKind, março de 2021, https://www.ciwf.org.uk/media/7444572/ciwf_rethink-salmon_21_lr_singles_web.pdf?utm_campaign=fish&utm_source=link&utm_medium=ciwf.

29. The Fish Site, "A new high for global aquaculture production", 8 de junho de 2020, https://thefishsite.com/articles/the-predator-thats-killing-500-000-scottish-farmed-salmon-a-year.

30. Compassion in World Farming e Changing Markets Foundation, "Until the Seas run dry: How industrial aquaculture is plundering the oceans", CIWF/Changing Markets, abril de 2019, https://www.ciwf.org.uk/media/7436 097/until-the-seas-dry.pdf.

31. Ibid.

32. Louise Hunt, "Fishmeal factories threaten food security in the Gambia", China Dialogue Ocean, 28 de novembro de 2019, https://chinadialogueocean.net/11980-fishmeal-factories-threaten-food-security-in-the-gambia/.

33. P. Veiga, M. Mendes e B. Lee-Harwood, "Reduction fisheries: SFP fisheries sustainability overview", Sustainable Fisheries Partnership Foundation, 2018, https://www.sustainablefish.org/Media/Files/Reduction-Fisheries-Reports/2018-Reduction-Fisheries-Report.

34. T. Baxter e P. Wenjing, "China's distant water fishing industry is now the largest in West Africa", Unearthed, 24 de novembro de 2016, https://energydesk.greenpeace.org/2016/11/24/fishing-inside-chinese-mega-industry-west-africa/.

35. Sanna Camara e Louise Hunt, "Gambia's Migration Paradox: The Horror and Promise of the Back Way", New Humanitarian, 26 de março de 2018, https://www.newsdeeply.com/refugees/articles/2018/03/26/gambias-migration-paradox-the-horror-and-promise-of-the-back-way.

36. Hannah Summers, "Chinese fishmeal plants leave fishermen in the Gambia all at sea", *Guardian*, 20 de março de 2019, https://www.theguardian.com/global-development/2019/mar/20/chinese-fishmeal-plants-leave-fishermen-gambia-all-at-sea.

37. Greenpeace, "A waste of fish: Food security under threat from the fishmeal and fish oil industry in West Africa", Greenpeace International, Holanda, junho de 2019, https://storage.googleapis.com/planet4-international-stateless/2019/06/0bbe4b20-a-waste-of-fish-report-en-low-res.pdf.

38. Compassion in World Farming e Changing Markets Foundation, "Until the Seas run dry: How industrial aquaculture is plundering the oceans", CIWF/Changing Markets, abril de 2019, https://www.ciwf.org.uk/media/7436097/until-the-seas-dry.pdf.

39. FAO, *Code of Conduct for Responsible Fisheries*, FAO: Roma, 1995, http://www.fao.org/3/v9878e/V9878E.pdf.

40. Enrico Bachis, "Fishmeal and fish oil: a summary of global trends", 57ª Conferência Anual da IFFO, Washington, 2017, dados para 2016.

41. Summers, "Chinese fishmeal plants leave fishermen in the Gambia all at sea."

42. Ibid.

43. Ibid.

44. Compassion in World Farming e Changing Markets Foundation, "Until the Seas run dry".

45. Christopher Feare, comunicação pessoal, 10 de junho de 2018.

46. Norris McWhirter e Ross McWhirter, "Loudest Pop Group", *Guinness Book of World Records*, Bantam Books, Toronto, 1973, p. 242, https://books.google.co.uk/books?id=Rv26phaJLUAC&q=Deep+Purple+loudest+intitle:Guinness&dq=Deep+Purple+loudest+intitle:Guinness&redir_esc=y.

47. Feare, comunicação pessoal.

48. B. John Hughes et al., "Long-term population trends of Sooty Terns *Onychoprion fuscatus*: implications for conservation status", *Popul Ecol*, 2017, 59: 213-24, https://esj-journals.onlinelibrary.wiley.com/doi/epdf/10.1007/s10144-017-0588-z.

49. Christopher Feare, *Orange Omelettes and Dusky Wanderers: Studies and travels in Seychelles over four decades*, CPI Group, Croydon, 2016, p. 102.

50. C. Wilcox, E. Van Sebille e B.D. Hardesty, "Threat of plastic pollution to seabirds is global, pervasive, and increasing", *Proc. Natl.Acad. Sci.*, 2015, 112, pp. 11899-904.

51. C.A. Erwin e B.C. Congdon, "Day-to-day variation in sea-surface temperature reduces sooty tern *Sterna fuscata* foraging success on the Great Barrier Reef, Australia", *Marine Ecology Progress Series*, 2007, 331, 255-66.

52. J.D. Reichel, "Status and conservation of seabirds in the Mariana Islands", em J.P. Croxall (ed.), *Seabird status and conservation: a supplement*, International Council for Bird Preservation, Cambridge, 1991, pp. 249-62; Chris J. Feare, Sébastien Jaquemet e Matthieu Le Corre, "An inventory of sooty terns (*Sterna fuscata*) in the western Indian Ocean with special reference to threats and trends", *Ostrich*, 2007, 78:2, 423-34, https://www.semanticscholar.org/paper/An-inventory-of-Sooty-Terns-(Sterna-fuscata)-in-the-Feare-Jaquemet/93c78b1c2fb093eaa7cd2b3a1eb0e2e3a60abc02.

53. Fisheries Global Information System (FIGIS), FAO, Roma, 1950-2019.

54. Comissão Europeia, Oceans and fisheries, "Seychelles: Sustainable fisheries partnership with Seychelles", acesso em junho de 2021, https://ec.europa.eu/oceans-and-fisheries/fisheries/international-agreements/sustainable-fisheries-partnership-agreements-sfpas/seychelles_en.

55. S. Cramp et al., *Handbook of the Birds of Europe, the Middle East and North Africa: The Birds of the Western Palearctic*, Oxford University Press, 1985, vol. IV, p. 117.

56. Ibid.

57. Feare, *Orange Omelettes and Dusky Wanderers*, pp. 315-16.

58. Karen Green, "Fishmeal and fish oil facts and figures", Seafish, março de 2018, https://www.seafish.org/media/Publications/Seafish_FishmealandFishOil_FactsandFigures2018.pdf.

59. D. Gremillet et al., "Persisting Worldwide Seabird-Fishery Competition Despite Seabird Community Decline", *Current Biology*, 17 de dezembro de 2018, vol. 28, nº 24, pp. 4009-13, https://www.sciencedirect.com/science/article/pii/S0960982218314180.

60. S. James Reynolds et al., "Long-term dietary shift and population decline of a pelagic seabird – A health check on the tropical Atlantic?", Wiley Online Library, Global Change Biology, 2019, https://doi.org/10.1111/gcb.14560.

61. Josh Gabbatiss, "Seabirds on British island decline by 80% after overfishing and climate change cut off food source", *Independent*, 4 de fevereiro de 2019, https://www.independent.co.uk/environment/seabirds-colony-fishing-climate-change-ascension-island-atlantic-ocean-a8758941.html.

62. J. Del Hoyo, A. Elliott e J. Sargatal (eds.), *Handbook of the Birds of the World: V3 Hoatzin to Auks*, Lynx Edicions, Barcelona, 1996, vol. 3, pp. 642-3.

63. D. Gremillet et al., "Persisting Worldwide Seabird-Fishery Competition."

64. D. Gremillet et al., "Starving seabirds: unprofitable foraging and its fitness consequences in Cape gannets competing with fisheries in the Benguela upwelling ecosystem", *Marine Biology*, 2016, 163, 35, https://journals.plos.org/plosone/article/file?id=10.1371/journal.pone.0210328&type=printable.

65. Kenneth Brower, "Life in Antarctica Relies on Shrinking Supply of Krill", *National Geographic*, 17 de agosto de 2013, https://www.nationalgeographic.com/animals/article/130817-antarctica-krill-whales-ecology-climate-science.

66. Whale Facts, "What Do Blue Whales Eat? Diet, Eating Habits and Consumption", https://www.whalefacts.org/what-do-blue-whales-eat/.

67. Comissão para a Conservação da Fauna e da Flora Marinhas da Antártida, "Krill fisheries and sustainability", https://www.ccamlr.org/en/fisheries/krill-fisheries-and-sustainability.

68. Comissão para a Conservação da Fauna e da Flora Marinhas da Antártida, "Krill fisheries", https://www.ccamlr.org/en/fisheries/krill.

69. A. Atkinson, V. Siegel, E. Pakhomov et al., "Long-term decline in krill stock and increase in salps within the Southern Ocean", *Nature*, 2004, 432, 100-3, https://doi.org/10.1038/nature02996. https://www.nature.com/articles/nature02996.

70. Base de Dados do Fisheries Global Information System (FIGIS), "Capture statistics", FAO, Roma, 1950-2019.

71. Aker BioMarine e Qrill Aqua, Contact Us, https://www.qrillaqua.com/contact-qrill-aqua.

72. Rimfrost, Contact Rimfrost, https://www.rimfrostkrill.com/contact.

73. Josh Gabbatiss, "Krill fishing industry backs massive Antarctic ocean sanctuary to protect penguins, seals and whales", *Independent*, 9 de julho de 2018, https://www.independent.co.uk/environment/antarctica-krill-fishing-industry-marine-protected-zone-greenpeace-whales-seals-penguins-a8439311.html.

74. Ibid.

75. Andrea Kavanagh, "Off Antarctic Peninsula Concentrated Industrial Fishing for Krill is Affecting Penguins", Pew, 20 de fevereiro de 2020, https://www.pewtrusts.org/en/research-and-analysis/articles/2020/02/20/off-antarctic-peninsula-concentrated-industrial-fishing-for-krill-is-affecting-penguins.

76. Matthew Taylor, "Decline in krill threatens Antarctic wildlife, from whales to penguins", *Guardian*, 14 de fevereiro de 2018, https://www.theguardian.com/environment/2018/feb/14/decline-in-krill-threatens-antarctic-wildlife-from-whales-to-penguins.

77. L. Hückstädt, "Crabeater Seal – *Lobodon carcinophaga*", Lista Vermelha de Espécies Ameaçadas da IUCN, 2015, e.T12246A45226918, https://dx.doi.org/10.2305/IUCN.UK.2015-4.RLTS.T12246A45226918.en.

78. G.J.G Hofmeyr, "Antarctic Fur Seal – *Arctocephalus gazella*", Lista Vermelha de Espécies Ameaçadas da IUCN, 2016, e.T2058A66993062, https://dx.doi.org/10.2305/IUCN.UK.2016-1.RLTS.T2058A66993062.en.

79. Del Hoyo, Elliott e Sargatal (eds.), *Handbook of the Birds of the World*, vol. 1, pp. 140-53.

80. Mukhisa Kituyi, Secretário-Geral da Conferência da ONU sobre Comércio e Desenvolvimento (UNCTAD) e Peter Thomson, Enviado Especial do Secretário-Geral da ONU para o Oceano, "90% of fish stocks are used up – fisheries subsidies must stop emptying the ocean", Fórum Econômico Mundial, 13 de julho de 2018, https://www.weforum.org/agenda/2018/07/fish-stocks-are-used-up-fisheries-subsidies-must-stop/.

81. FAO, "State of the world fisheries and aquaculture", *SOFIA*, 2018.

10. A era do Dust Bowl

1. Kevin Baker, "21st Century Limited", na Harper's Magazine, em Andrew McCarthy (ed.), The Best American Travel Writing 2015, HMHCo, Nova York, 2015, p. 51.

2. *Colorado Experience: The Dust Bowl*, Rocky Mountain PBS, 10 de outubro de 2014, https://www.youtube.com/watch?v=RKSvqTzgMrA.

3. The Wild West Pioneer, "Homestead Act", https://sites.google.com/a/comsewogue.k12.ny.us/the-wild-west-pioneer/leading-stories/homestead-act.

4. "Thomas Jefferson's Presidency: What was Thomas Jefferson's vision for the United States?", enotes, https://www.enotes.com/homework-help/what-was-thomas-jeffersons-vision-united-states-277769.

5. Caroline Henderson, *Letters from the Dust Bowl*, editado por Alvin O. Turner, University of Oklahoma Press, 2003, p. 33.

6. History, "Dust Bowl", 27 de outubro de 2009, atualizado em 5 de agosto de 2020, https://www.history.com/topics/great-depression/dust-bowl.

7. Dayton Duncan e Ken Burns, *The Dust Bowl: An Illustrated History*, Chronicle Books, San Francisco, 2012, p. 25.

8. Timothy Egan, *The Worst Hard Time*, First Mariner Books, Nova York, 2006, p. 19.

9. Donald Worster, *Dust Bowl: The Southern Plains in the 1930s*, Oxford University Press, 2004

10. Egan, *The Worst Hard Time*.

11. Legends of America, "Buffalo Hunters", https://www.legendsofamerica.com/we-buffalo hunters/.

12. Os Editores da Encyclopaedia Britannica, "Dust Bowl", Encyclopedia Britannica, 13 de março de 2021, https://www.britannica.com/place/Dust-Bowl.

13. "Great American Desert", Colorado Encyclopedia, adaptado de Martyn J. Bowden, "Great American Desert", em David J. Wishart (ed.), *Encyclopedia of the Great Plains*, University of Nebraska Press, Lincoln, 2004, https://coloradoencyclopedia.org/article/%E2%80%9Cgreat-american-desert%E2%80%9D; Digital History, "The Great American Desert", http://www.digitalhistory.uh.edu/disp_textbook.cfm?smtid=2&psid=3148.

14. Egan, *The Worst Hard Time*, p. 50.

15. Henderson, "Letters from the Dust Bowl", *Atlantic Monthly*, maio de 1936, p. 151.

16. Donald Worster, Dust Bowl, Handbook of Texas Online, Texas State Historical Association, https://tshaonline.org/handbook/online/articles/ydd01.

17. Egan, *The Worst Hard Time*, p. 53; Duncan e Burns, *The Dust Bowl*, p. 29.

18. Historic Events for Students: The Great Depression, "Dust Bowl 1931-1939", Encyclopedia.com, 15 de abril de 2021, https://www.encyclopedia.com/education/news-and-education-magazines/dust-bowl-1931-1939.

19. Duncan e Burns, *The Dust Bowl*, p. 37.

20. Egan, *The Worst Hard Time*, p. 59.

21. Historic Events for Students, "Dust Bowl 1931-1939".

22. Paul D. Travis e Jeffrey B. Robb, "Wheat", Encyclopedia of Oklahoma History and Culture, https://www.okhistory.org/publications/enc/entry.php?entry=WH001.

23. *The Great Depression Hits Farms and Cities in the 1930s*, Iowa PBS, http://www.iptv.org/iowapathways/mypath.cfm?ounid=ob_000064.

24. *The Dust Bowl, A Film by Ken Burns*, https://www.pbs.org/kenburns/dustbowl/legacy/.

25. Egan, *The Worst Hard Time*, pp. 113-14; Duncan e Burns, *The Dust Bowl*, p. 42.

26. Bill Ganzel, Ganzel Group, "Farming in the 1930s: The Dust Bowl", Wessels Living History Farm – York, Nebraska, escrito e publicado originalmente em 2003, https://livinghistoryfarm.org/farminginthe30s/water_02.html.

27. Historic Events for Students, "Dust Bowl 1931-1939".

28. Duncan e Burns, *The Dust Bowl*, p. 43.

29. Henderson, *Letters from the Dust Bowl* ("Dust to Eat", carta para Henry A. Wallace, Secretário de Estado, 26 de julho de 1935), pp. 140-7.

30. Historic Events for Students, "Dust Bowl 1931-1939".

31. Duncan e Burns, *The Dust Bowl*, p. 78.

32. Egan, The Worst Hard Time, p. 235.

33. History, "Dust Bowl".

34. Duncan e Burns, The Dust Bowl, pp. 54-6.

35. Egan, *The Worst Hard Time*, p. 141; Historic Events for Students, "Dust Bowl 1931-1939".

36. Duncan e Burns, *The Dust Bowl*, pp. 56-7.

37. Henderson, *Letters from the Dust Bowl* ("Spring in the Dust Bowl", Atlantic Monthly, 1937), p. 164.

38. Ibid., p.107.

39. Franklin D. Roosevelt, Discurso Inaugural, 4 de março de 1933, conforme publicado em Samuel Rosenman (ed.), *The Public Papers of Franklin D. Roosevelt* (Random House: Nova York, 1938), vol. 2, pp. 11-16, áudio com excerto do discurso em: http://historymatters.gmu.edu/d/5057/.

40. National Park Service, "FDR's Conservation Legacy", acesso em junho de 2021, https://www.nps.gov/articles/fdr-s-conservation-legacy.htm.

41. Paul M. Sparrow, FDR Library, "FDR and the Dust Bowl", da Fdrlibrary, postado em From The Museum, 20 de junho de 2018, https://fdr.blogs.archives.gov/2018/06/20/fdr-and-the-dust-bowl/.

42. Henderson, *Letters from the Dust Bowl*.

43. Duncan e Burns, *The Dust Bowl*, p. 68.

44. R. Douglas Hurt, Documents of the Dust Bowl, ABC-CLIO: Santa Barbara, Califórnia, 2019.

45. USDA National Resources Conservation Service, "Biography of Hugh Hammond Bennett, 15 de abril de 1881 — 7 de julho de 1960, The Father of Soil Conservation", https://www.nrcs.usda.gov/wps/portal/nrcs/detail/national/about/history/?cid=nrcs14302110.

46. Egan, *The Worst Hard Time*, p. 267.

47. Hannah Holleman, *Dust Bowls of Empire: Imperialism, Environmental Politics, and the Injustice of "Green" Capitalism*, Yale University Press, New Haven, Connecticut, 2018, p. 39.

48. Sparrow, "FDR and the Dust Bowl".

49. Clay Risen, "Rightful Heritage: Franklin D. Roosevelt and the Land of America, by Douglas Brinkley", *New York Times*, 23 de março de 2016, https://www.nytimes.com/2016/03/27/books/review/rightful-heritage-franklin-d-roosevelt-and-the-land-of-america-by-douglas-brinkley.html; Jeremy Deaton, "How FDR Fought Climate Change: He planted 3 billion trees", publicado no HuffPost, 7 de dezembro de 2017, https://nexusmedianews.com/how-fdr-fought-climate-change-d81eee7b1fe1.

50. Henderson, *Letters from the Dust Bowl*.

51. Ibid., p. 167, foto p. 128.

11. Vilões alimentares célebres

1. USDA – Farm Service Agency, ARC/PLC Program, http://www.fsa.usda.gov/programs-and-services/arc plc_ program/index.

2. Anne Weir Schechinger e Craig Cox, "Is Federal Crop Insurance Policy Leading to Another Dust Bowl?", EWG, março de 2017, https://cdn.ewg.org/sites/default/files/u352/EWGDustBowlReport _ C07.pdf?_ga=2.51699438.635899846.1606483690-2099343448.1606483690.

3. Comissão Europeia, "Structural Reforms", http://ec.europa.eu/economy_finance/structural_reforms/sectoral/agriculture/index en.htm; Comissão Europeia, "The common agricultural policy at a glance: Aims of the common agricultural policy", https://ec.europa.eu/info/food-farming-fisheries/key-policies/common-agricultural-policy/cap-glance en.

4. Comissão Europeia, *The EU Explained: Agriculture*, Publications Office of the European Union: Luxemburgo, novembro de 2014, http://europa.eu/pol/pdf/flipbook/en/agriculture_en.pdf.

5. Comissão Europeia, "The common agricultural policy (CAP) and agriculture in Europe – Frequently asked questions – Farming in Europe – an overview", 26 de junho de 2013, http://europa.eu/rapid/press-release_MEMO-13-631en.htm.

6. Cálculo baseado em Cassidy et al., "Redefining agricultural yields: from tonnes to people nourished per hectare", *Environ. Res. Lett.* 8, 2013, 034015 (8pp), que afirma que 9:46 x 1015 calorias disponíveis em forma de planta são produzidas globalmente por colheitas doi:10.1088/1748-9326/8/3/034015 VaclavSmil, *Feeding the World: A Challenge for the Twenty-First Century*, MIT Press, Cambridge, Massachusetts, 2000; J. Lundqvist, C. de Fraiture e D. Molden, "Saving Water: From Field to Fork – Curbing Losses and Wastage in the Food Chain", Stockholm International Water Institute Policy Brief, 2008; C. Nellemann, M. MacDevette *et al.*, "The environmental food crisis – The environment's role in averting future food crises", avaliação do Programa da ONU para o Meio Ambiente (UNEP) para uma reação rápida, GRID-Arendal, 2009, www.unep.org/pdf/foodcrisis_lores.pdf.

7. Charoen Pokphand Foods (CPF), https://www.cpfworldwide.com/en/about, acesso em 27 de abril de 2021.

8. Relatório Anual da Cargill em 2019, "Higher Reach", https://www.cargill.com/doc/1432144962450/2019-annual-report.pdf.

9. Relatório Anual da Tyson Foods, *Form 10-K for fiscal year ended September 2019*, Comissão de Valores Mobiliários dos EUA: Washington, D.C., 2019, https://s22.q4cdn.com/104708849/files/doc_financials/2019/ar/dcdf2f5b-689d-4520-afd6-69691cf580de.pdf.

10. Informação no *site* da JBS, Perfil da Empresa, acesso em junho de 2021, https://ri.jbs.com.br/ en/jbs/ corporate-profile/.

11. JBS, "Relatório Anual e de Sustentabilidade de 2019", https://api.mziq.com/mzfilemanager/v2/d/043a77e-1-0127-4502-bc5b-21427b991b22/41de5cc6-19dd-a604-4cc3-89450a520625?origin=1.

12. Relatório Anual da Nutrien de 2018, https://www.nutrien.com/sites/default/files/uploads/2019-03/Nutrien_2018_Annual_Report_Enhanced.pdf.

13. Relatório Anual da Yara de 2018, https://www.yara.com/siteassets/investors/057-reports-and-presentations/annual-reports/2018/yara-annual-report--2018-web.pdf/.

14. Relatório Anual da Mosaic Company de 2018, "Financial Highlights", acesso em fevereiro de 2020.

15. Relatório Anual da Nutrien de 2018 (acesso em fevereiro de 2020).

16. Corteva Agriscience, "Factsheet", 2019, https://s23.q4cdn.com/505718284/files/doc_downloads/feature_content/2019/Corteva_FactSheet_9.13.19.pdf.

17. Relatório Anual da Bayer de 2018, https://www.bayer.com/sites/default/files/2020-04/bayer_ar18_entire.pdf.

18. Syngenta Global, "Company", https://www.syngenta.com/company.

19. Statista, Chemicals and Resources, Chemical Industry, "BASF's revenue in the Agricultural Solutions segment from 2010 to 2020", https://www.statista.com/statistics/263542/basf-agricultural-solutions-segment-revenue

20. Alliance to Save Our Antibiotics, "Antibiotic Overuse in Livestock Farming", https://www.saveourantibiotics.org/the-issue/antibiotic-overuse-in-livestock-farming

21. Relatório Anual da Zoetis de 2018, https://s1.q4cdn.com/446597350/files/doc_financials/ 2019/ar/ Zoetis_2018_Annual_Report.pdf. "Zoetis at a glance", http://www.zoetis.com/about-us/zoetis--at-a-glance.aspx; "Octogain45, Ractopamine Hydrochloride", site da Zoetis, https://www.zoetisus.com/products/beef/actogain-45.aspx; "Global Manufacturing and Supply", site da Zoetis, https://www.zoetis.co.uk/global-manufacturing-and-supply.aspx; *Relatório Anual da Merck & Co. Inc.* de 2018, Form 10-K for fiscal year ended December 2018, Comissão de Valores Mobiliários dos EUA: Washington, D.C., 2018, https://s21.q4cdn.com/488056881/files/docfinancials/2018/Q4/2018-Form-10-K-(without-Exhibits)_FINAL022719.pdf; Relatório Anual da Elanco de 2018, https://s1.q4cdn.com/466533431/files/docfinancials/annual/2018-Annual-Report-Final.pdf; Relatório Anual da Boehringer Ingelheim de 2018, https://annualreport.boehringer-ingelheim.com/fileadmin/downloads/archiv/en/bi_ar201 8_gesamten.pdf; Relatório Anual do Virbac Group de 2019, https://corporate.virbac.com/files/live/sites/virbac-corporate/files/contributed/ra2019/Annual_report_2019.pdf; Relatório Anual da Bayer de 2018, https://www.bayer.com/sites/default/files/2020-04/bayer_ar18_entire.pdf.

22. Philip Lymbery, "Don't all cows eat grass? Part 2: A better way", Compassion in World Farming, 2 de junho de 2017, https://www.ciwf.org.uk/philip-lymbery/blog/2017/06/dont-all-cows-eat-grass--part-2-a-better-way.

23. Agricology, Farmer Profile, "Neil Heseltine, Hill Top Farm, Malham, North Yorkshire", https://www.agricology.co.uk/field/farmer-profiles/neil-heseltine.

24. RCVS, "Dominic Dyer Biography", https://www.rcvs.org.uk/who-we-are/vn--council/vn-council-members/Appointed+lay+members/dominic-dyer/.

25. Crop Protection Association, "Who We Are", https://cropprotection.org.uk/who-we-are/.

26. Global Consultation Report of the Food and Land Use Coalition: Executive Summary, "Growing Better: Ten Critical Transitions to Transform Food and Land Use", Food and Land Use Coalition, setembro de 2019, https://www.foodandlandusecoalition.org/wp-content/uploads/ 2019/09/FOLU-GrowingBetter-GlobalReport-ExecutiveSummary.pdf.

27. Damian Carrington, "$1m a minute: the farming subsidies destroying the world – report", *Guardian*, 16 de setembro de 2019, https://www.theguardian.com/environment/2019/sep/16/1m-a-minute-the-farming-subsidies-destroying-the-world.

28. Avaliação Internacional do Conhecimento, Ciência e Tecnologia Agrícola para o Desenvolvimento (IAASTD), Sumário Executivo do Relatório, *Agriculture at a Crossroads IAASTD*, Island Press, 2009, https://wedocs.unep.org/bitstream/handle/20.500.11822/7880/-Agriculture%20at%20a%20crossroads%20%20Executive%20Summary%20of%20the%20Synthesis%20Report-2009Agriculture_at_Crossroads_Synthesis_Report_Executive_Summary.pdf; Nienke Beintema et al., "Global Summary for Decision Makers", IAASTD, 2009, https://www.researchgate.net/publication/269395240_Global_Summary_for_Decision_Makers_International_Assessment_of_Agricultural_Science_and_Technology_for_Development/link/5489c85c0cf214269f1abc00/download.

29. Millennium Institute, "Hans Herren, President", https://www.millennium-institute.org/team/Hans-Herren.

30. Catherine Badgley et al., "Organic agriculture and the global food supply", *Renewable Agriculture and Food Systems*, 2007, 2, 86-108, https://doi.org/10.1017/S1742170507001640.

31. FAO, ITPS, GSBI, CBD e EC, *State of Knowledge of Soil Biodiversity – Status, challenges and potentialities*, FAO, Roma, 2020, p. 192, https://doi.org/10.4060/cb1928en.

12. Pandemia em nosso prato

1. Kevin Liptak e Kaitlan Collins, "Trump warns of 'painful' two weeks ahead as White House projects more than 100,000 coronavirus deaths", CNN, 31 de março de 2020, https://edition.cnn.com/2020/03/31/politics/trump-white-house-guidelines-coronavirus/index.html.

2. "Coronavirus: The world in lockdown in maps and charts", BBC News World, 7 de abril de 2020, https://www.bbc.co.uk/news/world-52103747.

3. News Wires, "UN chief says coronavirus worst global crisis since World War II", France24, 1º de abril de 2020, https://www.france24.com/en/20200401-un-chief-says-coronavirus-worst-global-crisis-since-world-war-ii.

4. Martin Bagot e Oliver Milne, "Boris urged to go on coronavirus 'war footing' as illness claims first Brit", *Mirror*, 28 de fevereiro de 2020, https://www.mirror.co.uk/news/uk-news/boris-johnson-urged-go-coronavirus-21601342.

5. Danielle Sheridan, "Matt Hancock tells Britons we are fighting a war against an 'invisible killer' as social distancing measures introduced", *Telegraph*, 16 de março de 2020, https://www.telegraph.co.uk/politics/2020/03/16/coronavirus-cobra-meeting-boris-johnson-chris-whitty-patrick/.

6. Zoe Drewett, "'No risk' of catching coronavirus on the Tube, says Sadiq

Khan", *Metro*, 3 de março de 2020, https://metro.co.uk/2020/03/03/coronavirus-london-tube-sadiq-khan-12339239/.

7. "Coronavirus: Prime Minister Boris Johnson tests positive", BBC News Home, 27 de março de 2020, https://www.bbc.co.uk/news/uk-52060791.

8. News Wires, "UN chief says coronavirus worst global crisis since World War II".

9. Centers for Disease Control and Prevention, "Covid Data Tracker: United States COVID-19 Cases, Deaths, and Laboratory Testing (RT-PCR) by State, Territory, and Jurisdiction", https://www.cdc.gov/coronavirus/2019-ncov/cases-updates/summary.html?CDC_AArefVal=https%3A%2F%2Fwww.cdc.gov%2Fcoronavirus%2F2019-ncov%2Fsummary.html.

10. Sarah Boseley, "Calls for global ban on wild animal markets amid coronavirus outbreak", *Guardian*, 24 de janeiro de 2020, https://www.theguardian.com/science/2020/jan/24/calls-for-global-ban-wild-animal-markets-amid-coronavirus-outbreak.

11. Ibid.

12. Michael Standaert, "Coronavirus closures reveal vast scale of China's secretive wildlife farm industry", *Guardian*, 25 de fevereiro de 2020, https://www.theguardian.com/environment/2020/feb/25/coronavirus-closures-reveal-vast-scale-of-chinas-secretive-wildlife-farm-industry.

13. Ibid.

14. FAOSTAT, http://www.fao.org/faostat/en/#data/QL.

15. OMS, "Cumulative number of confirmed human cases for avian influenza A(H5N1)", relatado para a OMS, 2003-11), https://www.who.int/influenza/human_animal_interface/EN_GIP_ 20111010CumulativeNumberH5N1cases.pdf?ua=1.

16. D. MacKenzie, "Five easy mutations to make bird flu a lethal pandemic", New Scientist, 24 de setembro de 2011.

17. "Update: Novel Influenza A (H1N1) Virus Infection – Mexico, March-May, 2009", *MMWR Weekly*, CDC, 5 de junho de 2009, https://www.cdc.gov/mmwr/preview/mmwrhtml/mm5821a2.htm.

18. C. Fraser et al., WHO Rapid Pandemic Assessment Collaboration, "Pandemic potential of a strain of influenza A (H1N1): early findings", *Science*, 19 de junho de 2009, 324(5934): pp. 1557-61; Y.H. Hsieh et al., "Early outbreak of 2009 influenza A (H1N1) in Mexico prior to identification of pH1N1 virus", *PLoS One*, 2011, 6(8):e23853, https://www.ncbi.nlm.nih.gov/pmc/articles/PMC3166087/; S. Hashmi, "La Gloria, Mexico: the possible origins and response of a worldwide H1N1 flu pandemic in 2009", *Am J Disaster Med*, inverno de 2013, 8(1): pp. 57-64, https://pubmed.ncbi.nlm.nih.gov/23716374/.

19. Centers for Disease Control and Prevention, "H1N1 Flu, The 2009 H1N1 Pandemic: Summary Highlights, abril de 2009-abril de 2010", atualizado em 16 de junho de 2010, https://www.cdc.gov/h1n1flu/cdcresponse.htm.

20. NHS, "Swine flu (H1N1)", https://www.nhs.uk/conditions/swine-flu/.

21. Granjas Carroll de Mexico, "About Us", https://granjas carroll.com/quienes-somos/.

22. Centers for Disease Control and Prevention, "Influenza (Flu), 2009 H1N1 Pandemic (H1N1pdm09 virus)", https://www.cdc.gov/flu/pandemic-resources/2009-h1n1-pandemic.html.

23. A teoria do "evento cisne negro" foi cunhada pelo professor, escritor e ex-operador da bolsa libanês-americano Nassim Taleb em 2007, e designa eventos extremamente raros e surpreendentes que tiveram um forte impacto na história. Site consultado: https://www.bbc.com/portuguese/geral-58501805. Data de acesso: 13 maio 2023.

24. Aaron Kandola, "Coronavirus cause: Origin and how it spreads", Medical News Today, atualizado em 30 de junho de 2020, https://www.medicalnewstoday.com/articles/coronavirus-causes#origin.

25. Ana Sandoiu, "Coronavirus: Pangolins may have spread the disease to humans", Medical News Today, 11 de fevereiro de 2020, https://www.medicalnewstoday.com/articles/coronavirus-pangolins-may-havespread-the-disease-to-humans#How-could-pangolins-have-spread-the-virus?.

26. National Institute of Allergy and Infectious Diseases, "Coronaviruses", https://www.niaid.nih.gov/diseases-conditions/coronaviruses.

27. Federal Ministry for the Environment, Nature Conservation e Nuclear Safety, "Minister Schulze: Global nature conservation can reduce risk of future epidemics", BMU, 2 de abril de 2020, https://www.bmu.de/en/press release/minister-schulze-global-nature-conservation-can-reduce-risk-of-future-epidemics/.

28. Larry Light, "Chinese Virus Could Be a 'Black Swan Like No Other': Moody's", Chief Investment Officer, 31 de janeiro de 2020, https://www.ai-cio.com/news/chinese-virus-black-swan-like-no-moodys-says/.

29. David Quammen, "We Made the Coronavirus Epidemic", *New York Times*, 28 de janeiro de 2020, https://www.nytimes.com/2020/01/28/opinion/coronavirus-china.html.

30. Damian Carrington, "Coronavirus: 'Nature is sending us a message', says UN Environment Chief", *Guardian*, 25 de março de 2020, https://www.theguardian.com/world/2020/mar/25/coronavirus-nature-is-sending-us-a-message-says-un-environment-chief.

31. Damian Carrington, "Coronavirus UK lockdown causes big drop in air pollution", *Guardian*, 27 de março de 2020, https://www.theguardian.com/environment/2020/mar/27/coronavirus-uk-lockdown-big-drop-air-pollution.

32. Jonathan Watts e Niko Kommenda, "Coronavirus pandemic leading to huge drop in air pollution", *Guardian*, 23 de março de 2020, https://www.theguardian.com/environment/2020/mar/23/coronavirus-pandemic-leading-to-huge-drop-in-air-pollution.

33. Charles Riley, "'This is a crisis': Airlines face $113 billion hit from the coronavirus", CNN Business, 6 de março de 2020, https://edition.cnn.com/2020/03/05/business/airlines-coronavirus-iata-travel/index.html.

34. Watts e Kommenda, "Coronavirus pandemic leading to huge drop in air pollution".

35. Gunnar Hökmark, "Macron shows the 'Juncker dilemma' does not exist", EurActiv, 21 de junho de 2017), https://www.euractiv.com/section/economy-jobs/opinion/macron-shows-the-juncker-dilemma-does-not-exist/.

36. YouTube, "Keynote: 'Peace with Nature: the challenge of sustainability', Karl Falkenberg, Compassion in World Farming, 3 de novembro de 2017, https://www.youtube.com/watch?v=3ozmw-Q2Pr6g&list=PL-7iZXkicZxfRMp9U7euR-3GvhpZTR1V5y&index=23&t=0s.

13. Negócios com limites

1. People Pill, "Petter Stordalen", https://peoplepill.com/people/petterstordalen/.

2. Walter Willett *et al.*, "Food in the Anthropocene: the EAT– *Lancet* Commission on healthy diets from sustainable food systems", *Lancet*, 16 de janeiro de 2019, https://www.thelancet.com/journals/lancet/article/PIIS0140-6736(18)31788-4/fulltext.

3. Brent Loken *et al.*, "Diets for a better future", EAT, 2020, https://eatforum.org/content/uploads/2020/07/Diets-for-a-Better-Future_G20_National-Dietary-Guidelines.pdf.

4. Stockholm Resilience Centre, "The nine planetary boundaries", https://www.stockholmresilience.org/research/planetary-boundaries/planetary-boundaries/about-the-research/the-nine-planetary-boundaries.html.

5. Ibid.

6. "Transformation Towards Planetary Health, Prof. Rockström & Prof. Jessica Fanzo", Fórum da EAT, 12 de junho de 2019, https://www.youtube.com/watch?v=akVONkSdBCQ&list=PLCuQknRNIH2F-vpa0RaLQam6Thx-ou3H7H&index=9.

7. International Renewable Energy Agency, "World Economic Forum and IRENA Partner for Sustainable Energy Future", 23 de setembro de 2020, https://www.irena.org/newsroom/pressreleases/2020/Sep/WEF-and-IRENA-Partner-for-Sustainable-Energy-Future; Energy Transitions Commission, "A global coalition of leaders from across the energy landscape committed to achieving net-zero emissions by mid-century", https://www.energy-transitions.org/; Roberto Bocca e Harsh Vijay Singh, "The moment of truth for global energy transition is here", Fórum Econômico Mundial, 13 de maio de 2020, https://www.weforum.org/agenda/2020/05/global-energy-transition-index-eti-disrupted-by-covid19/; "Fostering Effective Energy Transition", World Economic Forum Insight Report 2020 Edition, 13 de maio de 2020, https://www.weforum.org/reports/fostering-effective-energy-transition-2020

8. Bocca e Singh, "The moment of truth for global energy transition is here".

9. Hannah Ritchie, "Food production is responsible for one-quarter of the world's greenhouse gas emissions", Our World in Data, 6 de novembro de 2019, https://ourworldindata.org/food-ghg-emissions.

10. Nicoletta Batini, "Reaping What We Sow: Smart changes to how we farm and eat can have a huge impact on our planet", *IMF, Finance and Development*, dezembro de 2019, vol. 56, nº 4, https://www.imf.org/external/pubs/ft/fandd/2019/12/farming-food-and-climate-change-batini.htm.

11. Nicoletta Batini, comunicação pessoal, 23 de setembro de 2020.

12. Olivier De Schutter, "Report of the Special Rapporteur on the right to food", Assembleia Geral da ONU, 26 de dezembro de 2011, Décima-Nona Sessão do Conselho de Direitos Humanos, Item 3 da agenda, A/HRC/19/59, http://www.ohchr.org/Documents/HRBodies/HRCouncil/RegularSession/Session19/A-HRC-19-59_en.pdf

13. Batini, "Reaping What We Sow".

14. "The Greatest Balancing Act: Nature and the Global Economy, Based on conservation between David Attenborough and Christine Lagarde", *IMF, Finance and Development*, dezembro de 2019, vol. 56, nº 4, https://www.imf.org/external/pubs/ft/fandd/2019/12/nature-climate-and-the-global-economy-lagarde-attenborough.htm

15. Doughnut Economics Action Lab, "About Doughnut Economics", https://doughnuteconomics.org/about-doughnut-economics.

16. Daphne Ewing-Chow, "This new food label will mainstream Whole Foods' biggest trend for 2020", *Forbes*, 20 de dezembro de 2019, https://www.forbes.com/sites/daphneewingchow/2019/12/20/this-new-food-label-will-mainstream-whole-foods-biggest-trend-for-2020/?sh=53c77fb93933; Kurt

Knebusch, "Dig the solution: How to offset 100 percent of all greenhouse gas emissions", Ohio State University, College of Food, Agricultural and Environmental Sciences, 31 de julho de 2015, https://u.osu.edu/sustainability/2015/07/31/dig-the-solution-how-to-offset-100-percent-of-all-greenhouse-gas-emissions/.

14. Nossa salvação

1. Ian Redmond, "What happened to the gorillas that met David Attenborough?", BBC Earth, 12 de maio de 2016, http://www.bbc.co.uk/earth/story/20160508-what-happened-to-the-gorillas-who-met-david-attenborough; YouTube, "How one community came together to save the gorilla | Extinction: The Facts – BBC", BBC, 5 de outubro de 2020, https://www.youtube.com/watch?v=_nH_5yjb1bE.

2. Michael Buerk, "Sir David Attenborough's stark warning in new Netflix documentary A Life on Our Planet: 'It's about saving ourselves'", *Radio Times*, 27 de setembro de 2020, https://www.radiotimes.com/tv/documentaries/david-attenborough-life-on-our-planet-netflix-big-rt-interview/.

3. David Attenborough, *A Life on Our Planet: My Witness Statement and a Vision for the Future*, Witness Books, Londres, 2020, p. 7.

4. Worldometer, "World Population by Year", https://www.worldometers.info/world-population/world-population-by-year/.

5. Texas A&M University, "Humankind did not live with a high-carbon dioxide atmosphere until 1965", ScienceDaily, 25 de setembro de 2019, www.sciencedaily.com/releases/2019/09/190925123415.htm

6. Jon Ungoed-Thomas, "'Healthy' chicken piles on the fat", *The Times*, 3 de abril de 2005, http://www.timesonline.co.uk/printFriendly/0,,1-523-1552131,00.html.

7. Fundo de População da ONU, "World Population Dashboard", https://www.unfpa.org/data/world-population-dashboard; Chelsea Harvey, E&E News, "CO2 Levels Just Hit Another Record – Here's Why It Matters", *Scientific American*, 16 de maio de 2019, https://www.scientificamerican.com/article/co2-levels-just-hit-another-record-heres-why-it-matters/.

8. "Global Biodiversity Outlook 5", Secretariado da Convenção sobre Diversidade Biológica, Montréal, 2020.

9. Attenborough, *A Life on Our Planet*.

10. E.A. Almond, M. Grooten e T. Petersen (eds.), *Living Planet Report 2020: Bending the Curve of Biodiversity Loss*, WWF, Gland, Suíça, 2020, https://www.wwf.org.uk/sites/default/files/2020-09/LPR20_Fullreport.pdf.

11. WWF, "WWF sends SOS for nature as scientists warn wildlife is in freefall", 9 de setembro de 2020, https://www.wwf.org.uk/press-release/living-planet-report-2020.

12. Yinon M. Bar-On, Rob Phillips e Ron Milo, "The biomass distribution on Earth", *PNAS*, junho de 2018, 115(25), pp. 6506-11, https://www.pnas.org/content/115/25/6506.

13. Attenborough, *A Life on Our Planet*, p. 100.

14. Worldometer, "World Population by Year".

15. Office for National Statistics, "UK Environmental Accounts: 2014", 2 de julho de 2014, https://www.ons.gov.uk/economy/environmentalaccounts/bulletins/ukenvironmentalaccounts/2014-07-02#land-use-experimental.

16. Dados do Banco Mundial, "Agricultural land (% of land area) – United

Kingdom", https://data.worldbank.org/indicator/AG.LND.AGRI.ZS?locations=GB&year_high_desc=false; Department for Environment, Food and Rural Affairs et al., *Agriculture in the United Kingdom 2017*, National Statistics, 2018, https://assets.publishing.service.gov.uk/government/uploads/ system/uploads/attachment_data/file/741 062/AUK-2017-18sep18.pdf.

17. Eurostat, Statistics Explained, "Land use statistics", https://ec.europa.eu/eurostat/statistics-explained/index.php?title=Landusestatistics&oldid=507544.

18. Dados do Banco Mundial, "Agricultural land (% of land area) – United Kingdom"; Center for Sustainable Systems, University of Michigan, "US Cities Factsheet", http://css.umich.edu/factsheets/us-cities-factsheet

19. NFU, "Self-sufficiency Day: Farming growth plan needed", 7 de agosto de 2014, https://www.nfuonline.com/self-sufficiency-day-farming-growth-plan-needed/.

20. M. Springmann et al., "Health and nutritional aspects of sustainable diet strategies and their association with environmental impacts: a global modelling analysis with country-level detail", *Lancet Planet Health*, outubro de 2018, 2(10): e451-e461, doi: 10.1016/S2542-5196(18)30206-7. PMID: 30318102; PMCID: PMC6182055.

21. David R. Williams et al., "Proactive conservation to prevent habitat losses to agricultural expansion", *Nature Sustainability*, 2020, DOI: 10.1038/s41893-020-00656-5.

22. UNEP, "#FridayFact: Every minute we lose 23 hectares of arable land worldwide to drought and desertification", 12 de fevereiro de 2018, acesso em janeiro de 2021, https://www.unenvironment.org/news-and-stories/story/fridayfact-every-minute-we-lose-23-hectares-arable-land-worldwide-drought; FAOSTAT, "Land use", http://www.fao.org/faostat/en/#data/RL.

23. *National Geographic*, "How to live with it: Crop changes", https://www.nationalgeographic.com/climate-change/how-to-live-with-it/crops.html; Alessandro De Pinto et al., "Climate-smart agriculture and global food-crop production", *PLoS ONE*, 2020, 15(4): e0231764, https://doi.org/10.1371/journal.pone.0231764.

24. FAO, ITPS, GSBI, SCBD e EC, *State of Knowledge of Soil Biodiversity – Status, challenges and potentialities*, FAO: Roma, 2020, https://doi.org/10.4060/cb1929en, http://www.fao.org/3/cb1929en/CB1929EN.pdf.

25. Attenborough, *A Life on Our Planet*, p. 161.

26. University of Bristol, "Recovering From A Mass Extinction", ScienceDaily, 20 de janeiro de 2008, http://www.sciencedaily.com/releases/2008/01/080118101922.htm.

27. Attenborough, A Life on Our Planet, p. 6.

28. C.B. Field et al. (eds.), "Summary for policymakers", em *Climate Change 2014: Impacts, Adaptation, and Vulnerability, Part A: Global and Sectoral Aspects*, contribuição do Working Group II para o Quinto Relatório de Avaliação do Painel Intergovernamental sobre Mudanças Climáticas, Cambridge University Press, Cambridge, Reino Unido, e Nova York, EUA, 2014, pp. 1-32, http://www.ipcc.ch/pdf/assessment-report/ar5/wg2/ar5_wgII_spm_en.pdf.

29. Andy Challinor et al., *Climate and global crop production shocks*, Resilience Taskforce Sub Report, Annex A (Global Food Security Programme: UK, 2015), https://www.foodsecurity.ac.uk/publications/resilience-taskforce-sub-report-annex-climate-global-crop-production-shocks.pdf.

30. M. Le Page, "US cities to sink under rising seas", *New Scientist*, 17 de outubro de 2015, vol. 228, nº 3043, p. 8; M. Le Page, "Even drastic emissions cuts can't save New Orleans and Miami", *New Scientist*, 14 de outubro de 2015, https://www.newscientist.com/article/mg22830433-900-even-drastic-emissions-cuts-cant-save-new-orleans-and-miami/; B.H. Strauss, S. Kulp & A. Levermann, "Carbon choices determine US cities committed to futures below sea level", *PNAS*, 2015, edição inicial, vol. 112, nº 44, www.pnas.org/cgi/doi/10.1073/pnas.1511186112.

31. Attenborough, A Life on Our Planet, p. 105.

32. Ibid., p. 164.

33. Ibid., p. 170.

34. Ibid., p. 171.

35. Buerk, "Sir David Attenborough's stark warning".

15. Regeneração

1. Douglas C. Munski, Bernard O'Kelly e Elwyn B. Robinson, "North Dakota", *Encyclopedia Britannica*, 29 de outubro de 2020, acesso em 13 de maio de 2021, https://www.britannica.com/place/North-Dakota.

2. Brown's Ranch, "Cropping", http://brownsranch.us/cropping/.

3. Gabe Brown, *Dirt to Soil: One Family's Journey into Regenerative Agriculture*, Chelsea Green, Vermont, EUA, 2018, p. 109.

4. Ibid., p. 21.

5. Ibid., p. 22.

6. Ibid.

7. Ibid., p. 13.

8. Brown's Ranch, "Cropping".

9. Brown, *Dirt to Soil*, p. 68.

10. Ibid., p. 89.

11. Brown's Ranch, "Food", http://brownsranch.us/food/.

12. Brown, *Dirt to Soil*, p. 119.

13. Ibid., p. 3.

14. W.R. Teague et al., "Grazing management impacts on vegetation, soil biota and soil chemical, physical and hydrological properties in tall grass prairie", *Agriculture, Ecosystems & Environment*, 2011, 141, pp. 310-22; W.R. Teague et al., "The role of ruminants in reducing agriculture's carbon footprint in North America", *Journal of Soil and Water Conservation*, 2016, 71, pp. 156-64.

15. David R. Montgomery, *Growing a Revolution: Bringing our Soil Back to Life*, WW Norton & Company, Nova York, 2017, p. 194.

16. Brown, *Dirt to Soil*, p. 119.

17. Ibid., p. 86.

18. Ibid.

19. Brown's Ranch, "Food".

20. Ibid.

21. Gabe Brown, comunicação pessoal, 20 de abril de 2021.

22. Brown, *Dirt to Soil*, pp. 122, 130.

23. Brown's Ranch, "Home: Welcome to Brown's Ranch", http://brownsranch.us/.

24. YouTube, "PFLA Webinar: Pastured Pigs – Maximising Forage Feeding", Pasture Fed Livestock Association, 29 de maio de 2020, https://www.youtube.com/watch?v=y-tBDsjYTsY.

25. YouTube, "How Dairy Farming Is Becoming More Ethical", Farmdrop, 23 de outubro de 2019, https://www.youtube.com/watch?v=yNRpjuixmYQ.

26. Tom Philpott, "One weird trick to fix farms forever", *Mother Jones*, 9 de setembro de 2013, https://www.motherjones.com/environment/2013/09/cover-crops-no-till-david-brandt-farms/.

27. Brown, *Dirt to Soil*, pp. 52-3.

28. Chris Kick, "Mimicking nature: Cover crop guru Dave Brandt was an early adapter", *Farm and Dairy*, 8 de junho de 2016, https://www.farmanddairy.com/news/mimicking-nature-cover-crop-guru-dave-brandt-was-an-early-adapter/340579.html.

29. Philpott, "One weird trick to fix farms forever".

30. Jennifer Kiel, "Meet Master Farmer Brandt: Rooted in soil health", *Ohio Farmer*, 1º de abril de 2016, https://www.farmprogress.com/story-meet-master-farmer-brandt-rooted-soil-health-9-139545; Montgomery, *Growing a Revolution*, pp. 235-6.

31. Soil Health Academy, "Ohio Soil Health Pioneer's Farm is Classroom for Upcoming Regenerative Agriculture School", Regeneration International, 16 de maio de 2019, https://regenerationinternational.org/2019/05/16/ohio-soil-health-pioneers-farm-is-classroom-for-upcoming-regenerative-agriculture-school/#:~:text=Today%2C%20the%20Soil%20Health%20Academy,and%20improved%20his%20farm's%20profitability.

32. Randall Reeder e Rafiq Islam, "No-till and conservation agriculture in the United States: An example from the David Brandt farm, Carroll, Ohio", *International Soil and Water Conservation Research*, 2014, 2, pp. 97-107, https://doi.org/10.1016/S2095-6339(15)30017-4.

33. Ibid.

34. Kiel, "Meet Master Farmer Brandt".

35. Montgomery, *Growing a Revolution*, pp. 230-31.

36. R. Lal, "Enhancing crop yields in the developing countries through restoration of the soil organic carbon pool in agricultural lands", *Land Degradation and Development*, 2005, https://onlinelibrary.wiley.com/doi/epdf/10.1002/ldr.696.

37. Montgomery, *Growing a Revolution*, p. 234.

38. Ken Roseboro, "Soil Health: The next agricultural revolution", EcoWatch, 7 de janeiro de 2019, https://www.ecowatch.com/soil-health-as-the-next-agricultural-revolution-2625362894.html

39. W.A. Albrecht, *Loss of Soil Organic Matter and Its Restoration*, US Dept of Agriculture, Soils and Men, Yearbook of Agriculture 1938, pp. 347-60, https://soilandhealth.org/wp-content/uploads/01aglibrary/010120albrecht.usdayrbk/lsom.html.

40. Montgomery, *Growing a Revolution*, p. 245.

41. YouTube, "Growing Underground: The world's first subterranean farm", Growing Underground, 7 de agosto de 2015, https://www.youtube.com/watch?v=Co1qpywMHNQ.

42. Growing Underground, http://growing-underground.com/; YouTube, "How do hydroponics work? Underground Farming", BBC Earth Lab, 8 de dezembro de 2016, https://www.youtube.com/watch?v=FecuxU0tMmE.

43. YouTube, "Growing Underground".

44. Zlata Rodionova, "Inside London's first underground farm", *Independent*, 3 de fevereiro de 2017, https://www.independent.co.uk/Business/indyventure/growing-underground-london-farm-food-waste-first-food-miles-a7562151.html.

45. Sophia Epstein, "Growing underground: the hydroponic farm hidden 33

metres below London", *Wired*, 13 de abril de 2017, https://www.wired.co.uk/article/underground-hydroponic-farm.

46. Rodionova, "Inside London's first underground farm".

47. Epstein, "Growing underground".

48. AeroFarms, "AeroFarms® to build world's largest R&D Indoor Vertical Farm in Abu Dhabi as part of USD $100 million AgTech investment by Abu Dhabi Investment Office (ADIO)", 9 de abril de 2020, https://aerofarms.com/2020/04/09/aerofarms-to-build-worlds-largest-rd-farm

49. Malavika Vyawahare, "World's largest vertical farm grows without soil, sunlight or water in Newark", *Guardian*, 14 de agosto de 2016, https://www.theguardian.com/environment/2016/aug/14/world-largest-vertical-farm-newark-green-revolution.

50. Ibid.

16. Repensando as proteínas

1. Y.N. Harari, "Extinction and Livestock Conference – Video contribution", Compassion in World Farming and WWF-UK, Londres, 6 de outubro de 2017.

2. Vegan Society, News/Market Insights, "Plant Milk Market", https://www.vegansociety.com/news/market-insights/plant-milk-market; Innova Market Insights, "Global Plant Milk Market to Top US $16 Billion in 2018: Dairy Alternative Drinks Are Booming, Says Innova Market Insights", PR Newswire, 13 de junho de 2017, https://www.prnewswire.com/news-releases/global-plant-milk-market-to-top-us-16-billion-in-2018--dairy-alternative-drinks-are-booming-says-innova-market-insights-300472693.html.

3. Good Food Institute, "US retail market data for the plant-based industry", acesso em junho de 2021, https://gfi.org/marketresearch/.

4. Mintel, "Milking the vegan trend: A quarter (23%) of Brits use plant-based milk", Mintel Food and Drink, 19 de julho de 2019, https://www.mintel.com/press-centre/food-and-drink/milking-the-vegan-trend-a-quarter-23-of-brits-use-plant-based-milk.

5. Packaged Facts, "5 Dairy Alternative Beverage Trends to Watch in 2018", PR Newswire, 2 de novembro de 2017, https://www.prnewswire.com/news-releases/5-dairy-alternative-beverage-trends-to-watch-in-2018-300548626.html.

6. Ibid.

7. L. Rojas, "International Pesticide Market and Regulatory Profile", Worldwide Crop Chemicals, http://wcropchemicals.com/pesticide_regulatory_profile/#_ftn28.

8. L.M. Bombardi, entrevistado pelo autor na Universidade de São Paulo, Brasil, 4 de março de 2016.

9. Ian Johnston, "Industrial farming is driving the sixth mass extinction of life on Earth, says leading academic", *Independent*, 27 de agosto de 2017, http://www.independent.co.uk/environment/mass-extinction-life-on-earth-farming-industrial-agriculture-professor-raj-patel-a7914616.html.

10. W. Fraanje e T. Garnett, "Soy: food, feed, and land use change", Foodsource: Building Blocks, Food Climate Research Network, University of Oxford, 30 de janeiro de 2020, https://www.leap.ox.ac.uk/article/soy-food-feed-and-land-use-change.

11. WWF Global, "The growth of soy, impacts and solutions: The market for soy in Europe", WWF Global, 2014, http://wwf.panda.org/what_wedo/footprint/agriculture/soy/soyreport/the_continuing_rise_of_soy/the_market_for_soy_in_europe/.

12. Alpro, acesso em 4 de junho de 2021, https://www.alpro.com/uk/good-for-theplanet/; Alpro, "Fact Sheet: First Flemish soya soon to be harvested", https://www.alpro.com/upload/press/misc/fact-sheet-first-flemish-soya-soon-to-be-harvested.pdf.

13. S. Birgersson, B.S. Karlsson e L. Söderlund, "Soy milk, an attributional life cycle assessment examining the potential environmental impact of soy milk", Group LCA04 Project Report – Life Cycle Assessment AG2800, Estocolmo, maio de 2009, http://envormation.org/wp-content/uploads/2015/08/Soy-milk-an-attributional-Life-Cycle-Assessment-examining-the-potential-environmental-impact-of-soy-milk.pdf, https://www.academia.edu/31017783/Soy_Milk_an_attributional_Life_Cycle_Assessment_examining_the_potential_environmental_impact_of_soy_milk.

14. Institute of the Environment and Sustainability, "Moving science to action", https://www.ioes.ucla.edu/wp-content/uploads/cow-vs-almond-milk-1.pdf.

15. Almond Breeze, "Where do your almonds come from?", https://www.almondbreeze.co.uk/faq/.

16. P. Sullivan, do Departamento de Desenvolvimento de Negócios da Blue Diamond Almonds na União Europeia, em resposta a inquérito do serviço de atendimento ao consumidor, 24 de janeiro de 2018.

17. Alpro, 4 de junho de 2021.

18. Tom Levitt, "'Wow, no cow': the Swedish farmer using oats to make milk", *Guardian*, 26 de agosto de 2017, https://www.theguardian.com/sustainable-business/2017/aug/26/wow-no-cow-swedish-farmer-oats-milk-oatly.

19. Oatly, "The climate footprint of enriched oat drink ambient", CarbonCloud AB, Suécia, 2019, https://www.oatly.com/uploads/attachments/ck16jh9jt04k9bggixfg6ssrn-report-the-climate-footprint-of-enriched-oat-drink-ambient-carboncloud-20190917.pdf; S. Clune, E. Crossin e K. Verghese, "Systematic review of greenhouse gas emissions for different fresh food categories", *Journal of Cleaner Production*, 2017, 140, pp. 766-83; SIK AB, Swedish Institute for Food and Biotechnology, em nome de Oatly AB, "Life cycle assessment summary", exemplar fornecido pela empresa.

20. Tom Levitt, "Animal-free dairy products move a step closer to market", *Guardian*, 13 de setembro de 2016, https://www.theguardian.com/environment/2016/sep/13/animal-free-dairy-products-move-a-step-closer-to-market.

21. Zsofia Mendly-Zambo, Lisa Jordan Powell e Lenore L. Newman, "Dairy 3.0: Cellular agriculture and the future of milk", *Food, Culture & Society*, 2021, 24:5, pp. 675-93, https://www.tandfonline.com/doi/full/10.1080/15528014.2021.1888411.

22. Cathy Owen, "The goats that are taking over a Welsh seaside town during lockdown", Wales Online, 31 de março de 2020, https://www.walesonline.co.uk/news/wales-news/goats-taking-over-welsh-seaside-18011581.

23. Hotels.com, "10 best things to do in Llandudno", https://uk.hotels.com/go/wales/things-to-do-llandudno.

24. Nathaniel Bullard, "The World Is Finally Losing Its Taste for Meat", Bloomberg, 30 de julho de 2020, https://www.bloomberg.com/news/articles/2020-07-30/good-news-for-climate-change-as-world-loses-its-taste-for-meat?utm_campaign=likeshopme&utmmedium=instagram&sref=aGTrSb9U&utmsource=dash%20hudson&utm_content=www.instagram.com/p/CDS0AKcn8Yf/.

25. Justin McCarthy, "Nearly one in four in US have cut back on eating meat",

Gallup, 27 de janeiro de 2020, https://news.gallup.com/poll/282779/nearly-one-four-cut-back-eating-meat.aspx.

26. Rebecca Smithers, "Third of Britons have stopped or reduced eating meat – Report", *Guardian*, 1º de novembro de 2018, https://www.theguardian.com/business/2018/nov/01/third-of-britons-have-stopped-or-reduced-meat-eating-vegan-vegetarian-report.

27. Melissa Clark, "The Meat-Lover's Guide to Eating Less Meat", *New York Times*, 31 de dezembro de 2019, https://www.nytimes.com/2019/12/31/dining/flexitarian-eating-less-meat.html.

28. Fox News, "Arnold Schwarzenegger joins celebrities claiming eating less meat will help climate change", 10 de dezembro de 2015, atualização mais recente em 20 de março de 2018, https://www.foxnews.com/food-drink/arnoldschwarzenegger-joins-celebrities-claiming-eating-less-meat-will-help-climate-change.

29. Roger Harrabin, "COP21: Arnold Schwarzenegger: 'Go part-time vegetarian to protect the planet'", BBC News, 8 de dezembro de 2015, https://www.bbc.co.uk/news/science-environment-3503965.

30. SIVO Insights, "Marketing to Food Tribes", https://sivoinsights.com/2015/10/marketing-to-food-tribes/.

31. Emiko Terezono e Leslie Hook, "Have we reached 'peak meat'?", *Financial Times*, 26 de dezembro de 2019, https://www.ft.com/content/815c9d62-14f4-11ea-9ee4-11f260415385.

32. FAO, *2020 food outlook: biannual report on global food markets*, Roma, junho de 2020, Food Outlook 1, https://doi.org/10.4060/ca9509en.

33. Ibid.

34. D. Mason-D'Croz, J.R. Bogard, M. Herrero et al., "Modelling the global economic consequences of a major African swine fever outbreak in China", *Nature Food*, 2020, 1, pp. 221-8, https://www.nature.com/articles/s43016-020-0057-2?-draft=marketing.

35. Elaine Watson, "How is coronavirus impacting plant-based meat? Impossible Foods, Lightlife, Tofurky, Meatless Farm Co, Dr. Praeger's, weigh in", *FoodNavigator*, 6 de abril de 2020, https://www.foodnavigator-usa.com/Article/2020/04/06/How-is-coronavirus-impacting-plant-based-meat-Impossible-Foods-weighs-in.

36. Markets and Markets, "Plant-based Meat Market: Plant-based meat market by source, product, type, process and region: Global forecast to 2025", dezembro de 2020, https://www.marketsandmarkets.com/Market-Reports/plant-based-meat-market-44922705.html

37. Research and Markets, "Global meat sector market analysis & forecast report, 2019: A $1.14 trillion industry opportunity by 2023", Globe Newswire, 2 de maio de 2019, https://www.globenewswire.com/news-release/2019/05/02/1815144/0/en/Global-Meat-Sector-Market-Analysis-Forecast-Report-2019-A-1-14-Trillion-Industry-Opportunity-by-2023.html

38. Base de Dados da FAOSTAT, "Food supply, new food balances", FAO, acesso em outubro de 2021, http://www.fao.org/faostat/en/#data/FBS.

39. Ibid.

40. Public Health England, "Statistical Summary: National diet and nutrition survey: Years 1 to 9 of the rolling programme (2008/09-2016/17): Time trend and income analyses", janeiro de 2019, https://assets.publishing.service.gov.uk/government/uploads/system/uploads/attachment_data/file/772430/NDNSY1-9_statistical_summary.pdf , ver também tabelas 3.8 a 3.16, https://assets.publishing.service.gov.uk/government/uploads/system/

uploads/attachment_data/file/772667/NDNS_UKY1-9_Datatables.zip

41. Cálculo do rendimento da média de carne comestível tirada da carcaça de bois e frangos.

42. Base de dados da FAOSTAT, "Food Supply".

43. Mildred Haley, "Livestock, dairy and poultry outlook", USDA, 19 de janeiro de 2018, https://www.ers.usda.gov/publications/pub-details/?pubid=86848.

44. Linn Akesson, "Historical reduction in meat consumption in Sweden – millions of animals affected", Djurens Rätt, 16 de março de 2021, https://www.djurensratt.se/blogg/historical-reduction-meat-consumption-sweden-millions-animals-affected.

45. Comissão Europeia, *EU agricultural outlook for markets and income*, 2019-2030, Comissão Europeia, DG Agriculture and Rural Development: Bruxelas, 2019, gráfico 5.5 Consumo de kg de carne per capita na União Europeia, https://ec.europa.eu/info/sites/info/files/food-farming-fisheries/farming/documents/agricultural-outlook-2019-report_en.pdf.

46. Ibid., p. 44; OECD, "Meat consumption (indicator)", 2019, acesso em 18 de fevereiro de 2019, https://data.oecd.org/agroutput/meat-consumption.htm.

47. M. Springmann et al., "Health and nutritional aspects of sustainable diet strategies and their association with environmental impacts: a global modelling analysis with country-level detail", *Lancet Planet Health*, 2018, Apêndice, informações complementares, 2, e451-61.

48. M. Springmann et al., "Options for keeping the food system within environmental limits", *Nature*, 2018, https://www.nature.com/articles/s41586-018-0594-0.

49. B. Bajželj et al., "Importance of food-demand management for climate mitigation", *Nature Climate Change*, outubro de 2014, vol. 4, http://www.nature.com/doifinder/10.1038/nclimate2353; M. Springmann et al., "Analysis and valuation of the health and climate change cobenefits of dietary change", PNAS, 2016, 113, 15, pp. 4146-51; Springmann et al., "Options for keeping the food system within environmental limits".

50. A. Leip et al., *Evaluation of the livestock sector's contribution to the EU greenhouse gas emissions*, Centro de Pesquisa Conjunta da Comissão Europeia, 2019.

51. E. Wollenberg et al., "Reducing emissions from agriculture to meet the 2°C target", *Global Change Biology*, 2016, 22, pp. 3859-64.

52. Comissão Europeia, *EU agricultural outlook for markets and income, 2019-2030*.

53. Antony Froggatt e Laura Wellesley, "Meat analogues: Considerations for the EU", Chatham House: Londres, 2019, https://reader.chathamhouse.org/meat-analogues-considerations-eu#.

54. Ibid.

55. Chelsea Gohd, "Meat grown in space for the first time ever", Space.com, 2020, https://www.space.com/meat-grown-in-space-station-bioprinter-first.html.

56. NASA, Webcast, "STS-111 International Space Station: Question and answer board", Centro Espacial John F. Kennedy da Nasa, atualização mais recente da página em 22 de novembro de 2007, https://www.nasa.gov/missions/highlights/webcasts/shuttle/sts111/iss-qa.html.

57. Rebecca Smithers, "First meat grown in space lab 248 miles from Earth", *Guardian*, 7 de outubro de 2019, https://www.theguardian.com/environment/2019/oct/07/wheres-the-beef-248-miles-up-as-first-meat-is-grown-in-a-space-lab.

58. P.R. Shukla et al. (eds.), *Climate Change and Land: An IPCC Special Report on climate change, desertification, land degradation, sustainable land management, food security and greenhouse gas fluxes in terrestrial ecosystems*, IPCC, 2019, https://www.ipcc.ch/srccl/ https://www.ipcc.ch/srccl/chapter/summary-for-policymakers/.

59. Hanna Tuomisto e M.J. Mattos, "Life cycle assessment of cultured meat production", 7ª Conferência Internacional sobre a Avaliação do Ciclo de Vida no Setor Alimentício, Bari, Itália, 22-24 de setembro de 2010, https://www.researchgate.net/publication/215666764_Life_cycle_assessment_of_cultured_meatproduction

60. Elliot Swartz, "New studies show cultivated meat can have massive environmental benefits and be cost-competitive by 2030", Good Food Institute, 9 de março de 2021, https://gfi.org/blog/cultivated-meat-lca-tea/.

61. Gohd, "Meat grown in space for the first time ever".

62. "KFC wants to make 3D bioprinted chicken nuggets in 'restaurant of the future'", *Newsround*, BBC, 21 de julho de 2020, https://www.bbc.co.uk/newsround/53471685; Kat Smith, "KFC Is Developing Lab-Grown Chicken Nuggets in Russia", LiveKindly, 19 de julho de 2020, https://www.livekindly.co/kfc-lab-grown-chicken-nuggets-russia/.

63. Sarah Young, "'Meat of the future': KFC is developing the world's first lab grown chicken nuggets", *Independent*, 21 de julho de 2020, https://www.independent.co.uk/life-style/food-and-drink/kfc-lab-grown-chicken-nuggets-biomeat-3d-bioprinting-russia-a9629671.html

64. Tor Marie, "Clean Meat Startups: 10 lab-grown meat producers to watch", TechRound, 23 de julho de 2019, https://techround.co.uk/startups/clean-meat-startups/.

65. Derrick A. Paulo e Chua Dan Chyi, "Grow meat at home from stem cells? It's coming, says Shiok Meats CEO", CNA Insider, 7 de março de 2020, https://www.channelnewsasia.com/news/cnainsider/lab-grow-stem-cell-based-protein-home-shiok-meats-sandhya-sriram-12511730.

66. Mosa Meat, "Growing Beef", https://www.mosameat.com/technology.

67. YouTube, "Taste test of world's first lab-grown burger that cost £ 215,000 to produce", Leak Source News, 6 de agosto de 2013, https://www.youtube.com/watch?v=9XqcIkbxxBw; Alok Jha, "First lab-grown hamburgers gets full marks for 'mouth feel'", *Guardian*, 6 de agosto de 2013, https://www.theguardian.com/science/2013/aug/05/world-first-synthetic-hamburger-mouth-feel.

68. Mosa Meat, "FAQs", https://www.mosameat.com/faq.

69. Chase Purdy, *Billion Dollar Burger: Inside Big Tech's Race for the Future of Food*, Piatkus, Londres, 2020, p. xvi.

70. Mosa Meat, "FAQs".

71. Cell Based Tech, "Lab grown meat companies", https://cellbasedtech.com/lab-grown-meat-companies.

72. Isha Datar, comunicação pessoal, 28 de agosto de 2020.

73. YouTube, "Is cell-cultured meat ready for the mainstream?", Quartz News, 1º de novembro de 2019, https://www.youtube.com/watch?v=VYXw_-vJFBA.

74. Ibid.

75. Good Food Institute, "Deep Dive: Cultivated meat cell culture media", acesso em junho de 2021, https://gfi.org/science/the-science-of-cultivated-meat/deep-dive-cultivated-meat-cell-culture-media/.

76. YouTube, "Is cell-cultured meat ready for the mainstream?".

77. Tor Marie, "Clean Meat Startups".

78. Good Food Institute, "Deep Dive".

79. Mosa Meat, "FAQs".

80. Harry de Quetteville, "The future of meat: Plant-based, lab-grown and goodbye to the abattoir", *Telegraph*, 16 de julho de 2020, https://www.telegraph.co.uk/food-and-drink/features/future-meat-plant-based-lab-grown-goodbye-abattoir/.

81. Mary Ellen Shoup, "Survey: How do consumers feel about cell cultured meat and dairy minus the cows?", *Food-Navigator*, 13 de dezembro de 2019, https://www.foodnavigator-usa.com/Article/2019/12/13/Survey-Are-consumers-warming-up-to-the-idea-of-cell-cultured-meat#.

82. Purdy, *Billion Dollar Burger*, p. 195.

83. Damian Carrington, "World's first lab-grown steak revealed – but the taste needs work", *Guardian*, 14 de dezembro de 2018, https://www.theguardian.com/environment/2018/dec/14/worlds-first-lab-grown-beef-steak-revealed-but-the-taste-needs-work.

84. Catherine Tubb e Tony Seba, *Rethinking Food and Agriculture 2020-2030: The Second Domestication of Plants and Animals, the Disruption of the Cow, and the Collapse of Industrial Livestock Farming*, RethinkX, San Francisco, 2019, https://static1.squarespace.com/static/585c3439be65942f022bbf9b/t/5d7fe0e83d119516bfc0017e/1568661791363/RethinkX+Food+and+Agriculture+Report.pdf.

85. Brent Huffman, "Cow", *Encyclopedia Britannica*, 26 de novembro de 2019, https://www.britannica.com/animal/cow#ref1242584.

86. Quorn, "Mycoprotein: Super protein. Super tasty", https://www.quorn.co.uk/mycoprotein.

87. Meati, https://meati.com/pages/what-is-mycelium.

88. Liz Specht e Nate Crosser (autores principais), "State of the industry report – Fermentation: An introduction to a pillar of the alternative protein industry", Good Food Institute, 2020, https://gfi.org/wp-content/uploads/2021/01/INN-Fermentation-SOTIR-2020-0910.pdf.

89. Tubb e Seba, *Rethinking Food and Agriculture 2020-2030*, pp. 13-14.

90. Ibid., p. 16.

91. Donavyn Coffey, "New report calls fermentation the next pillar of alternative proteins", The Spoon, 17 de setembro de 2020, https://thespoon.tech/new-report-calls-fermentation-the-next-pillar-of-alternative-proteins/.

92. Jeanne Yacoubou, "Microbial Rennets and Fermentation Produced Chymosin (FPC): How vegetarian are they?", Vegetarian Resource Group Blog, 21 de agosto de 2012, https://www.vrg.org/blog/2012/08/21/microbial-rennets-and-fermentation-produced-chymosin-fpc-how-vegetarian-are-they/; Flora Southey, "'Game changer' cheese enzyme increases yield by up to 1%: 'There is nothing on par with this'", *FoodNavigator*, 3 de abril de 2019, https://www.foodnavigator.com/Article/2019/04/03/Game-changer-cheese-enzyme-increases-yield-by-up-to-1-There-is-nothing-on-par-with-this.

93. *FoodNavigator*, "Sectors: Meat", http://www.globalmeatnews.com/Industry-Markets/Study-suggests-conventional-meat-will-cost-a-premium-as-demand-grows.

94. Edward Devlin, "At-home demand helps Quorn offset foodservice shutdown", *The Grocer*, 31 de julho de 2020, https://www.thegrocer.co.uk/results/at-home-demand-helps-quorn-offset-foodservice-shutdown/646997.article.

95. Carbon Trust, "Quorn – product carbon footprinting and labelling", https://www.carbontrust.com/our-projects/quorn-product-carbon-footprinting-and-labelling.

96. Sarah Buhr, "Former jock hatching new food biz with help from tech", especial para o jornal *USA Today*, 2014, https://eu.usatoday.com/story/tech/2014/04/07/hampton-creek-foods-josh-tetrick-just-mayo-silicon-valley/7348077/.

97. Purdy, *Billion Dollar Burger*, pp. 49-60; Ruben Baartmay, "How the Dutch government is obstructing the advent of *in vitro* meat", NextNature.Net, 22 de maio de 2018, https://nextnature.net/story/2018/interview-ira-van-eelen.

98. Eat Just, Inc., "Eat Just makes history (again) with restaurant debut of cultured meat", Business Wire, 21 de dezembro de 2020, https://www.businesswire.com/news/home/20201220005063/en/Eat-Just-Makes-History-Again-with-Restaurant-Debut-of-Cultured-Meat.

99. Ancient History Lists, "Top 11 Inventions and Discoveries of Mesopotamia", atualização mais recente feita por Saugat Adhikari em 20 de novembro de 2019, https://www.ancienthistorylists.com/mesopotamia-history/top-11-inventions-and-discoveries-of-mesopotamia/#1_Agriculture_and_Irrigation; Time Maps, "Ancient Mesopotamia: Civilization and Society", https://www.timemaps.com/civilizations/ancient-mesopotamia/; Megan Gambino, "A Salute to the Wheel", *Smithsonian Magazine*, 17 de junho de 2009, https://www.smithsonianmag.com/science-nature/a-salute-to-the-wheel-31805121/.

100. E.S. Cassidy et al., "Redefining agricultural yields: from tonnes to people nourished per hectare", *Environ. Res. Lett.*, 2013, 8 034015, stacks.iop.org/ERL/8/034015.

101. M. Henchion et al., "Future Protein Supply and Demand: Strategies and Factors Influencing a Sustainable Equilibrium", *Foods*, 20 de julho de 2017, 6(7), p. 53, https://www.ncbi.nlm.nih.gov/pmc/articles/PMC5532 560/; Base de dados da FAOSTAT, "New Food Balances", http://www.fao.org/faostat/en/#data/FBS.

102. J. Poore e T. Nemecek, "Reducing food's environmental impacts through producers and consumers", *Science*, 2018, vol. 360, nº 6392, pp. 987-92, https://science.sciencemag.org/content/360/6392/987.

103. Jonathan B. Wight, "The Stone Age didn't end because we ran out of stones", Economics and Ethics, 27 de março de 2014, https://www.economicsandethics.org/2014/03/the-stone-age-didnt-end-because-we-ran-out-of-stones-.html; Matt Frei, "Washington diary: Oil addiction", BBC News, 3 de julho de 2008, http://news.bbc.co.uk/1/hi/world/americas/7486705.stm.

104. Informação do site Drovers.

105. Shruti Singh, "Bill Gates and Richard Branson back start-up that grows 'clean meat'", Bloomberg, 23 de agosto de 2017, https://www.bloomberg.com/news/articles/2017-08-23/cargill-bill-gates-bet-on-startup-making-meat-without-slaughter.

106. Tubb e Seba, *Rethinking Food and Agriculture* 2020-2030, p. 20.

107. Ibid.

108. Ibid.

109. John Greathouse, "Here's how Lisa Dyson's start-up is reducing world hunger and combating climate change",

Forbes, 10 de março de 2020, https://www.forbes.com/sites/johngreathouse/2020/03/10/heres-how-lisa-dysons-startup-is-reducing-world-hunger-and-combating-climate-change/#2fd3162f52f9; Air Protein, "The future of meat", https://www.airprotein.com/.

17. Retorno à vida selvagem

1. Keiron Pim, "I'm the luckiest man I know", *Norwich Evening News*, 25 de julho de 2011, https://www.eveningnews24.co.uk/views/i-m-the-luckiest-man-i-know-1-973427.

2. H. Charles J. Godfray et al., "Food security: The challenge of feeding 9 billion people", *Science*, 12 de fevereiro de 2010, 327, pp. 812-18, https://science.sciencemag.org/content/327/5967/812.

3. D. Ray, N. Ramankutty, N. Mueller et al., "Recent patterns of crop yield growth and stagnation", *Nature Communications*, 2012, 3, p. 1293, https://www.nature.com/articles/ncomms2296.

4. Isabella Tree, *Wilding: The return of nature to a British farm*, Picador, Londres, 2018.

5. Knepp Wild Range Meat, "Wild Range Meat", https://www.kneppwildrangemeat.co.uk/.

6. Sam Knight, "Can farming make space for nature?", New Yorker, 10 de fevereiro de 2020, https://www.newyorker.com/magazine/2020/02/17/can-farming-make-space-for-nature.

7. "Norfolk four-course system", *Encyclopedia Britannica*, 20 de julho de 1998, https://www.britannica.com/topic/Norfolk-four-course-system.

8. Holkham, "Crop Rotation", https://www.holkham.co.uk/farming-shooting-conservation/crop-rotation/coke-of-norfolk; Holkham, "Crop Rotation: Diversity of Cropping", https://www.holkham.co.uk/farming-shooting-conservation/crop-rotation/six-course-rotation.

9. Rosamund Young, *The Secret Life of Cows*, Faber and Faber, Londres, 2017, p. 54.

10. Andy Bloomfield, "The Spoonbill – A Holkham success story", 29 de novembro de 2018, https://www.holkham.co.uk/blog/post/the-spoonbill-a-holkham-success-story.

11. Richard F. Pywell et al., "Wildlife-friendly farming increases crop yield: Evidence for ecological intensification", *Proceedings of the Royal Society* B, 7 de outubro de 2015, 282, https://royalsocietypublishing.org/doi/full/10.1098/rspb.2015.1740.

12. M.A. Pavao-Zuckerman, "Soil Ecology", em *Encyclopedia of Ecology*, Academic Press, Cambridge, Massachusetts, 2008, https://www.sciencedirect.com/topics/agricultural-and-biological-sciences/soil-ecology/.

13. Comissão Europeia, *The Factory of Life: Why soil biodiversity is so important*, Escritório para Publicações Oficiais das Comunidades Europeias, Luxemburgo, 2010, https://ec.europa.eu/environment/archives/soil/pdf/soil_biodiversity_brochure en.pdf

14. D.H. Wall e M.A. Knox, "Soil Biodiversity", em *Reference Module in Earth Systems and Environmental Sciences*. Elsevier, Amsterdã, 2014, https://www.sciencedirect.com/topics/agricultural-and-biological-sciences/soil-biodiversity.

15. Bryan Griffiths, Chris McDonald e Mary-Jane Lawrie, "Soil Biodiversity and Soil Health", Farm Advisory Service, Escócia, abril de 2019, Technical Note 721, https://www.fas.scot/downloads/tn721-soil-biodiversity-and-soil-health/.

16. WWF, "Dishing the dirt on the secret life of soil", WWF, Washington, D.C., 5 de dezembro de 2018, https://www.worldwildlife.org/stories/dishing-the-dirt-on-the-secret-life-of-soil.

17. John Crawford, comunicação pessoal, 2020.

18. Wikipedia, "Earthworm", https://en.wikipedia.org/wiki/Earthworm.

19. Comissão Europeia, *The Factory of Life*.

20. Stephanie Pappas, "Confirmed: The Soil Under Your Feet is Teeming with Life", *Live Science*, maio de 2016, https://www.livescience.com/54862-soil-teeming-with-life.html.

21. Ibid.

22. M.A. Pavao-Zuckerman, "Soil Ecology".

23. FAO, "Where Food Begins", http://www.fao.org/resources/infographics/infographics-details/en/c/285853/.

24. Comissão Europeia, *The Factory of Life*.

Epílogo

1. Matt McGrath, "Biden: This will be 'decisive decade' for tackling climate change", (BBC News, Science & Environment, 22 de abril de 2021), https://www.bbc.co.uk/news/science-environment-56837927.

2. Henry Zeffman e John Reynolds, "Climate change summit: Veganism 'will help Britain hit emissions targets'", (*Times*, 22 de abril de 2021), https://www.thetimes.co.uk/article/climate-change-summit-this-is-the-year-to-get-serious-boris-johnson-tells-world-kkz76t5sv.

3. Declaração do Secretário-Geral da ONU, "Secretary-General's message on World Food Day", (Nova York, 16 de outubro de 2019), https://www.un.org/sg/en/content/sg/statement/2019-10-16/secretary-generals-message-world-food-day-scroll-down-for-french-version.

4. Bradshaw et al., "Underestimating the Challenges of Avoiding a Ghastly Future", *Frontiers in Conservation Science*, 13 de janeiro de 2021, 1, p. 9, https://www.frontiersin.org/articles/10.3389/fcosc.2020.615419/full.

5. Helen Harwatt e Matthew N. Hayek, "Eating away at climate change with negative emissions", Animal Law and Policy Prgram, Faculdade de Direito de Harvard, 11 de abril de 2019, https://animal.law.harvard.edu/wp-content/uploads/Eating-Away-at-Climate-Change-with-Negative-Emissions%E2%80%93%E2%80%93Harwatt-Hayek.pdf.

6. Daphne Ewing-Chow, "This new food label will mainstream Whole Foods' biggest trend for 2020", Forbes, 20 de dezembro de 2019, https://www.forbes.com/sites/daphneewingchow/2019/12/20/this-new-food-label-will-mainstream-whole=-foods-biggest-trend-for2020-/?sh-53c77fb93933; The Ohio State University, CFAES on Sustainability, "Dig the solution: How to offset 100 percent of all greenhouse gas emissions", (31 de julho de 2015), https://u.osu.edu/sustainability/2015/07/31/dig-the-solution-how-to-offset-100-percent-of-all-greenhouse-gas-emissions/.

ÍNDICE REMISSIVO

A

abelha 11, 21, 49, 88, 125, 126, 127, 131, 132, 173, 211, 222, 239, 243, 280, 298
acidose ruminal 53
aeroponia 236, 237, 300
África 15, 30, 31, 47, 81, 113, 117, 141, 142, 145, 148, 180, 187, 189, 200, 216, 222, 270
Agamenon Menezes 94
agricultores 13, 18, 26, 28, 33, 37, 39, 40, 51, 53, 57, 65, 72, 77, 82, 88, 93, 95, 107, 114, 116, 120, 121, 127, 157, 158, 160, 161, 162, 164, 165, 166, 170, 173, 174, 176, 177, 178, 180, 181, 204, 216, 217, 224, 225, 226, 231, 244, 280, 283, 287, 288, 290, 298, 300
agricultura 10, 11, 12, 13, 14, 15, 16, 17, 18, 26, 27, 28, 29, 30, 32, 33, 34, 35, 36, 40, 50, 56, 57, 60, 61, 62, 64, 65, 66, 77, 81, 82, 83, 87, 94, 98, 100, 101, 102, 104, 105, 106, 111, 112, 113, 114, 116, 117, 118, 119, 121, 122, 152, 158, 159, 161, 165, 173, 174, 175, 176, 178, 180, 181, 183, 184, 188, 192, 201, 203, 204, 205, 206, 210, 213, 214, 215, 216, 218, 224, 225, 226, 227, 229, 231, 232, 233, 234, 235, 236, 237, 245, 253, 254, 263, 264, 270, 272, 273, 274, 276, 280, 283, 284, 285, 286, 287, 288, 289, 290, 291, 292, 296, 297, 298, 299, 300, 301, 303
agroecologia 170, 177
agroempresas 74, 77
agroindústria 72, 169, 170, 191
agronegócio 86, 87, 89, 90, 91, 178, 179, 181, 256, 277, 313
agropecuária 13, 47, 82, 83, 127, 131, 132, 170, 173, 175, 178, 183, 187, 212, 273, 299
agroquímica 176, 178
água 14, 17, 26, 29, 34, 35, 38, 49, 58, 59, 60, 64, 65, 74, 76, 90, 103, 104, 105, 106, 111, 112, 114, 116, 117, 119, 121, 122, 125, 134, 139, 143, 145, 155, 156, 163, 181, 200, 214, 215, 223, 224, 225, 226, 229, 235, 236, 240, 243, 244, 245, 248, 250, 257, 265, 278, 279, 281, 282, 292, 293, 298
Albert Einstein 149
Alemanha 63, 80, 81, 87, 132, 149, 192, 215, 306
Alpes 98, 104, 195
Amazônia 86, 87, 90, 91, 92, 93, 94, 95, 96
ambiente rural 15
América do Sul 15, 111, 242, 243, 245
Andy Beadle 66
Angus Atkinson 151
animais de criação 12, 14, 15, 16, 29, 30, 33, 35, 39, 40, 44, 50, 57, 60, 65, 74, 102, 106, 118, 121, 122, 130, 169, 175, 176, 181, 188, 191, 193, 204,

206, 211, 212, 213, 214, 215, 217, 226, 227, 228, 229, 231, 232, 234, 255, 258, 263, 265, 268, 269, 276, 280, 284, 289, 291, 293, 297, 298, 299, 300
animais monogástricos 15
animais ruminantes 53, 111, 169, 177, 265
animais selvagens 22, 39, 49, 88, 119, 187, 188, 193, 211, 227, 289, 297
Anita Chitaya 113
Antártida 149, 150, 151, 152, 323
António Guterres 110, 186
Apple 236
aquecimento global 11, 17, 52, 111, 112, 120, 121, 151, 212, 215, 216, 254, 255
aquicultura 135, 137, 138, 151
Ásia 78, 134, 140, 189, 200, 252
assilvestramento 30, 122, 207, 218, 280, 284, 286, 291, 300
atmosfera 17, 28, 29, 59, 60, 64, 112, 118, 195, 206, 212, 234, 298, 299
Austrália 47, 62, 135, 136, 254, 260, 268, 269, 288
aves 11, 30, 32, 33, 35, 36, 39, 45, 49, 50, 56, 57, 60, 69, 70, 72, 74, 75, 76, 80, 86, 90, 97, 98, 102, 104, 107, 111, 112, 117, 127, 128, 130, 137, 140, 141, 145, 146, 147, 148, 149, 163, 171, 189, 201, 206, 211, 212, 213, 221, 222, 227, 228, 253, 274, 280, 281, 282, 283, 286, 287, 288, 289, 290, 298
avicultura 76, 77, 112, 189

B

Bacia Amazônica 86
Barack Obama 66
Baris Özel 129
Bélgica 47, 243, 260, 269
bem-estar animal 12, 14, 15, 17, 29, 50, 51, 53, 54, 74, 76, 77, 79, 80, 81, 82, 83, 100, 101, 103, 118, 123, 130, 131, 140, 172, 178, 194, 199, 226, 228, 230, 240, 241, 245, 251, 267, 268, 272, 284, 289, 291, 293, 303
Big Ag 173, 174, 176, 181, 182, 184
Bill Gates 277, 342

biocombustível 78, 111
biodiversidade 13, 14, 52, 58, 59, 107, 122, 128, 180, 201, 202, 215, 216, 218, 226, 231, 239, 289, 291, 292, 293, 296, 297
biosfera 112
Bird Island 145, 146, 147, 148
Boris Johnson 122, 186, 329
Brasil 2, 44, 62, 85, 86, 87, 89, 90, 92, 93, 94, 183, 193, 210, 239, 240, 241, 242, 243, 274, 276, 304, 314, 336
Brexit 82, 174, 180, 307, 308, 312

C

Califórnia 46, 76, 115, 173, 240, 243, 244, 270, 278, 325
camada de ozônio 111
Canadá 26, 79, 243, 260
carbono 14, 17, 28, 29, 30, 34, 39, 58, 59, 60, 62, 64, 66, 111, 112, 118, 119, 195, 204, 206, 212, 215, 227, 231, 233, 234, 255, 278, 279, 283, 298, 299, 300
carne 12, 14, 17, 18, 40, 47, 60, 62, 74, 78, 83, 86, 96, 100, 111, 116, 118, 119, 121, 122, 123, 124, 127, 132, 133, 160, 172, 174, 175, 183, 184, 187, 192, 193, 201, 202, 203, 204, 206, 212, 213, 214, 216, 217, 218, 228, 237, 241, 242, 247, 248, 249, 250, 251, 252, 253, 254, 255, 256, 257, 258, 259, 260, 261, 262, 263, 264, 265, 266, 267, 268, 269, 270, 271, 272, 273, 274, 275, 276, 277, 278, 280, 283, 284, 286, 287, 295, 297, 299, 300, 339
Caroline Henderson 157, 160, 161, 163, 164, 165, 324
Carrie Symonds 122
catástrofe climática 110
celeiro 25, 36, 37, 41, 58, 169
células-tronco 218, 237, 256, 259, 260, 264, 271, 272, 277
Charles Shropshire 27, 281
Charlie Burrell 284, 286, 291, 292
Chase Purdy 261, 263, 340
China 15, 47, 77, 78, 80, 86, 134, 135, 141, 142, 149, 151, 185, 188, 189, 195, 252, 274, 308, 312, 321, 329, 338
Chris Packham 22, 48, 122

ÍNDICE REMISSIVO | 347

ciclo do nitrogênio 16
Cley Marshes 36, 37
Cley Windmill 37
colheita 16, 71, 160, 161, 163, 167, 222, 235
commodities 77, 86, 178, 194, 197, 204, 232
Compassion in World Farming 15, 45, 54, 77, 78, 98, 101, 103, 123, 130, 141, 172, 212, 239, 249, 303, 312, 315, 320, 321, 327, 330, 336
Cordilheira dos Apeninos 97, 98, 102
Coreia do Sul 151
covid-19 11, 12, 15, 18, 28, 33, 45, 82, 91, 185, 186, 187, 188, 191, 192, 195, 196, 197, 199, 203, 245, 252, 270, 274
currais de engorda 12, 29, 44, 45, 46, 47, 116, 253, 256

D

Dagan James 120, 122
David Attenborough 62, 205, 209, 210, 211, 213, 215, 216, 217, 218, 331, 332, 334
David Brandt 232, 335
David Cameron 82
David Montgomery 227, 234
David Pimentel 63
David Robinson Simon 204
Dead Zone 15
defensivos químicos 130
deserto verde 104
Díez Tagarro 72, 73, 74
Dinamarca 87
Dorothy Sturdivan Kleffman 164
Dust Bowl 7, 10, 11, 13, 27, 163, 164, 166, 173, 174, 234, 296, 297, 305, 324, 325, 326

E

ecossistema 14, 16, 17, 18, 29, 38, 40, 50, 60, 82, 96, 104, 130, 132, 148, 187, 150, 159, 162, 192, 204, 216, 225, 227, 233, 241, 287, 291, 293, 300
efeito estufa 11, 17, 34, 82, 111, 118, 119, 121, 195, 203, 206, 217, 243, 244, 245, 254, 255, 258, 269, 299
emissões globais de gases 17, 111

escassez alimentar 17
Espanha 27, 71, 72, 73, 74, 135, 148, 185, 260
Estados Unidos 11, 13, 15, 31, 44, 45, 46, 47, 58, 79, 80, 82, 93, 112, 114, 115, 116, 117, 119, 135, 140, 157, 158, 159, 161, 164, 165, 166, 170, 173, 174, 186, 190, 193, 201, 204, 206, 211, 212, 214, 217, 227, 232, 234, 236, 241, 244, 248, 252, 253, 254, 260, 261, 262, 266, 267, 270, 273, 280, 285, 296, 299, 326, 327, 333, 334
Esther Lupafya 113
estilo de vida 16, 70, 172, 190, 194, 247
Etiópia 63
etologista 134
Europa 13, 15, 50, 61, 66, 80, 81, 86, 106, 120, 129, 141, 142, 143, 157, 171, 172, 173, 174, 185, 189, 192, 197, 200, 243, 244

F

Farmageddon 15, 170, 240, 303
fast-food 258
fauna 31, 90
fazendas industriais 12 13, 14, 29, 58, 60, 70, 71, 73, 74, 75, 76, 79, 111, 123, 144, 149, 150, 172, 189, 190, 197, 206, 213, 214, 229, 232, 231, 253, 262, 263, 276
fazendas industrializadas 12, 14, 58, 60, 71, 73, 74, 76, 123, 149, 172, fazendas leiteiras 75, 76, 100, 241
fertilizantes 12, 13, 17, 23, 27, 28, 29, 33, 34, 39, 53, 54, 60, 61, 64, 65, 102, 105, 111, 112, 116, 148, 173, 174, 176, 178, 183, 184, 193, 200, 201, 225, 226, 232, 255, 283, 298
flexitariano 121, 241, 251, 268
flora 39, 90
flores silvestres 44, 49, 53, 103, 107, 127, 177, 230, 280, 298
Floresta Amazônica 85, 86, 87, 92, 95, 96, 207, 217
Floresta Nacional do Tapajós 88
floresta tropical 59, 85, 86, 89, 93, 95, 96, 193, 241, 242, 292

França 47, 87, 106, 148, 243, 260
frango 175, 212, 252, 253, 254, 255, 256, 258, 269, 273, 274, 298
Franklin D. Roosevelt 165, 325, 326
frutos do mar 135, 139, 140, 187, 278

G

gado 14, 23, 29, 30, 31, 39, 40, 43, 44, 45, 46, 47, 49, 53, 70, 78, 85, 86, 91, 92, 93, 94, 95, 96, 97, 98, 101, 107, 111, 116, 117, 118, 119, 122, 125, 129, 158, 159, 160, 164, 165, 167, 176, 177, 178, 193, 201, 223, 224, 225, 226, 227, 228, 230, 231, 242, 244, 253, 256, 264, 265, 266, 275, 277, 285, 286, 289, 290, 292, 306
galinhas 12, 14, 15, 29, 30, 35, 45, 81, 83, 86, 87, 88, 96, 111, 116, 117, 118, 129, 130, 144, 147, 158, 164, 171, 172, 175, 188, 189, 206, 222, 228, 230, 231, 233, 253, 255, 262, 266, 269, 277, 292, 298
gás natural 65
Gavin Maxwell 44
General Mills 119, 317
George Monbiot 202
Geórgia 116, 117, 248
Giulia Innocenzi 103
Giulio Petronio 107
Godfrey-Smith 133, 134, 137, 319, 320
Golfo do México 13, 105, 201
Google Earth 45, 46, 47, 48
Gosia Juszczak 141
Grã-Bretanha 25, 26, 27, 29, 30, 31, 32, 33, 34, 35, 37, 40, 44, 45, 48, 49, 50, 53, 64, 72, 75, 76, 79, 128, 149, 155, 171, 172, 173, 174, 186, 214, 236, 241, 242, 268, 269, 288, 290, 291
grãos 13, 14, 15, 27, 36, 47, 51, 53, 54, 76, 86, 91, 100, 121, 129, 130, 160, 161, 169, 170, 173, 175, 176, 177, 178, 193, 225, 227, 228, 229, 230, 240, 243, 247, 265, 269, 275
Grécia 135
Greenpeace 142, 151, 321
Greta Thunberg 120, 123, 170, 318
Groenlândia 120

H

H5N1 189, 329
habitat 32, 39, 49, 56, 57, 63, 88, 132, 142, 147, 151, 192, 193, 201, 209, 287, 290, 291, 298, 333
herbicidas 30, 50, 86, 176, 234
Holanda 72, 87, 128, 243, 260, 315, 321
Homo sapiens 16, 215, 275
hormônios 47, 83, 116, 117, 228
Hugh Bennett 165

I

Ian Newton 33, 307
Ian Rotherham 35, 37, 38, 307
indígenas 10, 89, 90, 159, 160, 224
indústria salmoneira 140
Inger Andersen 193
Inglaterra 58
insetos 7, 11, 40, 53, 56, 75, 83, 118, 123, 125, 126, 127, 128, 129, 130, 131, 132, 188, 200, 211, 217, 227, 228, 233, 276, 289, 292, 293, 297, 298, 318
intensificação agrícola 30, 33, 132, 179, 181
irrigação 56, 61, 65, 281, 298
Isabella Tree 122, 284, 343
Isabel Oakeshott 170, 243
Itália 72, 87, 97, 98, 99, 100, 101, 102, 104, 106, 135, 143, 170, 185, 195, 244, 340

J

Jair Bolsonaro 93
Jane Goodall 134
Japão 47, 135, 149, 260
Jean-Claude Juncker 196
Jeff Zhou 78
Jim Goodman 114
João Batista Ferreira 88
Joe Biden 93
John Crawford 61, 310, 344
John Meadley 177
John Shropshire 33, 236
Josep Del Hoyo 152

K

Karl Falkenberg 196, 330
krill 149, 150, 151, 152, 323

ÍNDICE REMISSIVO | 349

L

Leah Garcés 248
leite 14, 15, 17, 60, 76, 83, 99, 100, 107, 121, 124, 164, 175, 183, 192, 203, 204, 230, 239, 240, 241, 243, 244, 245, 247, 248, 253, 265, 275, 276, 284, 297, 299
Leonardo da Vinci 59
Líbia 36, 143

M

Madri 142
Malawi 113, 114, 115, 317
Mar Ártico 109, 110
Marco Nocetti 100
Maria-Helena Semedo 62
Mariana Rodrigues 95
Marte 59, 210
matéria orgânica 17, 34, 40, 59, 60, 61, 66, 122, 128, 132, 224, 225, 229, 233, 234, 292
Mato Grosso 85, 87, 91
Mauricio Torres 92
megafazenda 7, 44, 45, 48, 71, 72, 75, 76, 77, 80, 173, 240, 311
meio ambiente 12, 15, 50, 51, 57, 75, 83, 106, 121, 137, 160, 170, 178, 180, 181, 194, 196, 202, 203, 224, 227, 231, 241, 244, 268, 288
MERS 191
México 189, 329
Michael Burgess 63, 311
Michael Gove 28, 45, 76, 81, 83, 179, 307, 312
Michael Stachowitsch 105
Michelle Miller 46, 308
microbioma 58
milho 22, 23, 47, 54, 70, 102, 113, 115, 117, 126, 165, 175, 190, 193, 201, 215, 232, 234, 267, 280, 289
monocultura 50, 86, 88, 104, 90, 117, 183, 204, 206, 226, 231, 243, 280, 283, 285
mudança climática 11, 13, 14, 17, 28, 34, 37, 38, 52, 64, 70, 96, 110, 111, 112, 113, 114, 115, 116, 118, 120, 121, 122, 123, 124, 132, 147, 149, 151, 174, 179, 182, 195, 196, 201, 203, 206, 212, 217, 234, 237, 248, 255, 256, 258, 276, 293, 295, 296,
Munduruku 89, 90, 313

N

NASA 59, 210, 278, 316, 339
National Family Farm Coalition 114
National Farmers' Union 37, 81
naturalistas 22, 32, 33, 48, 56, 71, 286
Nature Valley 119
nitrogênio 16, 54, 60, 105, 126, 195, 201, 232, 233, 279, 292, 293
Noruega 87, 149, 151, 200

O

ômega-3 151
ONG 15, 121, 175
ONU 12, 17, 60, 64, 82, 110, 180, 182, 183, 184, 186, 194, 203, 205, 206, 207, 214, 217, 253, 255, 270, 296, 305, 306, 313, 316, 317, 324, 326, 331, 332, 344
Organização Mundial da Saúde 12
Oriente Médio 47, 189, 191
Osvalinda Maria Alves Pereira 87
óxido nitroso 34, 111, 112, 255
oxigênio 26, 28, 59, 105, 279, 298

P

País de Gales 13, 45, 77, 105, 245
Parque Nacional 97, 107, 239
Patrizia Rossi 102
pecuária 11, 12, 13, 44, 45, 46, 47, 74, 76, 79, 80, 81, 82, 86, 87, 91, 92, 93, 96, 105, 106, 111, 130, 152, 161, 171, 172, 173, 175, 178, 183, 193, 195, 211, 212, 213, 240, 248, 249, 264, 267, 268, 271, 273, 275, 277, 278, 279, 280, 296, 297, 298, 303
pecuaristas 53, 54, 72, 86, 92, 93, 94, 95, 226
peixe 11, 12, 13, 35, 86, 88, 105, 124, 130, 134, 135, 137, 138, 139, 140, 141, 142, 143, 144, 145, 147, 148, 149, 152, 230, 246, 252, 253, 276, 298, 196, 201, 205, 206, 213, 253, 258, 259, 274, 298
pesticidas 12, 13, 23, 29, 33, 34, 50, 53, 60, 62, 75, 82, 88, 90, 106, 116, 130, 131,

173, 174, 183, 193, 200, 225, 226, 232, 236, 242, 243, 244, 283, 298
Peter Godfrey-Smith 133, 137, 319
Peter Roberts 15, 212, 239, 242, 245
Pierluigi Viaroli 105, 315
Pietro Paris 106
piscicultura 138, 139, 140, 152
planeta 15, 17, 26, 29, 46, 58, 66, 110, 111, 112, 115, 128, 179, 180, 182, 183, 184, 185, 189, 194, 195, 196, 199, 200, 203, 204, 205, 206, 207, 210, 211, 212, 213, 214, 215, 216, 217, 218, 234, 236, 243, 247, 248, 251, 253, 257, 258, 264, 275, 276, 284, 293, 296, 299, 301
plantações 10, 12, 13, 14, 41, 57, 58, 59, 60, 64, 65, 66, 75, 88, 89, 90, 91, 94, 95, 96, 99, 101, 113, 115, 127, 161, 162, 173, 215, 233, 234, 236, 243, 283, 287, 290, 297, 298
Polônia 27, 63
poluição 13, 65, 74, 76, 77, 78, 104, 105, 123, 126, 137, 145, 147, 190, 194, 201, 240, 248, 259, 297
polvo 133, 134, 135, 136, 137, 152
porcos 12, 14, 15, 21, 29, 45, 49, 72, 73, 74, 76, 78, 79, 80, 86, 87, 94, 98, 103, 109, 111, 112, 113, 117, 125, 126, 129, 130, 141, 144, 158, 165, 175, 176, 188, 189, 190, 191, 206, 227, 229, 230, 231, 233, 252, 266, 277, 278, 285, 292, 298
porto de Santarém 86
Portugal 135
práticas agrícolas 33, 40, 181, 196, 204, 206, 290, 296
produção de alimentos 11, 13, 17, 18, 33, 37, 38, 50, 83, 97, 170, 180, 181, 215, 218, 233, 263, 265, 266, 284, 287, 289
produção desse grão 86
produtores artesanais 101

R

Rachel Carson 62, 237
Raj Patel 114, 242
rebanho 44, 48, 53, 54, 69, 78, 79, 97, 107, 177, 191, 223, 245, 301
recursos da natureza 29
reducetariano 241, 251
regiões cerealíferas 38
Rei Charles 138
Reino Unido 14, 15, 27, 28, 33, 34, 50, 51, 60, 76, 77, 79, 81, 82, 86, 87, 100, 120, 126, 140, 141, 149, 152, 170, 172, 186, 194, 201, 206, 210, 260, 266, 280, 295, 298, 299, 305, 306, 308, 333
República Tcheca 27
reservas ambientais 38, 132, 186
Richard Branson 277, 342
Rosamund Young 44, 48, 289, 308, 343
Ruanda 209
Rússia 110, 260, 316
Ryan Pandya 245

S

Sagiv Kolkovski 136
salmão 137, 138, 139, 140, 152, 248
SARS 187, 188, 191, 192
saúde 11, 12, 15, 66, 88, 96, 122, 151, 167, 170, 181, 186, 187, 188, 194, 197, 200, 203, 204, 225, 228, 232, 233, 250, 251, 268, 275, 300, 303
século XX 33, 38, 102, 160
Segunda Guerra Mundial 13, 22, 35, 44, 186, 210, 235
segurança alimentar 27, 38, 63, 137, 141, 181, 234, 237, 257
Senegal 27, 30, 282
Sir John Bennet Lawes 61
soja 47, 48, 54, 86, 87, 88, 89, 90, 91, 92, 93, 94, 95, 96, 100, 101, 111, 115, 117, 129, 130, 175, 178, 193, 230, 231, 232, 239, 240, 241, 242, 243, 244, 247, 248, 255, 259, 267, 272, 280
solos expostos 28, 57
solos saudáveis 18, 58
Stefano Berni 100
Steve Hilton 82
suína 12, 60, 72, 74, 80, 175, 188, 189, 190, 191, 194, 230, 252, 253
suinocultura 71, 72, 73, 75, 76, 77, 78, 80, 112, 126, 189, 190, 230, 231
sustentável 2, 38, 57, 60, 62, 65, 71, 95, 129, 132, 137, 144, 146, 180, 182, 183,

197, 201, 203, 205, 207, 215, 218, 229, 233, 235, 245, 253, 300
Sydney 61, 62, 63, 308

T

Tailândia 175
Tasmânia 47
temperaturas extremas 59
terra agrícola 58, 63, 94, 111, 112, 169, 193, 215, 239, 267, 284, 286, 291, 293
terra arável 14, 41, 61, 63, 111, 287, 292
terras agrícolas 14, 17, 58, 63, 64, 94, 118, 129, 159, 163, 166, 169, 213, 214, 215, 226, 232, 237, 276, 280, 283, 284, 286, 298
Tesla 236
Thomas William Coke 287, 290
Tim May 57
topografia 34
Tricia Jackson 115
truta 137, 140, 152
Tyler Franzenburg 115

U

Umberto Dinicola 107
União Europeia 14, 45, 74, 79, 80, 81, 82, 148, 174, 180, 193, 196, 201, 206, 214, 242, 243, 253, 254, 255, 256, 271, 280, 299, 312, 337, 339

V

vacas 7, 12, 15, 21, 22, 34, 43, 45, 46, 48, 54, 58, 69, 75, 76, 86, 87, 97, 99, 100, 101, 102, 104, 107, 111, 118, 130, 156, 164, 169, 170, 173, 176, 178, 212, 221, 222, 226, 228, 230, 231, 233, 240, 244, 245, 253, 262, 265, 278, 280, 295, 301
Vale do Pó 98, 99, 101, 102, 106, 107, 195
veganos 128, 241, 245, 246, 247, 251
vegetação 57, 64, 89, 95, 118, 209
vida selvagem 8, 11, 13, 15, 17, 22, 23, 29, 30, 32, 33, 34, 35, 37, 38, 39, 40, 49, 50, 51, 52, 53, 57, 62, 71, 72, 74, 75, 83, 94, 98, 104, 105, 106, 117, 127, 140, 145, 150, 151, 155, 159, 180, 183, 188, 191, 193, 197, 201, 206, 209, 211, 212, 215, 239, 243, 248, 249, 263, 281, 282, 283, 284, 286, 287, 289, 290, 291, 295, 297, 300, 301, 343
vírus 12, 185, 187, 188, 189, 191, 192, 193

W

Willem-Alexander 128
World Wide Fund for Nature 28

Y

Yorkshire 34, 176, 177, 327
Yuval Noah Harari 240

Z

Zac Goldsmith 83
zona rural 18, 21, 22, 23, 29, 32, 33, 39, 44, 48, 49, 50, 51, 52, 57, 58, 70, 73, 76, 77, 88, 98, 99, 102, 104, 106, 107, 120, 130, 131, 132, 169, 170, 171, 176, 178, 180, 188, 206, 210, 237, 263, 280, 282, 283, 297